Fokus *Mathematik*

Gymnasium Klasse 7
Rheinland-Pfalz

herausgegeben durch:
Renatus Lütticken
Claudia Uhl

unter Mitarbeit von:
Jochen Dörr (Speyer)
Micha Liebendörfer (Rhodt)
Yvonne Ofner (Sippersfeld)
Hellen Ossmann (Bingen)

beraten durch:
Nino Breitbach (Koblenz)

Cornelsen

Begleitmaterialien zum Lehrwerk

für Schülerinnen und Schüler

Arbeitsheft Klasse 7
978-3-06-009017-4

für Lehrerinnen und Lehrer

Lösungsheft Klasse 7
978-3-06-008859-1

Kopiervorlagen
Klasse 7
978-3-06-009024-2

Autoren Friedhart Belthle, Jan Block, Dr. Norbert Christmann, Jochen Dörr, Dr. Norbert Esper †, Carina Freytag, Carsten Graf, Silke Göttge-Piller, Katharina Hammer-Schneider, Rosemarie Härtinger, Gaby Heintz, Andreas Herz, Monica Hettrich, Petra Hobrecht, Katrin Höffken, Christof Höger, Fritz Kammermeyer, Heinrich Kilian, Markus Krysmalski, Micha Liebendörfer, Kristina Kurz, Jochen Leßmann, Renatus Lütticken, Günther Nitschke, Yvonne Ofner, Reinhard Oselies, Hellen Ossmann, Dr. Karen Reitz-Koncebovski, Dr. Elisabeth Sahre, Bernhard Sauermann, Dietmar Scholz, Siegfried Schwehr, Dr. Michael Sinzinger, Jürgen Stein, Ingeborg Tuffner-Denker, Claudia Uhl, Anton Wagner †, Barbara Weigelt, Jürgen Zechel

Berater Nino Breitbach

Herausgeber Renatus Lütticken, Claudia Uhl

Redaktion Henning Knoff, Sabine Krüger

Bildrecherche Stephanie Charlotte Benner, Henning Knoff, Sabine Krüger, Dieter Ruhmke

Illustration Peter Menne, Potsdam

Grafik Martin Frech (medienfrech.de), Christian Görke

Umschlaggestaltung finedesign, Berlin

Layoutkonzept Wladimir Perlin, Berlin

Layout und technische Umsetzung Claudia Maas (medienfrech.de)

www.cornelsen.de

1. Auflage, 1. Druck 2015

Alle Drucke dieser Auflage sind inhaltlich unverändert
und können im Unterricht nebeneinander verwendet werden.

Druck: Mohn Media Mohndruck, Gütersloh

ISBN 978-3-06-008815-7

PEFC/04-31-1033

PEFC zertifiziert
Dieses Produkt stammt aus nachhaltig bewirtschafteten Wäldern und kontrollierten Quellen.
www.pefc.de

Inhalt

Hinweise zur Arbeit mit dem Buch 5

Kapitel 1 Rationale Zahlen 7
Methode Der mathematische Aufsatz 8
1.1 Addition und Subtraktion rationaler Zahlen 10
1.2 Multiplikation und Division rationaler Zahlen 19
1.3 Klammerterme vereinfachen und berechnen 27
Check up 35
Auf einen Blick 36

Kapitel 2 Zuordnungen 37
2.1 Proportionalität 38
2.2 Antiproportionalität 47
Methode Mit dem Taschenrechner unterwegs 56
2.3 Dreisatz 58
Check up 67
Auf einen Blick 68

Kapitel 3 Rechnen mit Prozenten 69
Projekt Prozentwirrwarr 70
3.1 Grundbegriffe der Prozentrechnung 71
3.2 Zunahme und Abnahme 80
Projekt Zinsrechnung mit Tabellenkalkulation 84
Check up 89
Auf einen Blick 90

Kapitel 4 Geometrische Abbildungen 91
Projekt Flächen mit geometrischen Formen füllen 92
4.1 Kongruente Figuren untersuchen 94
4.2 Grundkonstruktionen rund um die Achsenspiegelung 100
4.3 Verkettung von Achsenspiegelungen 108
Check up 115
Auf einen Blick 116

Kapitel 5 Zufall erforschen 117
Projekt Über Wahrscheinlichkeiten sprechen 118
5.1 Zufallsexperimente und Wahrscheinlichkeit 120
5.2 Wahrscheinlichkeiten berechnen 127
Check up 135
Auf einen Blick 136

Kapitel 6 Winkel untersuchen 137
6.1 Entdeckungen an Geradenkreuzungen 138
6.2 Winkel in eckigen Figuren 147
6.3 Der Satz des Thales 155
Check up 163
Auf einen Blick 164

Kapitel 7 Terme und Gleichungen 165
7.1 Terme aufstellen und berechnen 166
Methode Formeln in einer Tabellenkalkulation 172
7.2 Terme umformen und vereinfachen 175
7.3 Gleichungen durch Probieren und Rückwärtsrechnen lösen 183
7.4 Äquivalenzumformungen 189
Check up 199
Auf einen Blick 200

Kapitel 8 Vertiefungsthemen 201
8.1 Die Welt der Wirtschaft aus mathematischer Sicht 202
8.2 Taschenrechner 204
8.3 Dynamische Geometrie-Software 206
8.4 Fit im Rechnen mit rationalen Zahlen 211

Anhang 217
Check up-Lösungen 218
Wissen kompakt 230
Zeichenerklärung 237
Register 238
Bildverzeichnis 240

Liebe Schülerin, lieber Schüler,

dieses Buch will dich einladen, Mathematik anhand von interessanten Situationen zu lernen, denen du jeden Tag begegnen kannst.

Aufträge:

Am Beginn eines jeden Abschnittes findest du mehrere Aufträge. Bei den Aufträgen sollst du etwas herausfinden, indem du geschickt probierst und deine Kenntnisse anwendest.
In deiner Klasse könnt ihr entweder nur einen Auftrag oder mehrere in Gruppen-, Partner- oder Einzelarbeit gleichzeitig oder nacheinander bearbeiten.
Es ist unerheblich, welcher Auftrag bearbeitet wird. Alle führen zum gleichen Ziel.

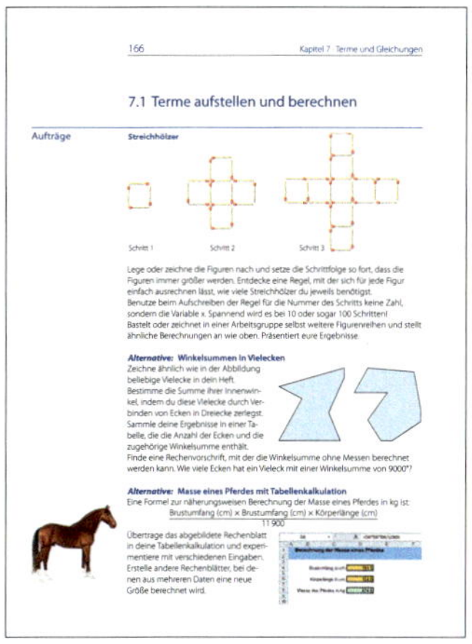
166 Kapitel 7 Terme und Gleichungen

7.1 Terme aufstellen und berechnen

Aufträge

Wissen:

Hier wird der neue Stoff erklärt und mit Beispielen veranschaulicht. In den Merkkästen findest du die wichtigsten Formeln und Gesetze.

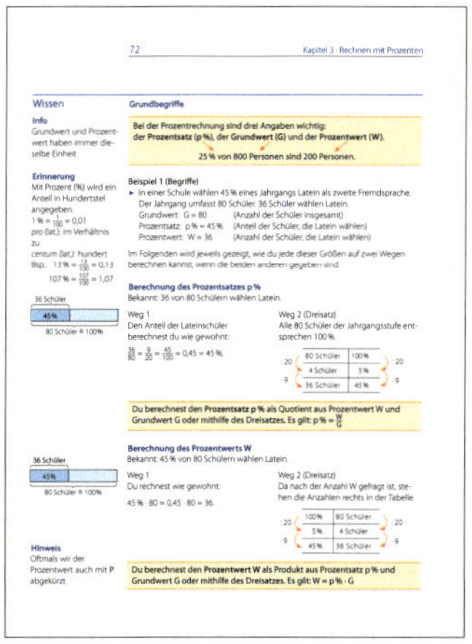
72 Kapitel 3 Rechnen mit Prozenten

Wissen

Grundbegriffe

Aufgaben:

Der Aufgabenteil ist dreigeteilt:
Beim „Trainieren“ übst du die Rechentechniken.
Beim „Anwenden“ nutzt du diese Rechentechniken in anderen Zusammenhängen.
Beim „Vernetzen“ werden Zusammenhänge zwischen verschiedensten – auch nicht-mathematischen – Bereichen hergestellt.

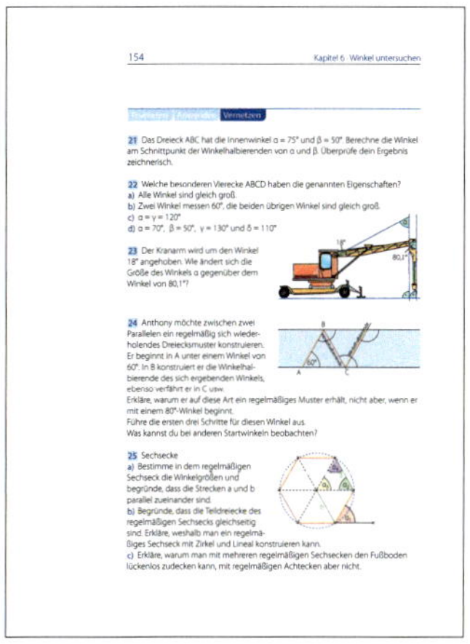
154 Kapitel 6 Winkel untersuchen

Projekte und Methoden

Projekt- oder Methoden-Seiten zeigen anhand eines interessanten Themas, wo die Mathematik im Alltag angewendet wird oder wie sie in der Vergangenheit betrieben wurde.
Hier findest du sowohl Anregungen für die Arbeit im Unterricht als auch für eine selbstständige Präsentation bei einem Referat.

Check up

Am Ende des Kapitels kannst du dein Wissen beim „Check up" selbst überprüfen und weiter festigen. Die Lösungen zu den Check ups findest du im Anhang am Ende des Buches.

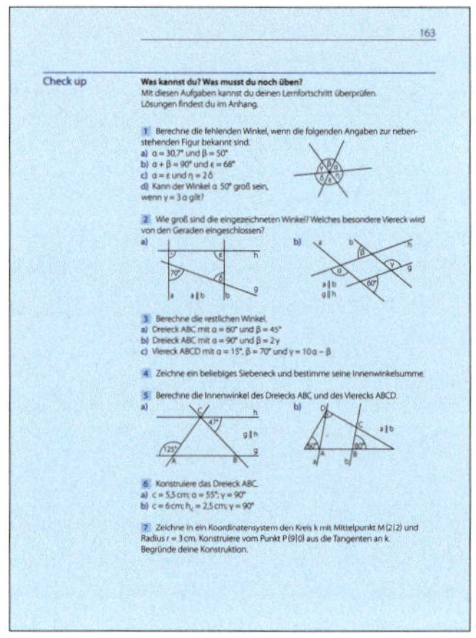

Auf einen Blick

Am Ende eines jedes Kapitels findest du die Seite „Auf einen Blick". Hier werden die wichtigsten Inhalte des Kapitels übersichtlich zusammengefasst und mit Beispielen verdeutlicht.

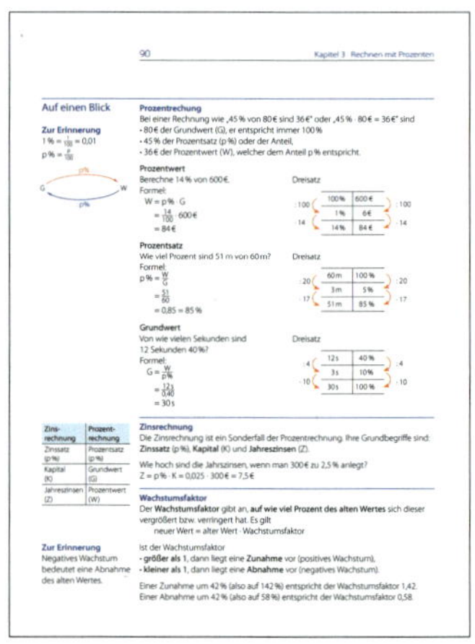

Kapitel 1

Rationale Zahlen

Was passiert, wenn du auf der Zahlengeraden in Richtung der negativen Zahlen schaust und dich dabei rückwärts bewegst? Wie ändert sich dein Kontostand, wenn dir die Bank einen irrtümlich abgebuchten Betrag wieder gutschreibt? Und was bedeuten Terme wie 99,5 – (–19) oder $\left(-\frac{2}{5}\right)\cdot\left(-1\frac{3}{4}\right)$? Darum geht es in diesem Kapitel.

Methode

Der mathematische Aufsatz

Marcus

Wandern in Mathematica

Auf dem sonst so ruhigen Planeten Mathematica, der sich in exakt $0{,}345 \cdot 10^{15}$ km Entfernung von der Erde befindet, tut sich plötzlich etwas Ungewöhnliches:

Merkwürdige Zweibeinige und Zweiarmige Lebewesen steigen aus einem großen fliegenden Ding aus und betreten unser schönes Land mit unendlich hohen und steilen Bergen und den dazwischen befindlichen Tälern. Neugierig blicken sie sich um. Einer unter ihnen, der von den anderen Prof. Dr. Kurvenreich genannt wird, sagt: „Wenn Sie sich hier bewegen wollen, müssen Sie einige Grundregeln beachten! Dort drüben z. B. befindet sich nach meinen interstellaren Forschungen das Proportionalgebirge. Alle Anstiege sind dort völlig gleichmäßig. Im sehr viel größeren Hyperbel-Massiv gegenüber dagegen müssen Sie sich auf Überraschungen gefasst machen:
Wenn Sie losgehen, geht es zunächst ordentlich bergab. Aber keine Angst! Wenn Sie ausrutschen, landen Sie im schlimmsten Fall entspannt auf der ebenen Erde – na ja, jedenfalls fast eben … Auf dem Rückweg müssen Sie sich jedoch auf eine übermenschliche Anstrengung gefasst machen. Denn um an den Ausgangspunkt zurückzugelangen, müssen Sie im Hyperbel-Massiv immer größere Steigungen überwinden und eigentlich kommen Sie nie ganz zurück, aber eventuell können Sie sich rüberhangeln."

„Das ist ja allerhand!", dachte ich mir, als ich das hörte …

Hausaufgabe

Untermiffingen, den 10.10.

Sehr geehrte Redaktion,

als Leserin der Zeitung bin ich echt enttäuscht, dass Sie entweder etwas falsch gedruckt haben oder einen unfähigen Journalist eingestellt haben, denn in einem Zeitungsausschnitt stand etwas falsches. Ich zitiere: „Jede 3. Ehe wird geschieden, in den Großstädten sogar jede vierte."
Also heißt das, dass jede Vierte mehr ist als jede Dritte. Ich bedauere, aber jede Vierte ist weniger als jede Dritte. Jede Vierte bedeutet 25 %, jede Dritte aber $33{,}\overline{3}$ %.

Bitte stehen Sie zu Ihrem Fehler.

Linh

Freies Schreiben in der Mathematik

Um selbst einen „mathematischen Aufsatz" zu schreiben, solltest du dir im Vorhinein überlegen, wie du etwas niederschreiben möchtest:

- Möchtest du einen mathematischen Forschungsbericht im Tagebuchstil niederschreiben, wie dies Antje getan hat?
- Möchtest du einen Leserbrief wie den von Linh, eine Reportage, ein Interview, einen Zeitungsartikel, eine mathematische Geschichte wie die von Marcus oder Ähnliches verfassen?
- Möchtest du eine „Reinschrift" in der Rückblickperspektive schreiben (das ist schwieriger, weil du dann die Aufgabe schon gelöst haben musst, bevor du zu schreiben anfängst)?

Du bist nicht festgelegt, was die Form deines Textes angeht – also probiere doch einmal verschiedene Varianten aus!
Du wirst sehen: Das macht unheimlich viel Spaß und kann sehr lustig sein!

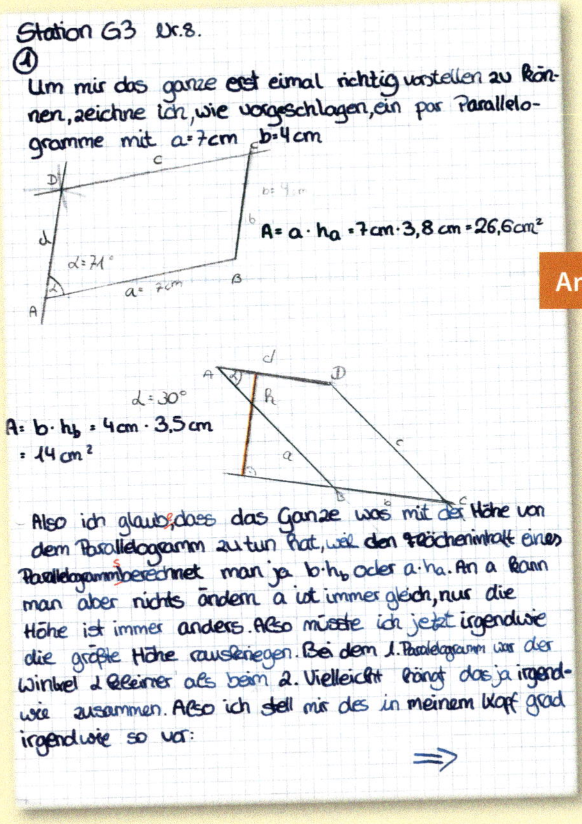
Station G3 Nr. 8.
①
Um mir das ganze erst eimal richtig vorstellen zu können, zeichne ich, wie vorgeschlagen, ein par Parallelogramme mit $a = 7\,cm$ $b = 4\,cm$

$A = a \cdot h_a = 7\,cm \cdot 3{,}8\,cm = 26{,}6\,cm^2$

$\alpha = 30°$
$A = b \cdot h_b = 4\,cm \cdot 3{,}5\,cm = 14\,cm^2$

Also ich glaube, dass das Ganze was mit der Höhe von dem Parallelogramm zu tun hat, weil den Flächeninhalt eines Parallelogramms berechnet man ja $b \cdot h_b$ oder $a \cdot h_a$. An a kann man aber nichts ändern a ist immer gleich, nur die Höhe ist immer anders. Also müsste ich jetzt irgendwie die größte Höhe rauskriegen. Bei dem 1. Parallelogramm war der Winkel α kleiner als beim 2. Vielleicht hängt das ja irgendwie zusammen. Also ich stell mir des in meinem Kopf grad irgendwie so vor:

⇒

Antje

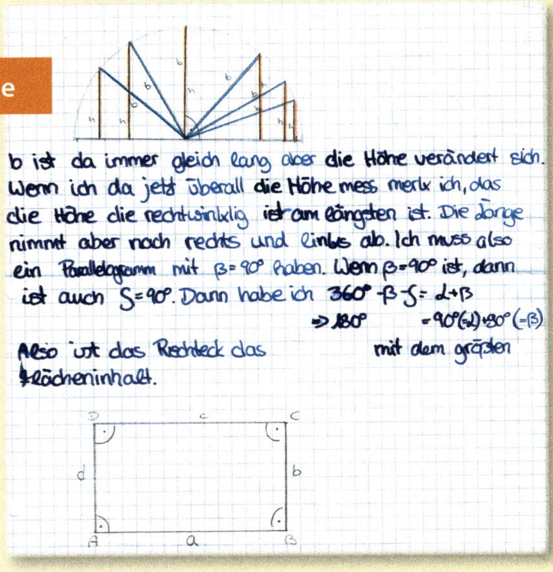
b ist da immer gleich lang aber die Höhe verändert sich. Wenn ich da jetzt überall die Höhe mess merk ich, das die Höhe die rechtwinklig ist am längsten ist. Die Länge nimmt aber nach rechts und links ab. Ich muss also ein Parallelogramm mit $\beta = 90°$ haben. Wenn $\beta = 90°$ ist, dann ist auch $\delta = 90°$. Dann habe ich $360° - \beta - \delta = \alpha + \beta$
$\Rightarrow 180° = 90° (=\alpha) + 90° (=\beta)$

Also ist das Rechteck das mit dem größten Flächeninhalt.

Hinweise

Du wirst feststellen, dass es für ein späteres Lesen geschickt ist, dem Text eine klare Struktur zu geben:

- Schreibe möglichst leserlich und ausführlich genug; vermeide Gedankensprünge.
- Ergänze deine Ausführungen durch geeignete Skizzen und Zeichnungen.
- Erfinde Zwischenüberschriften wie z. B. „Vorüberlegungen", „Erste Ideen", „Bilder, die ich im Kopf habe", „Weitergedacht", „Schlussfolgerung", „Zusammenfassung" oder Ähnliches.

Nicht alles, was du schreibst, muss auf Anhieb richtig sein – auch die großen Mathematiker haben eine Art „Werkstattbuch" gehabt, in dem sie ihre Überlegungen erst einmal ins Unreine geschrieben haben. So kannst du auch später besser nachvollziehen, wie du zu deinen Ergebnissen gekommen bist. Außerdem kann man aus Fehlern oft mehr lernen als aus gedankenlos richtig Geschriebenem.

Aufgaben

1 Schreibe zu den Aufträgen im nächsten Abschnitt einen „mathematischen Aufsatz" in der Form deiner Wahl!

2 Tauscht eure mathematischen Aufsätze in der Klasse untereinander aus. Lies aufmerksam, was deine Nachbarin oder dein Nachbar geschrieben hat. Notiere am Rand, wenn dir etwas besonders gut gefallen hat. Mache Verbesserungsvorschläge für Fehler, die du gefunden hast.

1.1 Addition und Subtraktion rationaler Zahlen

Aufträge

Kontoauszug

Martin hat bei der Bank ein TeenPlus Konto. Er betrachtet seinen Kontoauszug und überlegt, wie viel Guthaben er nach den Buchungen jeweils hatte.

Datum	Erläuterungen	Betrag
Kontostand in EUR am 11.01.2016, Kontoauszug Nr. 2		34,82+
11.01.	Kartenzahlung Elektronikmarkt Jupiter	19,99–
13.01.	Geldautomat	20,00–
15.01.	Lastschrift Handyvertrag	6,99–
25.01.	Zahlungseingang Geburtstagsgeschenk Tante Nicole	50,00+
01.02.	Zahlungseingang Taschengeld	10,00+
Kontostand in EUR am 01.02.2016		47,84+

Alternative: Lückenaufgaben

Setze in deinem Heft für □ jeweils eine der Zahlen aus den Blumen ein, so dass die Rechnung aufgeht.

a) $\frac{4}{9} + \square = \frac{5}{9}$ b) $-\frac{1}{3} - \square = \frac{1}{3}$ c) $\frac{1}{9} + \square = -\frac{5}{9}$ d) $\frac{1}{9} - \square = -\frac{1}{3}$

Alternative: Additions- und Subtraktionstafel

Übertrage die beiden Rechentafeln in dein Heft und vervollständige sie durch logisches Fortsetzen. Formuliere Regeln zur Addition und Subtraktion rationaler Zahlen. Verwende dabei die Begriffe Betrag, Gegenzahl und Vorzeichen.

+	–3	–2	–1	0	1	2	3
3	0	1	2	3	4	5	6
2	–1	0	1	2			
1							
0							
–1							
–2							
–3							

–	–3	–2	–1	0	1	2	3
3	6	5	4	3	2	1	0
2				2	1	0	–1
1							
0							
–1							
–2							
–3							

Wissen

Zahlenmengen

Aus der Grundschule kennst du die **natürlichen Zahlen**: $\mathbb{N} = \{0; 1; 2; 3; 4; \ldots\}$.
Die **ganzen Zahlen** erlauben, an der Zahlengeraden von der Null aus in beiden Richtungen unendlich weiter zu gehen, und sie ermöglichen das Berechnen von Differenzen wie 5 – 9.
Ganze Zahlen: $\mathbb{Z} = \{\ldots; -3; -2; -1; 0; 1; 2; 3; \ldots\}$

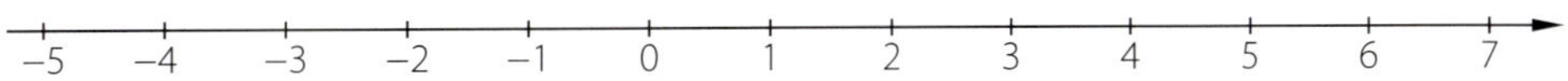

Auf der Zahlengeraden kann man die Brüche ergänzen. Alle positiven und negativen Brüche machen die Menge der **rationalen Zahlen** aus. Zwischen zwei beliebigen unterschiedlichen rationalen Zahlen auf der Zahlengeraden liegen unendlich viele rationale Zahlen. Sie umfassen alle Zahlen, die du kennst; Dezimalzahlen sind Brüche in anderer Schreibweise.

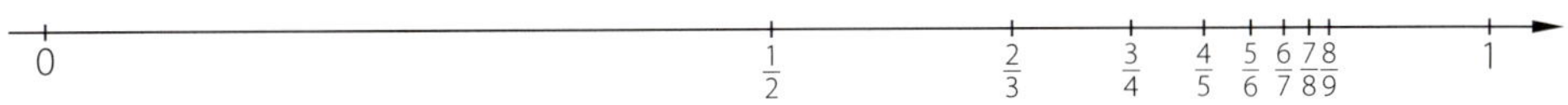

Info
Das Symbol $\mathbb{Q}$ steht für Quotient.

Die ganzen Zahlen zusammen mit ihren vielfältigen Bruchteilen bilden die Menge der rationalen Zahlen $\mathbb{Q}$.

Die natürlichen und die ganzen Zahlen sind in der Menge der rationalen Zahlen enthalten.

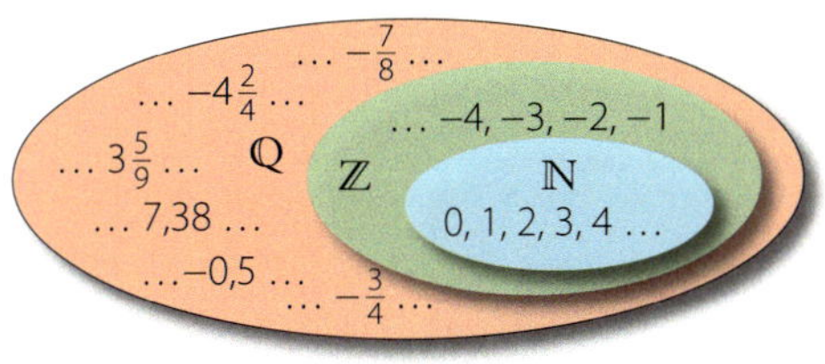

Beispiel 1

▸ Zu welchen Zahlenmengen gehören die Zahlen?

7	natürliche Zahlen ($\mathbb{N}$), ganze Zahlen ($\mathbb{Z}$), rationale Zahlen ($\mathbb{Q}$)
–4	ganze Zahlen ($\mathbb{Z}$), rationale Zahlen ($\mathbb{Q}$)
$-6{,}\overline{387}$	rationale Zahlen ($\mathbb{Q}$)
$\frac{65}{439}$	rationale Zahlen ($\mathbb{Q}$)

Achtung
Der Betrag einer rationalen Zahl ist immer positiv.
Nur für $a = 0$ gilt: $|a| = 0$.

Betrag einer rationalen Zahl

Der Abstand einer rationalen Zahl a von der Null auf der Zahlengeraden heißt Betrag dieser Zahl. Man schreibt $|a|$.

Der Betrag von a ist a selbst, wenn a positiv oder 0 ist: $|a| = a$.
Falls a negativ ist, ist der Betrag von a die **Gegenzahl** –a: $|a| = -a$.

Merke
Zuerst den Term zwischen den Betragsstrichen berechnen!

Beispiel 2

▸ $|3{,}4| = 3{,}4$ $\left|-\frac{1}{2}\right| = \frac{1}{2}$

$$|-8 + 9| \neq |-8| + |9|$$
$$|1| \neq |8| + |9|$$
$$1 \neq 8 + 9$$
$$1 \neq 10$$

Addieren und Subtrahieren von positiven Zahlen

Bei der Addition einer **positiven Zahl**, gehst du an der Zahlengeraden nach rechts, bei der Subtraktion einer **positiven Zahl** nach links.

Beispiel 3

▸ $-0{,}8 + 1{,}3 = 0{,}5$ $\quad -0{,}8 - 1{,}3 = -2{,}1$

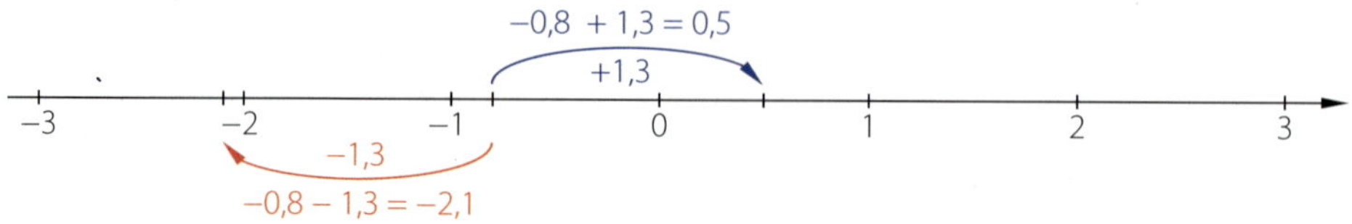

Addieren und Subtrahieren einer negativen Zahl

Zur Erinnerung
Für das Addieren und Subtrahieren einer positiven Zahl gilt:
$a + (+b) = a + b$
$a - (+b) = a - b$

Statt eine **negative Zahl** zu addieren, kann man ihre Gegenzahl subtrahieren.
$a + (-b) = a - b$
Statt eine **negative Zahl** zu subtrahieren, kann man ihre Gegenzahl addieren.
$a - (-b) = a + b$

Beispiel 4

▸ $2{,}3 + (-0{,}6) = 2{,}3 - \mathbf{0{,}6} = 1{,}7$ $\quad 2{,}3 - (-0{,}6) = 2{,}3 + \mathbf{0{,}6} = 2{,}9$

▸ $\frac{1}{4} - \left(-\frac{1}{2}\right) = \frac{1}{4} + \frac{1}{2} = \frac{3}{4}$ $\quad -\frac{3}{4} - (-2{,}25) = -\frac{3}{4} + \mathbf{2{,}25} = 1{,}5$

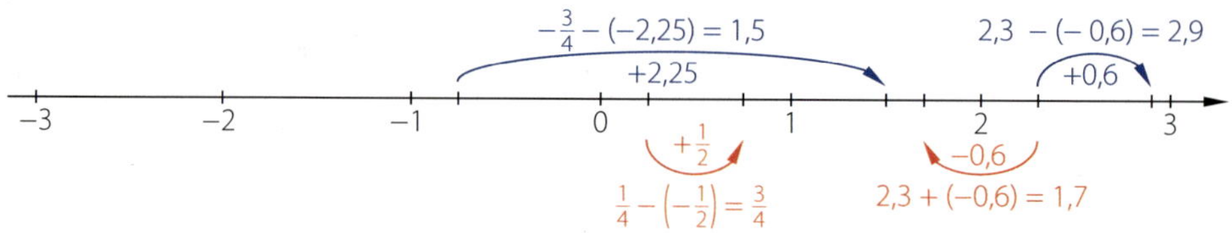

Ein Rechenzeichen und ein Vorzeichen dürfen nicht direkt hintereinander stehen und müssen durch eine Klammer getrennt sein. Im Beispiel 5 siehst du, dass man unter Einhaltung der Rechenregeln solche Klammern weglassen kann.

Beispiel 5

▸ $(+7) + (-4) - (-8) - (+2) = 7 - 4 + 8 - 2$

Kommutativgesetz der Addition

In einer Summe darf man die Summanden vertauschen.
$a + b = b + a$

Beispiel 6

▸ $2{,}3 + 1{,}1 = 1{,}1 + 2{,}3 = 3{,}4$

▸ $\frac{1}{2} + 2 + 1{,}5 = \frac{1}{2} + 1{,}5 + 2 = 2 + 2 = 4$

▸ $\frac{1}{3} + (-1) + \frac{5}{3} = \frac{1}{3} + \frac{5}{3} + (-1) = 2 + (-1) = 2 - 1 = 1$

Aufgaben

Trainieren Anwenden Vernetzen

1 Welche rationalen Zahlen sind auf der Zahlengeraden markiert?

a) 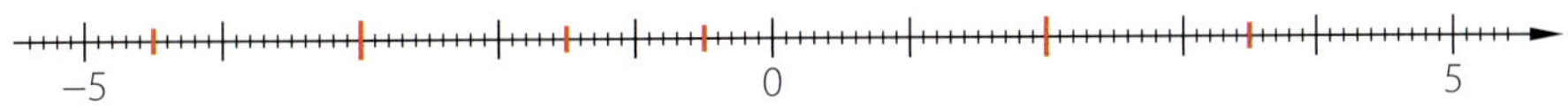

b) 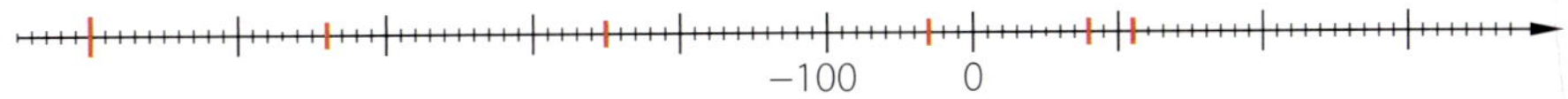

c) 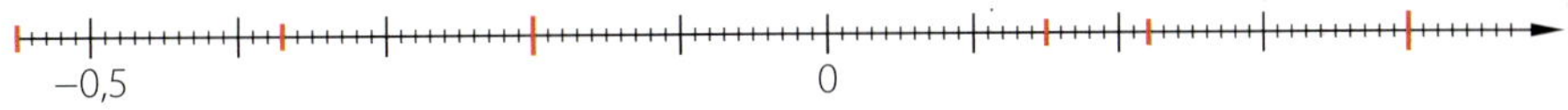

2 Zeichne im Heft eine Zahlengerade von −7 bis 7, wähle zwei Kästchen für eine Einheit. Trage die Zahlen −6; 0; 4; −3; −1; 5; 2 und in einer anderen Farbe ihre Gegenzahlen ein.

Tipp
Eine grobe Skizze kann dir helfen.

3 Bestimme den Abstand der beiden Zahlen auf der Zahlengeraden und gib die Zahl an, die genau in der Mitte zwischen den beiden Zahlen liegt. .

a) −8; 4
b) −3; −2
c) −1; 0,5
d) −9; 6
e) 0,01; 0,1
f) −0,01; 0,1

4 Zeichne im Heft eine Zahlengerade von −7 bis 7, wähle zwei Kästchen für eine Einheit. Trage die Zahlen ein: 4,5; −4; 2; −3,5; −6,5; $\frac{13}{2}$; $-\frac{3}{2}$; $3\frac{1}{2}$; $-5\frac{1}{2}$

5 Zeichne eine Zahlengerade und markiere folgende Zahlen. Überlege dir zunächst einen geeigneten Maßstab. −0,08; 0,12; $\frac{1}{10}$; $-\frac{1}{20}$; −0,02; $\frac{8}{100}$; $\frac{1}{25}$

6 Gib an, zu welchen der Zahlenmengen ($\mathbb{N}$, $\mathbb{Z}$, $\mathbb{Q}$) die Zahl gehört.

a) 4,5
b) 12
c) $\frac{7}{4}$
d) $-\frac{3}{8}$
e) $0,\overline{142857}$
f) 1 010 101
g) $\frac{14}{2}$
h) −33
i) $\frac{7}{18}$
j) 1,01001
k) $\frac{12}{4}$
l) $0,\overline{9}$

7 Wahr oder falsch?

a) „Es gibt immer zwei verschiedene rationale Zahlen, die denselben Betrag haben."
„Der Betrag eines Produktes zweier rationaler Zahlen ist so groß wie das Produkt der Beträge, d. h. $|a \cdot b| = |a| \cdot |b|$."
„Der Betrag einer Summe zweier rationaler Zahlen ist so groß wie die Summe der Beträge, d. h. $|a + b| = |a| + |b|$."

b) Vervollständige den Satz: Bei zwei negativen Zahlen liegt die mit dem größeren Betrag auf der Zahlengeraden weiter …

8 Ordne der Größe nach.

a) 3,11; 3,10; −3,10; 3,12; −3,11; 3,13; −3,12

b) $\frac{3}{4}$; $-18\frac{1}{2}$; $\frac{1}{3}$; 12; $-18\frac{1}{3}$; $\frac{5}{8}$; 0

c) $-2\frac{1}{2}$; $2\frac{1}{2}$; −2,7; 2,8; 1,9; −2; −2,08

9 Setze zwischen die Zahlen < oder >. Brüche musst du eventuell gleichnamig machen oder in eine Dezimalzahl umwandeln.

a) 4 ○ 3
-5 ○ 1
-9 ○ -5
-4 ○ -7
-3 ○ 0

b) $2{,}9$ ○ $2{,}11$
$-2{,}15$ ○ $-3{,}1$
$0{,}89$ ○ -89
$-0{,}5$ ○ $-3\frac{3}{4}$
$4{,}2$ ○ $\frac{9}{2}$

c) $\frac{3}{8}$ ○ $-\frac{1}{7}$
$\frac{3}{8}$ ○ $\frac{4}{9}$
$-\frac{2}{5}$ ○ $-\frac{1}{2}$
$-\frac{5}{6}$ ○ $-\frac{7}{9}$
$-3\frac{1}{8}$ ○ $-2{,}875$

10 Berechne. Stelle dir die Situation an einer Zahlengeraden vor.

a) $5-9$
$16-23$
$-9+5$
$-9-5$

b) $0{,}3-1{,}2$
$-0{,}8+0{,}3$
$-0{,}4+4$
$-1{,}2-0{,}3$

c) $\frac{1}{8}-\frac{7}{8}$
$-\frac{3}{7}+\frac{1}{3}$
$-\frac{4}{9}-\frac{1}{6}$

d) $-\frac{1}{4}-0{,}8$
$-2\frac{1}{2}+5$
$-3{,}7+2\frac{2}{5}$

11 Schreibe die Differenzen in Summen und die Summen in Differenzen um.

a) $14-(-9)$
$13-8$
$-3-6$
$-5-(-19)$

b) $12+(-3)$
$-8+(-2)$
$9+4$
$-2+(-3)$

c) $-6-(-5)$
$4+(-8)$
$12-(-5)$
$-17+6$

12 Wandle so um, dass es keine zwei Zeichen hintereinander mehr gibt.

a) $-1-(-5)$
$15+(-8)$

b) $2{,}5+(-2)$
$-2+(-4)$

c) $-\frac{3}{4}-\left(-\frac{1}{2}\right)$
$\frac{4}{7}+\left(-\frac{5}{4}\right)$

13 Stelle an einer Zahlengeraden dar und berechne.

a) $5+(-7)$
b) $2{,}5-(-6{,}1)$
c) $-0{,}5+(-0{,}5)$
d) $-2{,}5-(-1{,}5)$
e) $2+(-1{,}4)$
f) $-1{,}1+(-3{,}0)$
g) $-0{,}8+(-1{,}2)$
h) $0-(-2{,}9)$
i) $3+(+3{,}4)$
j) $-2{,}2-\frac{3}{8}$

14 Berechne.

a) $\frac{2}{5}-\left(-\frac{3}{5}\right)$
b) $\frac{5}{8}-\frac{3}{4}$
c) $-\frac{2}{3}+\frac{7}{12}$
d) $\frac{1}{7}-\frac{8}{7}$
e) $-\frac{1}{5}-\left(-\frac{5}{8}\right)$
f) $-\frac{2}{9}+\frac{5}{6}$

15 Setze die Folgen um jeweils drei Aufgaben fort und berechne. Was fällt dir auf?

a) $5{,}7-2$
$5{,}7-3$
$5{,}7-4$

b) $-3{,}2+0{,}4$
$-3{,}2+1{,}4$
$-3{,}2+2{,}4$

c) $4\frac{1}{3}-2$
$4\frac{1}{3}-3$
$4\frac{1}{3}-4$

d) $-6{,}7+1{,}5$
$-6{,}7+3$
$-6{,}7+4{,}5$

e) $1-\frac{1}{2}$
$1-\frac{2}{3}$
$1-\frac{3}{4}$
$1-\frac{4}{5}$

f) Warum werden die Ergebnisse der Folge aus c) nicht negativ?

16 Rechne geschickt.

a) $4 + (-5) + 6 + 35$

b) $7{,}2 + (-2{,}55) + (-3{,}2) + (-7{,}45)$

c) $0{,}4 + \frac{2}{9} + (-1{,}4)$

d) $\left(-\frac{2}{3}\right) + \frac{1}{7} + \left(-\frac{4}{12}\right)$

e) $0{,}375 + 0{,}475 + \frac{5}{8}$

f) $3\frac{4}{5} + 1\frac{3}{4} + \left(-2\frac{2}{5}\right) + \left(-3\frac{3}{4}\right)$

17 Rechne vorteilhaft.

a) $417 + 685 - 417 + 18 - 75$

b) $462 - 49 - 162 + 349$

c) $512 - 38 - 28 - 112$

d) $\frac{30}{287} - \frac{5}{8} + \frac{257}{287} - \frac{6}{16}$

e) $2{,}5 - \frac{5}{4} - 0{,}5 + \frac{1}{4}$

18 Übertrage die Additionsmauer in dein Heft und vervollständige sie.

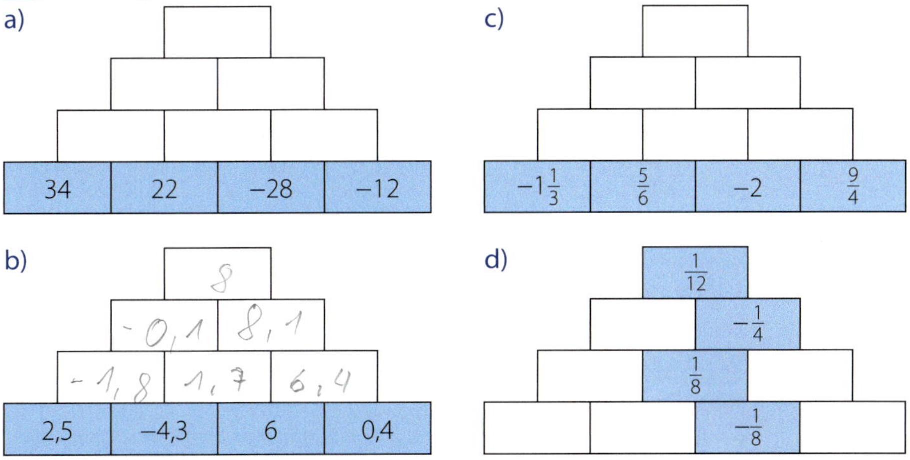

19 Übertrage die Subtraktionstabelle ins Heft und fülle sie aus.

−	−3	1,2	$\frac{1}{8}$	$-1\frac{1}{4}$
1,6				
$-\frac{1}{4}$				
$2\frac{1}{2}$				

Noch fit?

I Berechne den Oberflächeninhalt …

a) eines Würfels mit der Kantenlänge 1,2 m.

b) eines Quaders, der 1,5 m lang, 0,8 m breit und 75 cm hoch ist.

c) eines 3 m hohen Quaders mit der quadratischen Grundfläche der Größe 0,81 m^2.

II Der abgebildete Körper ist aus Würfeln mit der Kantenlänge 1 cm zusammengesetzt. Bestimme seinen Oberflächeninhalt.

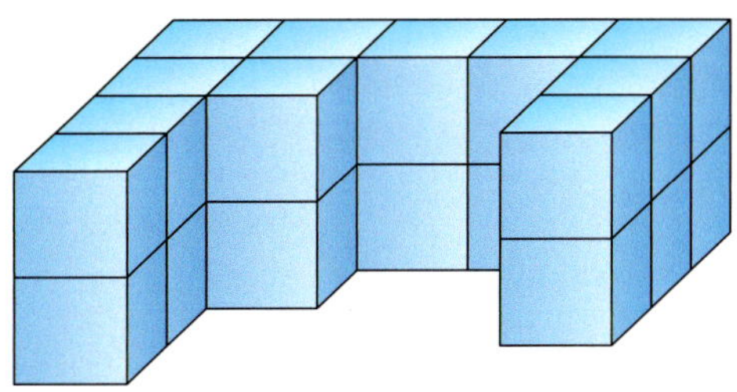

III Ein 7,50 m langer, 4,20 m breiter und 1,80 m tiefer Swimmingpool soll neu gestrichen werden.
Wie viele Dosen Farbe werden benötigt, wenn eine Dose für 12 m^2 reicht?

Trainieren | **Anwenden** | Vernetzen

20 Gib, aufsteigend geordnet, sechs Zahlen an, die zwischen den angegebenen Zahlen liegen.

a) −1,8 und −1,1 c) −1,8 und −1,9 e) $-\frac{1}{2}$ und $-\frac{1}{4}$

b) −1,8 und −1,7 d) −0,2 und 0,2 f) $-\frac{1}{8}$ und $\frac{1}{8}$

g) Wie viele Zahlen lassen sich prinzipiell zwischen 0,001 und 0,002 angeben?

21 Wie heißt die größte negative zweistellige ganze Zahl? Wie heißt die kleinste negative dreistellige ganze Zahl, deren Betrag kleiner ist als 200?

22 „Saldo" bezeichnet in der Buchführung die Differenz zwischen Soll und Haben eines Kontos. In der Umgangssprache wird der aktuelle Saldo eines Kontos häufig als Kontostand bezeichnet. Betrachte den Kontoauszug. Wo haben sich hier die negativen Zahlen versteckt?

Kontonummer 012345	00 Bank		Bankleitzahl 543210000
			alter Kontostand siehe erstes Blatt
Buchungstag	**Buchungserläuterung**	**Belastungen**	**Gutschriften**
14.11.	Schule für Tai-Chi	25,23	
15.11.	EC-Automat	20,00	
16.11.	Aushilfsjob		50,75
17.11.	Dankeschön Oma		25,00
17.11.	Greenpeace Mitgliedschaft	8,75	
			EUR −23,34 Saldo neuer Kontostand
	30.11.10 Kontoauszug vom	30 Auszug	3 Blatt

Wie viel Geld wurde ausgegeben, wie viel eingezahlt? Gib den aktuellen Kontostand und den Kontostand vor den Buchungen dieses Kontoauszugs an.

23 Herr Peters hat bei der Bank einen Dispositionskredit von 6000 €. Er kann deshalb sein Konto bis zu diesem Betrag überziehen. Der letzte Kontostand war 2487 € im Soll. Danach wurden Rechnungen von 1830 € und 1119 € bezahlt. Wie viel darf er noch überziehen?

24 Welche Zahlen muss man einsetzen?

a) $-2 + \square = -4$ c) $\square + 3{,}5 = -14{,}3$ e) $\frac{3}{2} - \square = 2\frac{1}{4}$

b) $423 + \square = -23$ d) $1{,}4 + \square = -4{,}6$ f) $-2\frac{1}{3} + \square = 1\frac{2}{21}$

25 Der Mauna Kea ist ein Vulkan auf Hawaii. Er gilt als der höchste Berg der Erde, wenn man vom Fuß des Berges misst. Seine Höhe vom Meeresgrund bis zu seiner Spitze beträgt 10 203 m. Seine Höhe über dem Meeresspiegel wird mit 4205 m angegeben. Wie tief liegt der Fuß des Mauna Kea unter dem Meeresspiegel?

26 Vorzeichen und Zahlen einsetzen.

a) Setze die passenden Vorzeichen ein. Gib, falls möglich, mehrere Möglichkeiten an.

□85 – (–15) = □100

□200 – (□60) + (□140) = 0

□48 + (□12) = □36

b) Setze die passenden Zahlen ein.

– 6 – □ = 10

□ – (–44) = 50

□ – (+9) = 0

27 Lies aus dem Temperaturdiagramm die monatlichen Durchschnittstemperaturen auf der Zugspitze ab.

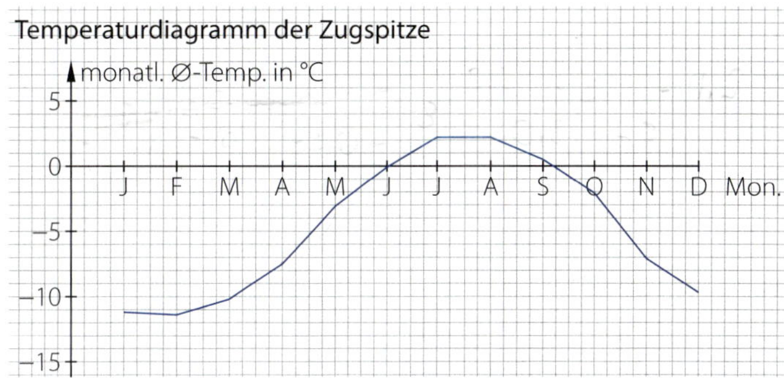

28 Die Wetterstation in Schönwald im Schwarzwald hat folgende monatliche Durchschnittstemperaturen aufgezeichnet:

Monat	J	F	M	A	M	J	J	A	S	O	N	D
durchschnittliche Temperatur in °C	–2,6	–1,2	2,4	6,7	11,4	14,7	16,3	16,0	12,9	8,2	2,4	–1,1

a) Erstelle ein Temperaturdiagramm.

b) Berechne die Jahresdurchschnittstemperatur.

c) Recherchiere für deinen Wohnort die durchschnittlichen Monatstemperaturen eines Jahres und erstelle das zugehörige Temperaturdiagramm.

Trainieren | Anwenden | **Vernetzen**

Tipp
Klammer zuerst!

29 Stelle zunächst einen Term auf und berechne ihn dann.

a) Addiere zu –17 die Differenz von 12 und 3.

b) Subtrahiere von der Summe von $\frac{1}{2}$ und $\frac{3}{4}$ die Differenz von $\frac{1}{4}$ und $\frac{1}{8}$.

c) Addiere zur Differenz von –3,4 und 1,6 die Differenz von $3\frac{1}{2}$ und –4.

30 Marion rechnet so: 87 + 12 – 37 = 87 – 37 + 12 = 50 + 12 = 62.
Zeige, dass Marion richtig gerechnet hat. Erläutere, wie man das Kommutativgesetz bei einer Subtraktion anwenden kann und formuliere eine Regel.

31 Trage die Punkte A bis H in ein Koordinatensystem mit der Längeneinheit 1 cm ein und verbinde sie der Reihe nach. Ergänze dann die Punkte A' bis H', die sich nur im Vorzeichen der ersten Koordinate von den Punkten A bis H unterscheiden.
A (0,5 | –4); B (0,5 | –2); C (4 | –2); D (2 | 0); E (3 | 0); F (1 | 2,5); G (2 | 2,5); H (0 | 4,5)

32 Finde zwei Zahlen x und y, für die gilt: $x < y$, aber $|y| < |x|$.

33 Punkte auf Zahlengeraden und im Koordinatensystem

a) Markiere auf der Zahlengeraden in drei verschiedenen Farben alle Punkte x, für die gilt: $|x| = 2$ ($|x| < 2$; $|x| > 2$)

b) Markiere in einem Koordinatensystem alle Punkte $(x|y)$, für die gilt: $|x| < 1$ und $|y| < 1$.

c) Markiere in einem Koordinatensystem alle Punkte $(x|y)$, für die gilt: $|x| + |y| < 2$.

34 Welche ganzen Zahlen darf man einsetzen?

a) $|\square - 2| = 3$

b) $|4 - \square| = 1$

c) $|\square - \square| = 0$

d) $|8 - |6 - \square|| = 3$

35 Zahlenrätsel

a) Wie ändert sich die Summe, wenn beide Summanden um 4 verkleinert werden?

b) Wie ändert sich die Differenz, wenn Minuend und Subtrahend um 4 verkleinert werden?

c) Wie ändert sich die Summe, wenn anstelle eines Summanden dessen Gegenzahl addiert wird?

d) Wie ändert sich die Summe, wenn beide Summanden halbiert werden?

In dem magischen Quadrat lautet die magische Summe 34.

36 Magische Quadrate

In einem magischen Quadrat ist die Summe der Zahlen in jeder Spalte, in jeder Zeile und in jeder Diagonalen gleich. Diese Summe heißt „magische Summe".
Dabei darf jede Zahl höchstens einmal vorkommen.

a) Ergänze zu einem magischen Quadrat.

8		
	11	
12		14

b) Bilde mit den Zahlen −8, −4, −3, 0, 1, 2, 5, 6, 10 ein magisches Quadrat. Die magische Summe ist 3.

c) Ergänze die Zahlen zu einem magischen Quadrat mit der magischen Summe 0.

	0	

$-\frac{5}{6}, -\frac{1}{2}, -\frac{1}{3}, -\frac{1}{6}, \frac{1}{6}, \frac{1}{3}, \frac{1}{2}$ und $\frac{5}{6}$

Melancolia (1514) von *Albrecht Dürer*. Das magische Quadrat befindet sich rechts oben.

1.2 Multiplikation und Division rationaler Zahlen

Aufträge

Multiplikationstafel

Übertrage die Rechentafel in dein Heft und vervollständige sie durch logisches Fortsetzen. Färbe anschließend positive Werte grün und negative rot. Formuliere Regeln zur Multiplikation rationaler Zahlen.

·	−3	−2	−1	0	1	2	3
3	−9	−6	−3	0	3	6	9
2			−2	0	2	4	6
1							
0							
−1							
−2							
−3							

Alternative: Lückenaufgaben

Setze in deinem Heft für □ jeweils eine der Zahlen aus den Blumen ein, so dass die Rechnung stimmt.

a) $\left(-\frac{2}{3}\right) \cdot \square = -\frac{8}{27}$

b) $\frac{4}{9} \cdot \square = -\frac{2}{3}$

c) $\left(-\frac{2}{3}\right) \cdot \square = 1$

d) $\left(-\frac{2}{3}\right) : \square = \frac{4}{9}$

e) $\frac{4}{9} : \square = \square$

Wissen

Multiplizieren und Dividieren von rationalen Zahlen

Merke
+ mal + = +
+ mal − = −
− mal + = −
− mal − = +
Dies gilt entsprechend für die Division.

Vorzeichenregeln für die Multiplikation und Division

Das Produkt zweier Zahlen mit gleichem Vorzeichen ist positiv. Der Quotient zweier Zahlen mit gleichem Vorzeichen ist positiv.

$3 \cdot 2 = 6$
$(-3) \cdot (-2) = 6$
$8 : 2 = 4$
$(-8) : (-2) = 4$

Das Produkt zweier Zahlen mit verschiedenen Vorzeichen ist negativ. Der Quotient zweier Zahlen mit verschiedenen Vorzeichen ist negativ.

$3 \cdot (-2) = -6$
$(-3) \cdot 2 = -6$
$8 : (-2) = -4$
$(-8) : 2 = -4$

Achtung
$(-1)^2 = (-1) \cdot (-1) = 1$,
aber
$-1^2 = -1 \cdot 1 = -1$

Beispiel 1

- $\frac{3}{4} \cdot \left(-\frac{5}{3}\right) = -\frac{3 \cdot 5}{4 \cdot 3} = -\frac{5}{4}$
- $\frac{-4}{-7} = \frac{4}{7}$ denn $\frac{-4}{-7} = (-4) : (-7)$
- $(-2)^3 = -8$ denn $((-2) \cdot (-2)) \cdot (-2) = 4 \cdot (-2) = -8$
- $(-1)^{20} = 1$

Kommutativgesetz der Multiplikation

In einem Produkt darf man die Faktoren vertauschen.
$a \cdot b = b \cdot a$

Durch geschicktes Vertauschen von Faktoren, kann man sich Rechenvorteile verschaffen.

Beispiel 2
- $5 \cdot 7 \cdot (-2) = 5 \cdot (-2) \cdot 7 = -10 \cdot 7 = -70$
- $\frac{1}{2} \cdot 2{,}83 \cdot 2 = \frac{1}{2} \cdot 2 \cdot 2{,}83 = 1 \cdot 2{,}83 = 2{,}83$
- $4^2 \cdot 25 = 4 \cdot 4 \cdot 25 = 4 \cdot 25 \cdot 4 = 100 \cdot 4 = 400$
- $-3{,}5 \cdot 3{,}3 \cdot \left(-\frac{4}{7}\right) = -\frac{7}{2} \cdot 3{,}3 \cdot \left(-\frac{4}{7}\right) = -\frac{7}{2} \cdot \left(-\frac{4}{7}\right) \cdot 3{,}3 = 2 \cdot 3{,}3 = 6{,}6$

Vorrangregeln bei Termen

Bei Termen gibt es feste Regeln, in welcher Reihenfolge sie berechnet werden.

Reihenfolge beim Berechnen von Termen
1. Klammern
2. Potenzen
3. Punktrechnung
4. Strichrechnung

Hinweis
Die Potenz $(-4)^2$ und das Produkt $2 \cdot 5$ bauen nicht aufeinander auf. Beide Rechnungen können in einem Schritt erfolgen.

Beispiel 3
- $16 - 6 \cdot 3^2$
  $= 16 - 6 \cdot 9$ Potenz zuerst
  $= 16 - 54$ Punkt- vor Strichrechnung
  $= -38$
- $\frac{1}{3} \cdot \left((-4)^2 - 2 \cdot 5\right) - 2$ Zuerst das Innere der Klammer berechnen
  $= \frac{1}{3} \cdot (16 - 10) - 2$ Potenz zuerst
  Das Produkt $2 \cdot 5$ zuerst (Punkt vor Strich)
  $= \frac{1}{3} \cdot 6 - 2$ Klammer zuerst
  $= 2 - 2$ Punkt- vor Strichrechnung
  $= 0$
- $20 - \frac{1}{8} \cdot ((-2) \cdot 5 + 8)^3$ in der Klammer: Punkt- vor Strichrechnung
  $= 20 - \frac{1}{8} \cdot (-10 + 8)^3$ Klammer zuerst
  $= 20 - \frac{1}{8} \cdot (-2)^3$ Potenz zuerst
  $= 20 - \frac{1}{8} \cdot (-8)$ Punkt- vor Strichrechnung
  $= 20 + 1$
  $= 21$

Aufgaben

Trainieren | Anwenden | Vernetzen

1 Berechne im Kopf.

a) $-5 \cdot (-3)$
b) $24 : (-6)$
c) $-\frac{2}{5} \cdot \frac{1}{3}$
d) $-10 : \frac{1}{2}$
e) $-2{,}8 : 1{,}4$
f) $3{,}3 \cdot (-1{,}1)$
g) $0 : (-3{,}7)$
h) $-32{,}766 \cdot (-1)$
i) $(-12)^2$
j) $\left(-\frac{1}{2}\right)^3$
k) $\left(-\frac{1}{2}\right) : \left(-\frac{1}{3}\right)$
l) $(-3) \cdot 0 \cdot (-2)$

2 Berechne im Kopf.

a) $2 \cdot (-4)$
$-2 \cdot 0{,}4$
$-2 \cdot (-0{,}04)$
$2 \cdot 0{,}004$

b) $12 \cdot 6$
$1{,}2 \cdot (-60)$
$-120 \cdot 0{,}6$
$-0{,}12 \cdot (-60)$

3 Berechne.

a) $-7 \cdot (-3)$
b) $6 \cdot (-4)$
c) $-34 : 17$
d) $(-15) : 5$
e) $\frac{3}{8} \cdot \left(-\frac{4}{9}\right)$
f) $\left(-\frac{1}{4}\right) \cdot \frac{2}{7}$
g) $\left(-\frac{3}{14}\right) : \left(-\frac{2}{21}\right)$
h) $0{,}4 \cdot (-0{,}02)$
i) $(-3{,}1) \cdot (-0{,}3)$
j) $5{,}4 : (-2)$
k) $-3{,}9 : (-0{,}3)$
l) $0 : \left(-\frac{3}{8}\right)$

4 Berechne.

Lösungswort:
-30 (i); $\frac{1}{2}$ (g); 10 (e); 0,2 (d); -27 (e); $-\frac{3}{8}$ (u); -4 (h); 30 (o); -10 (s); $-\frac{3}{16}$ (s); 0,02 (t); -9 (r)

a) $(-5) \cdot (-2) \cdot (-1)$
b) $(-3) \cdot (-2) \cdot (-1) \cdot (-5)$
c) $\left(-\frac{1}{3}\right) \cdot 6 \cdot \left(-\frac{1}{4}\right)$
d) $(27 : 3) : \left(-\frac{1}{3}\right)$
e) $(-1) \cdot (-2) \cdot (-1) \cdot (-1) \cdot (-2)$
f) $(-1) \cdot 0{,}1 \cdot (-0{,}2)$
g) $\left(15 : \left(-\frac{1}{2}\right)\right) : (-3)$
h) $\left(\left(-\frac{9}{16}\right) : (-2)\right) \cdot \left(-\frac{2}{3}\right)$

5 Berechne.

a) $(-56) : (-8)$
b) $16 : (-4)$
c) $(-63) : 9$
d) $-\frac{4}{5} : \frac{6}{5}$
e) $\frac{3}{8} : \left(-\frac{7}{9}\right)$
f) $-\frac{24}{17} : \frac{12}{7}$
g) $2{,}5 : (-5)$
h) $-6 : 0{,}1$
i) $-12 : (-0{,}3)$

6 Berechne.

a) $-2 \cdot (-6) : (-12)$
b) $\left(-\frac{1}{5}\right)^2 : \frac{1}{25}$
c) $(-2)^4 : (-4)^2$
d) $(-2)^3 : (-3)^2 \cdot 1\frac{1}{8}$
e) $1^{2019} \cdot 2019^1$
f) $\left(\frac{7}{6}\right)^3 \cdot \left(-\frac{6}{7}\right)^3$

7 Berechne die Potenzen.

a) $(-2)^3$
b) $0{,}1^5$
c) $(-3)^2$
d) $0{,}1^4$
e) $(-0{,}2)^4$
f) $(-1)^{1001}$
g) $(-3)^3 \cdot (-2)^2$
h) $(-2)^3 \cdot 5^3$

8 Bestimme das Vorzeichen des Bruches. Beispiel: $\frac{3-9}{7} = \frac{-6}{7} = -\frac{6}{7}$

a) $\frac{5-8}{4}$
b) $\frac{-3}{-8}$
c) $\frac{-6+10}{10-19}$
d) $\frac{-13-2}{-15} \cdot (-2)^2$

Achtung
$a^1 = a$
$a^0 = 1$

Lösungen:
$-2{,}71$ (Z); $-0{,}8$ (H); $\frac{3}{4}$ (L); $13{,}2$ (A); -3 (I); -3300 (F); 1 (E); 300 (R)

9 Merkwürdige Ergebnisse.

a) $-2018 \cdot (-1)$
b) $2018 : (-2018)$
c) $0 : (-2018)$
d) 1^{2018}
e) $(-1)^{2018}$
f) $(-1)^{2019}$
g) $2018 \cdot (-2019) \cdot 0$
h) 0^{2018}
i) 2018^1
j) 2018^0

10 Rechne vorteilhaft

a) $25 \cdot (-33) \cdot 4$
b) $-2{,}4 \cdot 1{,}1 \cdot (-5)$
c) $-\frac{1}{3} \cdot 1{,}6 \cdot \frac{2}{3}$
d) $12 \cdot (-5)^2$
e) $(-0{,}02) \cdot 2{,}71 \cdot 50$
f) $-2^2 \cdot \left(-\frac{3}{8}\right) \cdot (-2)$
g) $-0{,}12 \cdot 0{,}3 \cdot \left(-8\frac{1}{3}\right) \cdot 3\frac{1}{3}$
h) $2{,}5 \cdot \frac{9}{4} \cdot \left(-\frac{1}{5}\right) \cdot \left(-\frac{2}{3}\right)$

11 Rechne vorteilhaft.

a) $(-5) \cdot (-23) \cdot (-20)$
b) $12{,}5 \cdot 12 \cdot (-8)$
c) $\frac{3}{4} \cdot (-3) \cdot \frac{2}{3} \cdot (-8)$
d) $8^3 \cdot 125$
e) $4^4 \cdot \frac{1}{16}$
f) $3\frac{1}{3} \cdot (-0{,}12) \cdot \frac{1}{2} \cdot 3$
g) $12 : \left(0{,}8 + \frac{2}{5}\right) + 2 : 4$
h) $\left(2 \cdot 4^2 - 0{,}5 : \frac{1}{8}\right) : 1{,}4$

12 Schreibe als Produkt mit drei Faktoren. Gib jeweils drei verschiedene Möglichkeiten an.

a) 48
b) -18
c) 0
d) $-\frac{4}{12}$
e) $\frac{7}{13}$
f) $-5\frac{2}{3}$

13 Schreibe als Quotient. Gib jeweils drei verschiedene Möglichkeiten an.

a) 12
b) -8
c) -1
d) $-\frac{1}{2}$
e) $\frac{2}{7}$
f) $4\frac{3}{4}$

14 Übertrage die Multiplikationsmauer in dein Heft und vervollständige sie.

a)
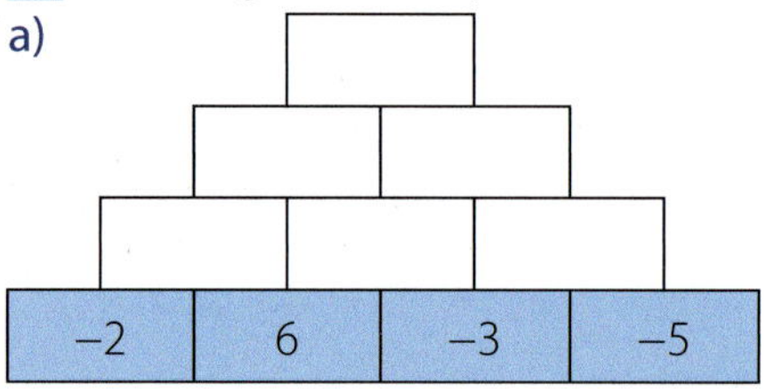

b)
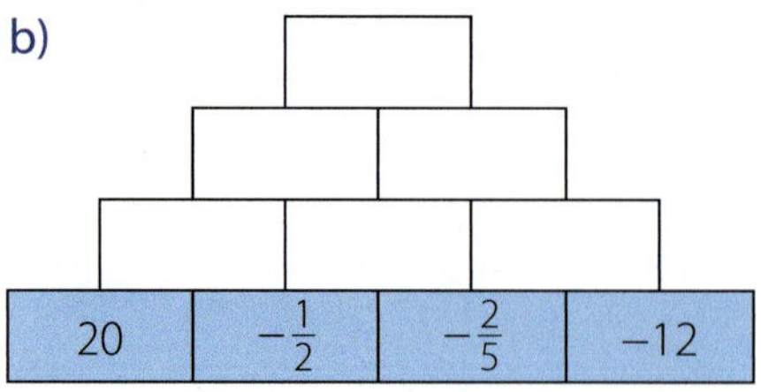

c)
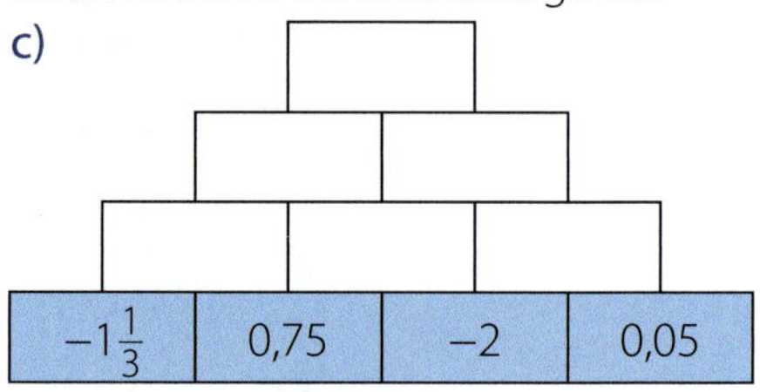

d)
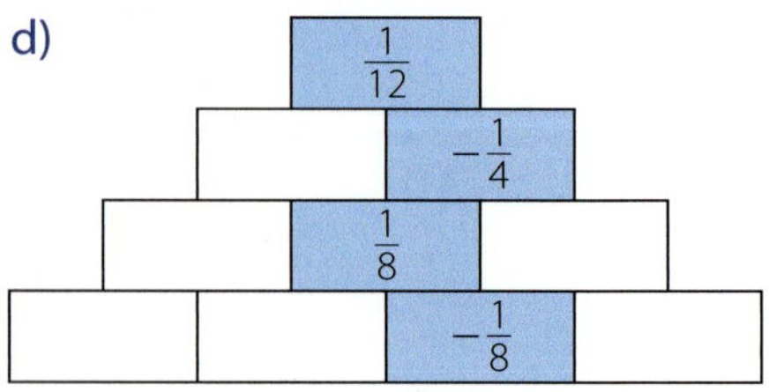

15 Übertrage die Divisionstabelle ins Heft und fülle sie aus.
(Hinweis: In der 1. Spalte steht der Dividend.)

:	-3	$1{,}2$	$\frac{1}{8}$	$-1\frac{1}{4}$
$1{,}5$				
$-\frac{1}{3}$				
$0{,}4$				
$2\frac{1}{2}$				

16 Stelle einen Term auf und berechne.
a) Addiere das Produkt von 2 und $-2{,}4$ zu $0{,}8$.
b) Dividiere die Summe von -2 und $0{,}8$ durch $-\frac{3}{5}$.
c) Subtrahiere vom Quotienten aus 3 und $\frac{1}{2}$ die Summe von 2 und -8.
d) Multipliziere die Differenz von 22 und der dritten Potenz von 2 mit $-\frac{2}{7}$.

Tipp
Beachte die Vorrangregeln.

17 Berechne die Terme schrittweise. Achte auf korrekte Gleichheitszeichen.
a) $27 - 5 \cdot 9$
b) $3 \cdot 35 - 15 \cdot 6$
c) $58 - (6 \cdot 7) - 12$
d) $10 \cdot (91 - 11 \cdot 4) + (18 - 2 \cdot 16)$
e) $(13 \cdot 6 - 2 \cdot 5) \cdot 3 - 16 \cdot (25 - 3 \cdot 5)$
f) $3^2 - 6 + 2^5$
g) $6 \cdot 3^2 - 2 \cdot (16 + 3^3 - 2^4)$
h) $5 \cdot (-2)^4 \cdot 3 - (-3)^2$

18 Berechne schrittweise. Beachte die Vorrangregeln.
a) $0{,}3 + 0{,}7 \cdot 4$
b) $\frac{2}{3} - \left(\frac{1}{8} \cdot \frac{4}{3} + \frac{1}{4} \cdot \frac{8}{3}\right)$
c) $1{,}2 \cdot (5{,}6 - 2 \cdot 0{,}3)$
d) $8 \cdot \left(\frac{1}{4} - \frac{3}{5} \cdot \frac{10}{6}\right) - \frac{3}{4} \cdot \left(\frac{2}{7} - \left(-\frac{5}{7}\right)\right)$
e) $\left(-\frac{1}{2}\right)^3 + \left(\frac{3}{4}\right)^2 \cdot \left(-\frac{8}{3}\right)$
f) $-(0{,}2)^4 + 0{,}96 \cdot (-1)^3$ 2,56
g) $(-3)^3 \cdot 0{,}25 \cdot \frac{1}{54} \cdot (-8)$
h) $(-2{,}7) \cdot 8{,}4 \cdot \frac{1}{3^3} \cdot \left(-\frac{50}{42}\right)$

Noch fit?

I Zeichne die Punkte A (0|6), B (2|2) und C (6|0) in ein Koordinatensystem.
a) Spiegle die Punkte A, B und C an der y-Achse und gib die Koordinaten der Bildpunkte an.
b) Spiegle die Punkte A, B und C an der x-Achse und gib die Koordinaten der Bildpunkte an.
c) Spiegle die Punkte A, B und C am Koordinatenursprung O (0|0) und gib die Koordinaten der Bildpunkte an.
d) Verbinde die Punkte zu einem Stern.

II Zeichne die Punkte A (4|−1), B (−2|2) und C (−2|−1) in ein Koordinatensystem.
a) Welches Viereck AC'BC entsteht?
b) Spiegle den Punkt C an der Strecke $\overline{AC}$. Welches Viereck AC'BC entsteht?
c) Bestimme den Umfang und Flächeninhalt des Vierecks.

Trainieren | **Anwenden** | Vernetzen

19 Linda (L) und Tom (T) spielen ein Spiel, bei dem abwechselnd Karten von einem Stapel gezogen werden. Gewonnen hat, wer am Ende die höchste Zahl erreicht hat. Zu Beginn hat jeder null Punkte. Sie ziehen nacheinander die folgenden Karten:

(1) Du bekommst 5 Pluspunkte. (L)
(2) Du verlierst 3 Pluspunkte. (T)
(3) Du musst deine Punkte mit (−1) multiplizieren. (L)
(4) Du musst deine Punkte mit 2 multiplizieren. (T)
(5) Du gibst 8 Minuspunkte ab. (L)
(6) Du gibst 2 Minuspunkte ab. (T)
(7) Du bekommst 1 Pluspunkt. (L)
(8) Du musst deine Punkte mit (−2) multiplizieren. (T)
(9) Du bekommst 3 Minuspunkte. (L)
(10) Du verlierst 3 Minuspunkte. (T)

a) Wer hat gewonnen?
b) Bei einem anderen Durchgang errechnet Linda ihre Punkte mit dem Term $(1-(-8)+(-3))\cdot(-2)+5$. Welche Karten hat sie in welcher Reihenfolge gezogen?
c) Beide legen ihre 10 Karten zusammen und überlegen, in welcher Reihenfolge die Karten hätten kommen müssen, um möglichst viele Punkte zu erzielen. Tom schafft 100 Punkte. Gelingt dir das auch?

20 Hier ist Konzentration gefragt.
a) $\{-15-[18-108:(-9)]:(-3)\}-15$
b) $91:(-7)+(-8)\cdot(-5)-9\cdot(-17)$
c) $(-13)^2\cdot[-7\cdot(-5)-6^2]+2\cdot 17\cdot 5$
d) $36+\{-22-[45:(-9)-(-3\cdot(-8))]\}$

21 Von Herrn Marks Konto werden alle drei Monate 52,50 € Rundfunkgebühren von der Gebühreneinzugszentrale (GEZ) abgebucht. Wie hoch sind die jährlichen Gebühren?

22 Bestimme das Vorzeichen der fehlenden rationalen Zahl, ohne sie zu berechnen.
a) $(-3{,}3)^2\cdot(-0{,}327)=\square\cdot\frac{2}{9}$
b) $\left(-1{,}2+\frac{17}{18}\right)\cdot(-1)\cdot\square=-3$
c) $-0{,}\overline{14}\cdot(-5)^3\cdot\left(-\frac{3}{7}\right)=0{,}13-\square$

23 Das Produkt von sechs Faktoren ist negativ. Der erste Faktor ist positiv. Wie viele Faktoren sind mindestens bzw. höchstens negativ? Beschreibe deinen Lösungsweg.

24 Kontrolliere Hannas Hausaufgaben. Beschreibe die Fehler, die sie gemacht hat und verbessere sie.
a) $(-8)\cdot(-4)=-32$
b) $32:(-4)\cdot(-2)=32:8=4$
c) $-3\cdot(-4)=-7$
d) $(-3)^4=-64$
e) $(-2)^3\cdot 3=24$
f) $-3^2\cdot 2=18$
g) $\frac{12}{7}+\frac{2}{7}\cdot 3=6$
h) $-\frac{9}{4}:(-2)=\frac{9}{2}$

25 Nach der Größe der Ergebnisse geordnet ergeben die Buchstaben ein Lösungswort.

N: $-43 + (-27)$

T: $14 - (-16)$

A: $(-0{,}04) : (-0{,}2)$

R: $-3\frac{1}{2} - \left(\frac{1}{2}\right)$

E: $(-9) - (-40)$

N: $59 + (-8)$

K: $8 : \left(-\frac{1}{12}\right)$

E: $\left(-\frac{3}{8}\right) : \frac{3}{40}$

D: $-43 - (-27)$

I: $-9{,}1 : 0{,}1$

R: $\left(-\frac{5}{7}\right) : \left(-\frac{10}{21}\right)$

G: $\frac{4}{9} - \frac{10}{3}$

Trainieren | Anwenden | **Vernetzen**

26 Bilde aus den Satzteilen wahre Sätze. Schreibe zu jedem Satz ein Beispiel auf.

Statt eine Zahl zu subtrahieren	kann man durch	ihrem Kehrwert	dividieren
Statt eine Zahl zu addieren	kann man mit	ihre Gegenzahl	addieren
Statt mit einer Zahl zu multiplizieren	kann man	ihre Gegenzahl	multiplizieren
Statt durch eine Zahl zu dividieren	kann man	ihren Kehrwert	subtrahieren

27 Welche Zahl muss man einsetzen?

a) $-\frac{2}{3} \cdot \square = 1$

b) $13{,}5 : \square = -4{,}5$

c) $-3 \cdot \square \cdot (-7) = -42$

d) $(-3)^2 \cdot \square = -4{,}5$

e) $\frac{1}{7} : \square \cdot (-4) = 2$

f) $-2\frac{1}{4} \cdot \square \cdot \frac{2}{3} = \frac{3}{4}$

28 Zeichne in ein Koordinatensystem die Punkte A (2|−1), B (3|2) und C (−1|3) ein und verbinde zu einem Dreieck.

a) Multipliziert man die einzelnen Koordinaten mit 2, so erhält man neue Punkte. Der so erzeugte Punkt A' hat also die Koordinaten A' (4|−2). Gib die Koordinaten von B' und C' an und zeichne das Dreieck A'B'C' in das gleiche Koordinatensystem. Vergleiche die beiden Figuren.

b) Multipliziere die Koordinaten von A, B und C mit −2 und zeichne das so entstehende Dreieck A''B''C''mit einer anderen Farbe in das Koordinatensystem. Beschreibe wie Δ A''B''C'' aus Δ ABC entstanden ist.

c) Zeichne in ein zweites Koordinatensystem die Punkte P (4|1), Q (−1|1), R (−1|−1)und S (4|−1). Multipliziere erneut alle Koordinaten mit 2 und zeichne das so entstehende Rechteck P'Q'R'S'. Vergleiche die Flächeninhalte und die Umfänge beider Rechtecke.

Auflösen einer Plusklammer
Steht vor einer Klammer ein „+", so behalten beim Weglassen der Klammer alle Summanden ihr Vorzeichen.

Beachte
In der Klammer $(8 - 7 + 3)$ steht vor der 8, die ja positiv ist, unsichtbar, ein „+": $(+8 - 7 + 3)$

Beispiel 1
- $62 + (8 - 7 + 3) = 62 + (+8 - 7 + 3) = 62 + 8 - 7 + 3$
- $70 + (-9 + 6) = 70 - 9 + 6$

Und so erhältst du eine Regel für Minusklammern: Es gilt $20 - (3 + 8) = 20 - 3 - 8$, denn es ist egal, ob du 3 und 8 zusammen als Summe oder einzeln nacheinander von 20 subtrahierst.
Eine Differenz in der Klammer denkt man sich als Summe:
$30 - (15 - 8) = 30 - (15 + (-8)) = 30 - 15 - (-8) = 30 - 15 + 8$.
Aus der (+15) und der (–8) in der Klammer werden nach Auflösen (–15) und (+8).

Auflösen einer Minusklammer
Steht vor einer Klammer ein „–", so wechseln beim Weglassen der Klammer alle Summanden ihr Vorzeichen.

Beachte
$(9 + 7 - 3)$ bedeutet auch hier $(+9 + 7 - 3)$.

Beispiel 2
- $56 - (-8 + 7) = 56 + 8 - 7$
- $60 - (9 + 7 - 3) = 60 - 9 - 7 + 3$

Ausmultiplizieren und Ausklammern

Bei rationalen Zahlen gilt das **Distributivgesetz**:

$a \cdot (b + c) = a \cdot b + a \cdot c$ $\quad$ $a \cdot (b - c) = a \cdot b - a \cdot c$

$(a + b) \cdot c = a \cdot c + b \cdot c$ $\quad$ $(a - b) \cdot c = a \cdot c - b \cdot c$

Achtung
Beim großen Einmaleins wendest du im Kopf auch das Distributivgesetz an:
$7 \cdot 28 = 7 \cdot (20 + 8)$
$= 7 \cdot 20 + 7 \cdot 8$
$= 140 + 56 = 196$

Beispiel 3 (Ausmultiplizieren)
- $3 \cdot (2 + 0{,}7) = 3 \cdot 2 + 3 \cdot 0{,}7 = 6 + 2{,}1 = 8{,}1$
- $\left(33 + \frac{1}{2}\right) \cdot \frac{1}{3} = 33 \cdot \frac{1}{3} + \frac{1}{2} \cdot \frac{1}{3} = 11 + \frac{1}{6} = 11\frac{1}{6}$
- $-8 \cdot (6 - 9) = (-8) \cdot 6 + (-8) \cdot (-9) = -48 + 72 = 24$
- $327 - 15 \cdot (20 - 3) = 327 - 300 + 45 = 72$

Erinnerung
Das Distributivgesetz bei der Division gibt es nur in dieser Form:
$(a + b) : c = a : c + b : c$
$(a - b) : c = a : c - b : c$

Das Distributivgesetz wird oft benötigt, um eine Summe in ein Produkt umzuformen.

Beispiel 4 (Ausklammern)
- $-\frac{15}{19} \cdot \frac{7}{32} + \left(-\frac{15}{19}\right) \cdot \frac{9}{32} = -\frac{15}{19} \cdot \left(\frac{7}{32} + \frac{9}{32}\right) = -\frac{15}{19} \cdot \frac{16}{32} = -\frac{15}{19} \cdot \frac{1}{2} = -\frac{15}{38}$

$a \cdot b + a \cdot c = a \cdot (b + c)$
Summe $\qquad$ Produkt

Ausklammern kannst du dann, wenn beide Summanden einen gemeinsamen Faktor enthalten $\left(\text{hier: } a = \frac{15}{19}\right)$. Dieser gemeinsame Faktor kommt vor die Klammer.

Das Assoziativgesetz der Multiplikation

Bei der Multiplikation rationaler Zahlen gilt das Assoziativgesetz:
$a \cdot (b \cdot c) = a \cdot b \cdot c = (a \cdot b) \cdot c$
Innerhalb eines Produktes kann man beliebig Klammern setzen oder weglassen.

Beispiel 5

- $\frac{1}{3} \cdot \left(\frac{3}{25} \cdot \frac{17}{2}\right) = \frac{1}{3} \cdot \frac{3}{25} \cdot \frac{17}{2} = \frac{1}{25} \cdot \frac{17}{2} = \frac{17}{50}$
- $379 \cdot 25 \cdot (-40) = 379 \cdot (25 \cdot (-40)) = 379 \cdot (-1000) = -379\,000$

Aufgaben

Trainieren Anwenden Vernetzen

1 Rechne einmal die Klammer zuerst und dann mit aufgelöster Klammer und vergleiche.

a) $17 - (9 + 8)$
b) $25 + (3 - 12)$
c) $5 - (9 - 4)$
d) $-18 - (6 + 2)$
e) $27 + (-8 + 12)$
f) $-9 + (13 - 2)$
g) $-2 - (8 - 5)$
h) $14 + (-4 + 7)$
i) $-7 - (-14 - 7)$

2 Löse die Klammern auf und rechne geschickt.

a) $378 + (259 + 122)$
b) $217 + (-117 - 89)$
c) $117 - (-83 - 58)$
d) $673 - (-127 + 211)$
e) $539 + (863 - 439)$
f) $419 - (83 + 219)$
g) $912 + (-687 - 112)$
h) $768 - (413 - 32)$
i) $614 - (-336 + 50)$

Lösungswort:
$\frac{11}{8}$ (k); 28,76 (b); −79 (i); 69,23 (u); 200 (h); −20,57 (e); $-\frac{11}{16}$ (e); −69,23 (e); $\frac{5}{8}$ (r); 88,12 (m)

3 Rechne geschickt. Entscheide, ob es besser ist, die Klammer aufzulösen.

a) $319 - (85 + 34)$
b) $427 - (127 + 379)$
c) $67{,}31 + (46{,}12 - 25{,}31)$
d) $8{,}45 + (17{,}12 + 3{,}19)$
e) $-34{,}13 - (38{,}29 - 3{,}19)$
f) $-49{,}09 + (15{,}43 + 13{,}09)$
g) $\frac{2}{17} - \left(\frac{3}{8} - \frac{15}{17}\right)$
h) $-\frac{3}{16} - \left(-\frac{1}{6} + \frac{2}{3}\right)$

4 Stecke in jede Vase die passende Blume.

a) $\left(\frac{3}{4} - \frac{9}{11}\right) +$  $= 0$

b) $-\left(\frac{9}{11} + \frac{3}{4}\right) -$  $= 0$

c) $-\left(-\frac{9}{11} - \frac{3}{4}\right) -$  $= 0$

5 Berechne.

a) $37 - (8 + 37 - 6) + (31 - 6)$
b) $-0{,}37 + (0{,}48 - 0{,}51) - (0{,}48 - 0{,}39)$
c) $\left(\frac{5}{7} - \frac{3}{8}\right) - \left(\frac{3}{4} - \frac{2}{7}\right)$
d) $\left(\frac{1}{2} - \frac{3}{4}\right) - \frac{3}{4} + \left(\frac{3}{4} - \frac{1}{2}\right)$
e) $\left(\frac{8}{9} - \frac{5}{7}\right) - \left(\frac{8}{9} - \frac{5}{7}\right)$
f) $16{,}09 - (25 - (57 - 16{,}09))$
g) Welchen Term muss man zu $\left(\frac{3}{8} - \frac{5}{9} + \frac{2}{7}\right)$ addieren, um null zu erhalten?

6 Schreibe ein Beispiel zu folgendem Satz auf und gib an, welches Rechengesetz er beschreibt.
„Statt eine Summe mit einer Zahl zu multiplizieren, kann ich auch jeden Summanden einzeln mit der Zahl multiplizieren und die beiden Produkte addieren".

7 Multipliziere aus und berechne.

a) $15 \cdot (200 - 7)$
b) $-3 \cdot (-3{,}1 + 10)$
c) $\frac{27}{4} \cdot \left(-\frac{2}{9} + \frac{8}{3}\right)$
d) $-100 \cdot (0{,}03 - 7{,}2)$
e) $200 \cdot (0{,}06 - 3 + 0{,}8 - 1)$
f) $(35 - 98) \cdot (-2)$

8 Rechne vorteilhaft durch Ausklammern.

a) $69 \cdot 323 - 69 \cdot 123$
b) $(-0{,}89) \cdot 529 - (-0{,}89) \cdot 29$
c) $5{,}3 \cdot 64{,}12 - 54{,}12 \cdot 5{,}3$
d) $\frac{5}{8} \cdot \frac{13}{27} + \frac{5}{8} \cdot \frac{7}{27}$
e) $1{,}19 \cdot 33{,}54 + 1{,}19 \cdot 7{,}2 + 1{,}19 \cdot 9{,}26$
f) $\frac{39}{34} \cdot \frac{3}{7} + \frac{3}{7} \cdot \frac{5}{17} - \frac{7}{34} \cdot \frac{3}{7}$

9 Auch hier kannst du mit etwas Geschick ausklammern.

a) $820 \cdot 49 + 410 \cdot 2$
b) $\left(-\frac{3}{19}\right) \cdot \frac{17}{25} + \left(-\frac{6}{19}\right) \cdot \frac{4}{25}$
c) $21 \cdot 355 - 355$
d) $23{,}196 + 23{,}196 \cdot 19$
e) $3 \cdot 87^2 - 87 \cdot 61$
f) $\left(\frac{5}{9}\right)^2 \cdot \left(-\frac{9}{10}\right) + \frac{5}{9}$

10 Rechne vorteilhaft.

a) $(-36 + 0{,}6) : 0{,}6$
b) $(0{,}08 - 0{,}27) : \frac{1}{100}$
c) $(3{,}3 - 8{,}8) : (-1{,}1)$
d) $-1{,}42 : 3 + 1{,}9 : 3$
e) $8{,}32 : (-1{,}4) - 2{,}72 : (-1{,}4)$
f) $\frac{\frac{1}{2} - \frac{1}{6}}{\frac{1}{3}}$

11 Prüfe durch Ausmultiplizieren, ob hier richtig ausgeklammert wurde.

a) $2 \cdot 49 - 18 = 2 \cdot (49 - 9)$
b) $18 + (-3) \cdot 7 = (-3) \cdot (-6 + 7)$
c) $-45 + 5 = (-5) \cdot (9 + 1)$
d) $17 \cdot 28 - 17 \cdot 34 + 34 = 17 \cdot (28 - 2 + 2)$

12 Klammere (−2) aus. Der Term muss nicht berechnet werden.
Beispiel: $12 + 8 = (-2) \cdot (-6 - 4)$
Kontrolliere durch Ausmultiplizieren, ob du richtig ausgeklammert hast.

a) $(-48) - 18$
b) $26 - 14$
c) $-23 + 18 - 2$
d) $4 \cdot (-5) + (-2) \cdot 9 + 2 \cdot 7 - 6$

13 Forme um in Terme ohne Klammer. Vergleiche zur Kontrolle den Wert des gegebenen Terms mit dem klammerfreien Term.

a) $3 - (5 - 7)$
b) $3 \cdot (5 - 7)$
c) $3 \cdot (5 \cdot 7)$
d) $3 - (5 \cdot 7)$
e) $9 - (2 \cdot 3 - 5)$
f) $9 - (2 - (-5) \cdot 3)$
g) $9 - 2 \cdot (3 - 5)$
h) $9 - 2 \cdot (3 \cdot (-5))$

14 Ordne die Karten, ohne die Terme ganz zu berechnen, zu Paaren mit jeweils gleichem Wert. Besprich mit deinem Nachbarn oder deiner Nachbarin, wie zu erkennen ist, dass die Karten den gleichen Wert haben müssen.

H	K	E	B	N
$100 \cdot 17$	$(51-21)-17$	$7^2 \cdot 40$	$51-(17+21)$	$35 \cdot 8$

J	G	M	D
$35+3$	$7 \cdot (8 \cdot 5)$	$7 \cdot 8 \cdot 7 \cdot 5$	$5 \cdot (7+3)$

A	L	I	C	F
$17 \cdot 19 + 3 \cdot 19$	$20 \cdot 19$	$5 \cdot 10$	$25 \cdot (17 \cdot 4)$	$5 \cdot 7 + 3$

15 Alle diese Aufgaben lassen sich nach eventuellen Umformungen bequem im Kopf rechnen. Vergleicht eure Tricks in der Klasse.

a) $981 \cdot 3{,}17 - 8 \cdot 6{,}34 + 3{,}17 \cdot 35$

b) $43 \cdot \left(200 - \frac{60}{43}\right)$

c) $125 \cdot (17{,}39 \cdot 8)$

d) $624 - (312 + 807) \cdot 2$

e) $-\frac{15}{16} \cdot \left(\frac{8}{15} \cdot \frac{16}{5}\right)$

f) $-\frac{15}{16} \cdot \left(\frac{8}{15} + \frac{16}{5}\right)$

g) $27{,}13 - (5{,}2 \cdot (-10) - 2 \cdot (-27{,}13)) + 27{,}13$

h) $5 \cdot 65{,}3 - (18 + 3 \cdot 65{,}3) - 2 \cdot (-8 + 65{,}3)$

Noch fit?

In der Klasse 7a gab es in der letzten Mathematikklassenarbeit 3 Einser, 4 Zweier, 4 Dreier, 8 Vierer, 3 Fünfer und 2 Sechser.

a) Berechne die relative Häufigkeit für die Zensuren und gib sie als Bruch, als Dezimalzahl und als Prozentzahl an.

b) Stelle die Ergebnisse in einem Kreisdiagramm dar.

Trainieren | **Anwenden** | Vernetzen

16 Schreibe je einen Term mit Klammern und einen Term ohne Klammern auf.

a) Mit einem 50€-Schein werden eine CD zu 19,98€, Batterien zu 2,95€ und eine Zeitschrift zu 4,95€ bezahlt.

b) Mit 24,50€ im Portemonnaie möchte Eric eine CD zu 21,17€ bezahlen. An der Kasse erfährt er, dass diese CD um 5€ im Preis herabgesetzt ist.

c) Nach dem Reifenwechsel laden Jan und sein Vater die Winterreifen mit Felge in eine Schubkarre. Jan ist erstaunt, wie schwer die Schubkarre beladen ist. Jeder der vier Reifen wiegt 8,6kg und jede Felge 9,3kg.

d) Zusammen mit den Einnahmen aus dem Sommerfest sind 272,45€ in der Klassenkasse. Reicht das für einen Ausflug aller 27 Schülerinnen und Schüler, bei dem pro Person 4,20€ für Straßenbahn und 3,50€ für Eintritt anfallen?

17 Schreibe zu den Termen passende Texte auf, ähnlich wie in Aufgabe 16.

a) $30 - (25 + 8 - 4)$

b) $29 \cdot (3{,}45 + 7{,}90)$

18 Text und Term

a) Schreibe einen Term mit und einen Term ohne Klammer auf:
Statt 783 von 917 zu subtrahieren, subtrahiere ich erst 800 und addiere dann 17.

b) Formuliere jeweils einen Text wie in Aufg. a):
$452 - 739 - 61 = 452 - (739 + 61) = 452 - 800$
$517 - 381 = 517 - (400 - 19) = 517 - 400 + 19$

19 Der Auszubildende beim Großhändler soll ausrechnen, wie viel eine Warenlieferung inklusive 19 % Mehrwertsteuer kostet. Er rechnet:
$325{,}16 \cdot 1{,}19 + 530{,}19 \cdot 1{,}19 + 289{,}03 \cdot 1{,}19 + 885{,}89 \cdot 1{,}19$
Schreibe einen günstigeren Term auf. Welches Rechengesetz hast du dabei angewendet?

20 Schreibe einen Term auf und berechne ihn.

a) Der Term ist eine Summe. Der erste Summand ist das Produkt von 17 und (–38), der zweite Summand ist das Produkt von 17 und 18.

b) Der Term ist ein Produkt. Der erste Faktor ist (–2,8). Der zweite Faktor ist die Summe von 1,9 und (–1,7).

c) Der Term ist eine Summe. Der erste Summand ist 329. Der zweite Summand ist das Produkt von 329 und 4.

d) Der Term ist eine Summe. Der erste Summand ist das Produkt von 7 und 9. Der zweite Summand ist die Summe von 18 und 6.

21 Beschreibe den Term durch einen Text wie in Aufgabe 20.

a) $(45 + (-9)) \cdot 7$

b) $26 \cdot 8 + 8 \cdot 67$

c) $45 + (-18 + 9)$

d) $4 \cdot (-5) + (-2) \cdot 9 + 6$

22 Berechne die Länge der Stabketten im Kopf mithilfe möglichst einfacher Terme. Vergleicht eure Terme in der Klasse.

a)
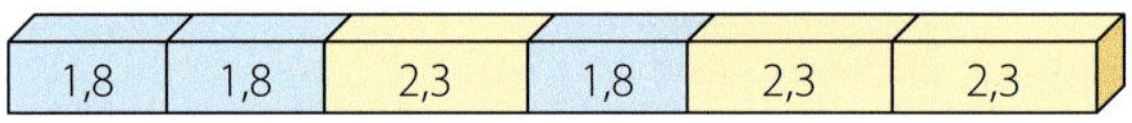

b)
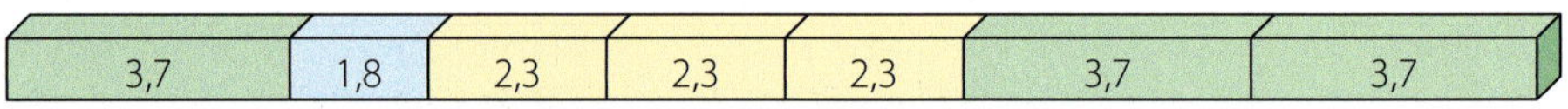

c)
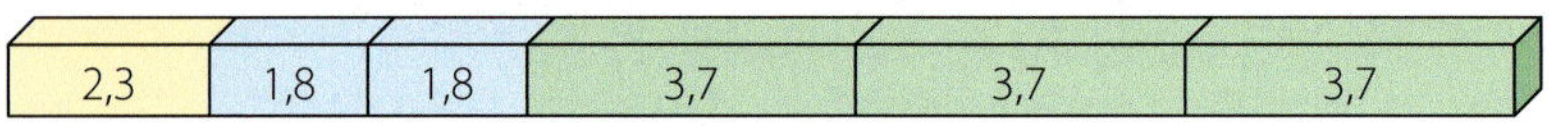

23 Schreibe einen Term für den Flächeninhalt auf, in dem nur ein Produkt vorkommt.

a)
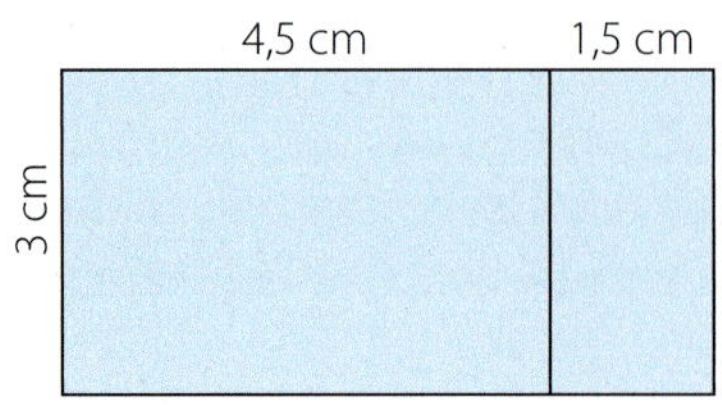

b)
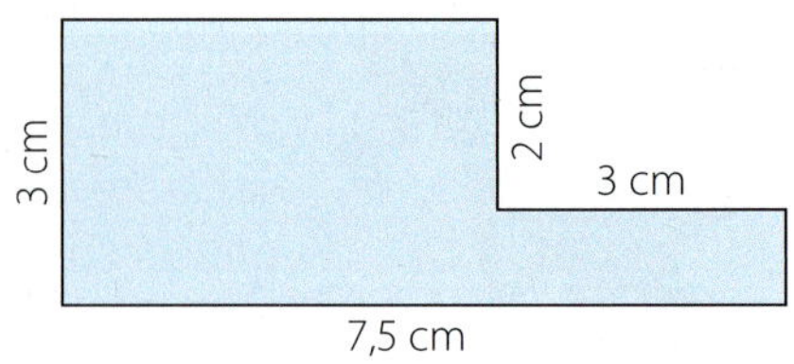

24 Simone hat für das Volumen des abgebildeten Körpers den Term
$1{,}2 \cdot 1{,}4 \cdot 1{,}2 + 1{,}65 \cdot 1{,}4 \cdot 1{,}2 + 1{,}2 \cdot 1{,}4 \cdot 2{,}15$
aufgeschrieben.
a) Erkläre ihren Ansatz.
b) Nun stöhnt Simone wegen der unschönen Zahlen. Janine sagt: „Selber schuld! Wenn du den Term vereinfachst, geht die Aufgabe leicht im Kopf, vorausgesetzt, du weißt, was $12 \cdot 14$ ist."
Finde einen möglichst einfachen Term für das Volumen und erkläre ihn an der Figur. Gib das Volumen in Litern an.

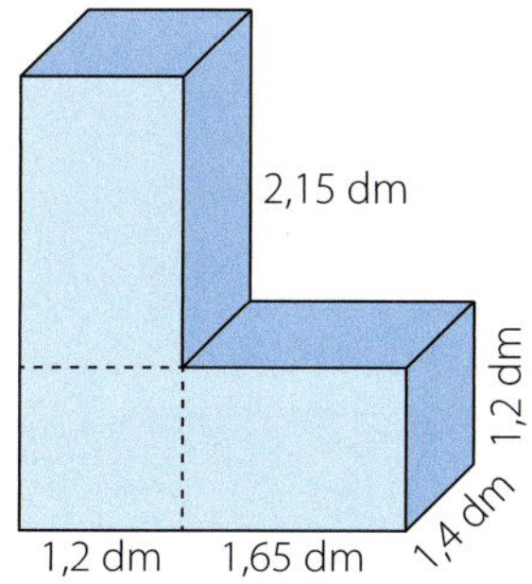

25 Zeige, dass das Volumen des abgebildeten Körpers sich durch
$1{,}1^2 \cdot (4{,}5 \cdot 3 - 2 \cdot 2{,}6 + 1{,}7)$
berechnen lässt. Stelle dazu zuerst einen Term für das Volumen auf und forme ihn dann um.

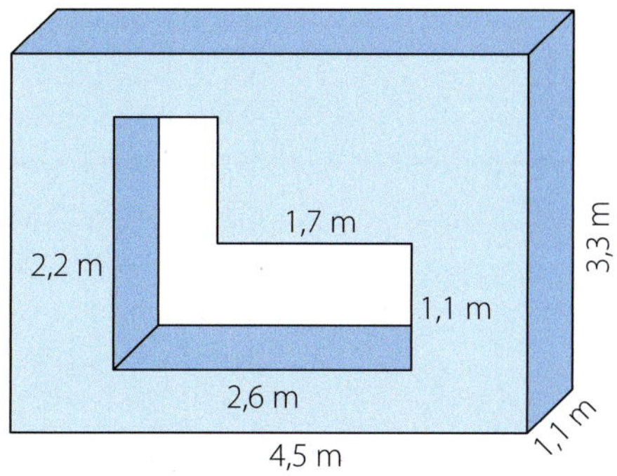

26 Die Klammerschreibweise hilft, das Rechnen mit gemischten Zahlen zu verstehen.

Beispiel: $6\frac{1}{3} - 4\frac{1}{2} = \left(6 + \frac{1}{3}\right) - \left(4 + \frac{1}{2}\right) = 6 - 4 + \frac{1}{3} - \frac{1}{2} = 2 + \frac{2}{6} - \frac{3}{6} = 2 - \frac{1}{6} = 1\frac{5}{6}$

Rechne entsprechend.

a) $3\frac{7}{8} + 2\frac{1}{4}$
b) $5\frac{4}{7} - 3\frac{2}{7}$
c) $4\frac{2}{5} - 1\frac{2}{3}$
d) $2\frac{2}{3} - 5\frac{1}{3}$
e) $3\frac{1}{4} - 5\frac{3}{5}$
f) $827\frac{4}{39} - 829\frac{1}{13}$
g) $42 \cdot 3\frac{17}{21}$
h) $18\frac{7}{24} \cdot \frac{30}{35}$
i) Sprecht in Kleingruppen darüber, wann das Umschreiben einer gemischten Zahl in einen Klammerausdruck vorteilhaft ist.

Trainieren | Anwenden | **Vernetzen**

27 Das Distributivgesetz steckt in der Regel für die Addition gleichnamiger Brüche. Erkläre dies am Beispiel $\frac{2}{7} + \frac{3}{7} = \frac{2+3}{7}$.

28 Aus dem Distributivgesetz kann man die Regel zum Auflösen von Minusklammern herleiten. Führe dazu die folgenden Schritte aus.
a) Zeige an Beispielen, dass gilt: $a - b = a + (-1) \cdot b$.
b) Auch ein Term wie $26 - (8 - 5)$ kann als Beispiel für die Form $a - b$ aufgefasst werden. Was entspräche dann dem a und dem b?
c) Schreibe den Term $26 - (8 - 5)$ nun um und löse die Klammer mithilfe des Distributivgesetzes auf. Was ergibt sich für die Vorzeichen der Summanden in der Klammer?

29 Knobeln mit Termen

a) Berechne den Term $-2 \cdot 8 - 4 \cdot 6 + 5 \cdot (19 - 11)$.

b) Verändere nun im Term eine Zahl so, dass der Term den Wert Null besitzt.

c) Erfinde selbst Klammerterme, die den Wert Null besitzen.

30 Farbfelder

a) Schätze, welche Farbe den größten und welche Farbe den kleinsten Flächenanteil hat.

b) Stelle Terme für die in den jeweiligen Farben gefärbten Flächen auf. Versuche durch Termumformungen die Terme möglichst kurz darzustellen.

c) Berechne die Terme und vergleiche mit deiner Schätzung aus a).

d) Erkunde, welche Farben symmetrisch angeordnet sind. Beschreibe die Symmetrie und begründe mithilfe der Ergebnisse aus c), welche Farben nicht symmetrisch angeordnet sein können.

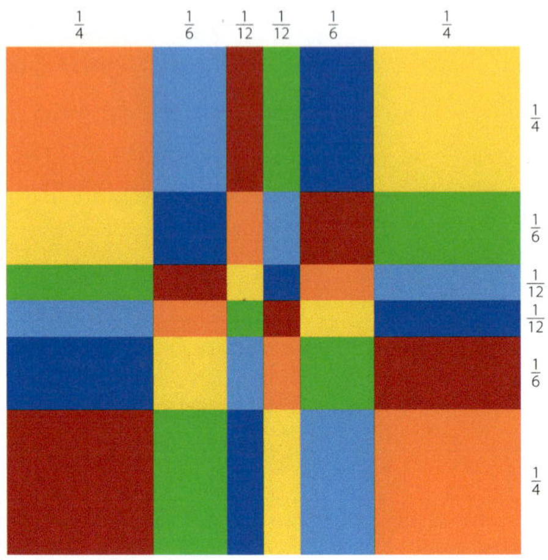

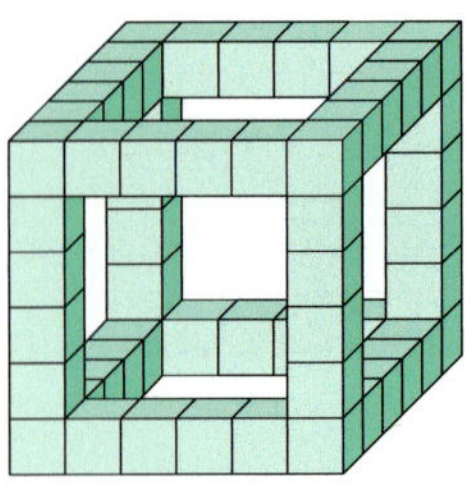

31 Der Körper ist aus kleinen Würfeln mit der Kantenlänge $\frac{1}{4}$ m zusammengesetzt.

a) Ermittle seinen Oberflächeninhalt und sein Volumen.

b) Jeder Würfel wiegt 0,08 kg.

32 Marlene, Mareike, Maria und Marion teilen eine Schüssel Erdbeeren untereinander auf.
Marlene bekommt $\frac{1}{4}$ der Erdbeeren, Mareike erhält $\frac{1}{3}$ vom Rest. Maria darf die Hälfte der dann noch vorhandenen Erdbeeren nehmen. Die verbleibenden sind für Marion.
Wie viele Erdbeeren bekommt Marion, wenn zu Beginn 120 Stück in der Schüssel waren? Die Mädchen legen ihren Anteil auf eine Waage. Marlene hat 375 g, Mareike 340 g, Maria 320 g und Marion 285 g. Wie ist das möglich? Wie viel wiegt eine Erdbeere im Durchschnitt?

33 Abstände zwischen Zahlen

a) Bestimme den Abstand der beiden Zahlen auf der Zahlengeraden:
-8 und 4; -3 und -2; $-4{,}8$ und 3,4; 3,7 und $-1{,}5$

b) Die Zahl, die genau in der Mitte zwischen zwei Zahlen liegt, kannst du ermitteln, indem du zur kleineren Zahl den halben Abstand addierst (oder von der größeren den halben Abstand subtrahierst). Ermittle mit diesem Verfahren die Zahlen die bei a) genau in der Mitte liegen. Vergleiche die Vorgehensweise von a) und b).

c) Denke dir ähnliche Aufgaben aus und stelle sie deinem Nachbarn. Findet ihr noch andere Rechenverfahren?

Check up

Was kannst du? Was musst du noch üben?
Mit diesen Aufgaben kannst du deinen Lernfortschritt überprüfen.
Lösungen findest du im Anhang.

1 Berechne.

a) $8 + (-12)$
b) $\frac{3}{4} - \left(-\frac{7}{8}\right)$
c) $2{,}8 - 3{,}4$
d) $-7 \cdot (-8)$
e) $24 : (-6)$
f) $-3{,}3 : \left(-\frac{1}{2}\right)$
g) $12 : (-5) \cdot (-2)$
h) $(-1)^{32}$
i) $-2^3 \cdot \left(\frac{1}{2}\right)^3$

2 Zeichne im Heft eine Zahlengerade von -7 bis 7, wähle zwei Kästchen für eine Einheit. Trage die Zahlen ein: $-\frac{9}{4}$; -6; $-\frac{50}{8}$; $3\frac{3}{4}$; $-0{,}5$; $-\frac{4}{12}$; $2{,}5$; $\frac{13}{2}$

3 Berechne die Terme.

a) $278 - 78 \cdot 5$
b) $5 \cdot (1{,}7 - 3{,}7) - (-15{,}6)$
c) $(1{,}3 - 0{,}6) \cdot (0{,}2 + 0{,}9)$

4 Stelle einen Term auf und berechne ihn.

a) Der Term ist ein Produkt. Der erste Faktor ist die Summe von 87 und (-99). Der zweite Faktor ist die Summe von (-17) und 7.

b) Der Term ist eine Summe. Der erste Summand ist das Produkt von $-\frac{1}{2}$ und 14. Der zweite Summand ist die Summe von 12 und dem Produkt von $\frac{1}{3}$ und 9.

5 Beschreibe den Term durch einen Text wie in Aufgabe 4.

a) $35 \cdot (17 + 85)$
b) $29 \cdot 8 + 39 \cdot (-5)$

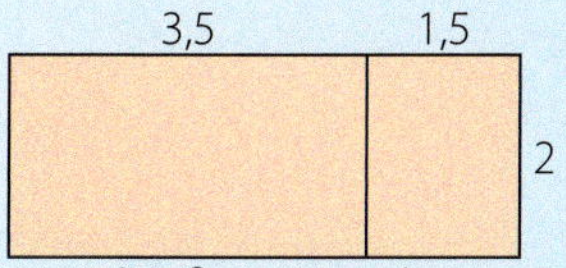

(Maße in Meter)

6 Gib an, welche Terme den Flächeninhalt der Figur richtig wiedergeben:

A: $2 \cdot 3{,}5 + 1{,}5$ B: $3{,}5 \cdot 2 + 2 \cdot 1{,}5$ C: $3{,}5 \cdot 1{,}5 \cdot 2$ D: $(3{,}5 + 1{,}5) \cdot 2$

7 Berechne geschickt.

a) $493 - 39 + 19 - 73$
b) $577 - 26 - 174 - 77$
c) $222 - 128 + 28 + 3$
d) $689 - (567 - 11)$
e) $829 + (29 - 129)$
f) $-(85 + 17) + (17 - 145)$

8 Berechne im Kopf. Forme vorher geschickt um.

a) $56 \cdot 368 - 46 \cdot 368$
b) $101 \cdot 2356 - 2356$
c) $68^2 + 32 \cdot 68$

9 Das Distributivgesetz erlaubt dir, bei diesen 2 cm tiefen Buchstaben einen sehr einfachen Term für den Flächeninhalt der gesamten roten Seitenflächen zu erstellen.
Berechne anschließend möglichst geschickt den Oberflächeninhalt der Buchstaben.

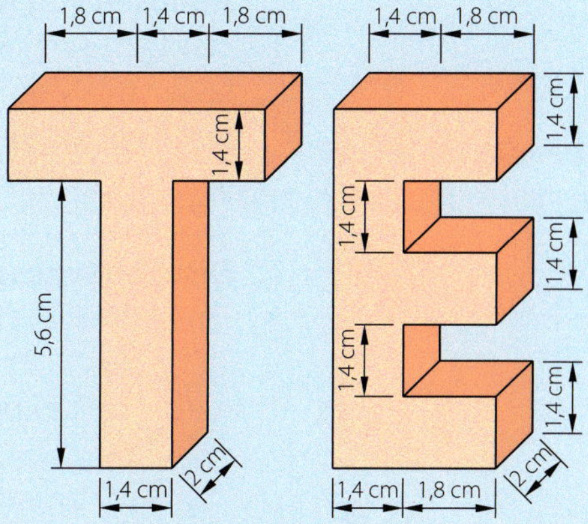

Auf einen Blick

Zahlenmengen

$\mathbb{N}$: natürliche Zahlen
$\mathbb{Z}$: ganze Zahlen
$\mathbb{Q}$: rationale Zahlen

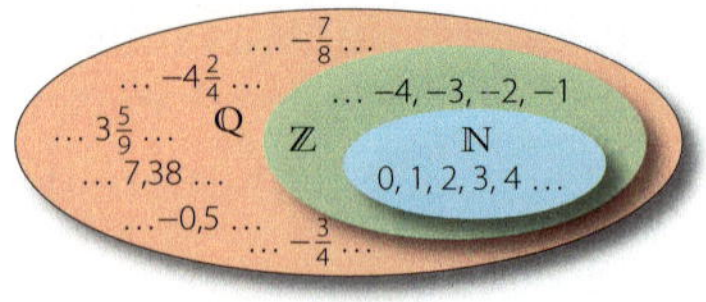

Addieren und Subtrahieren von rationalen Zahlen

Bei der **Addition** einer **positiven Zahl**, gehst du an der Zahlengeraden nach rechts, bei der **Subtraktion** einer **positiven Zahl** nach links.

$-0{,}8 + 1{,}3 = 0{,}5$ $\qquad$ $-0{,}8 - 1{,}3 = -2{,}1$

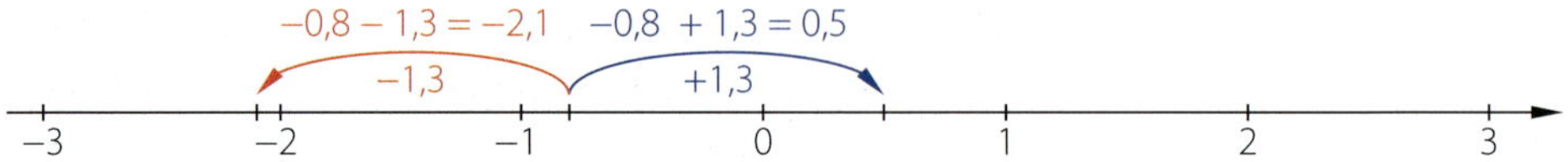

Zur Erinnerung

Für das Addieren und Subtrahieren einer positiven Zahl gilt:
$a + (+b) = a + b$
$a - (+b) = a - b$

Statt eine **negative Zahl** zu addieren, kann man ihre **Gegenzahl subtrahieren**.
$a + (-b) = a - b$
Statt eine **negative Zahl** zu subtrahieren, kann man ihre **Gegenzahl addieren**.
$a - (-b) = a + b$
$2{,}3 + (-0{,}6) = 2{,}3 - 0{,}6 = 1{,}7$ $\qquad$ $2{,}3 - (-0{,}6) = 2{,}3 + 0{,}6 = 2{,}9$

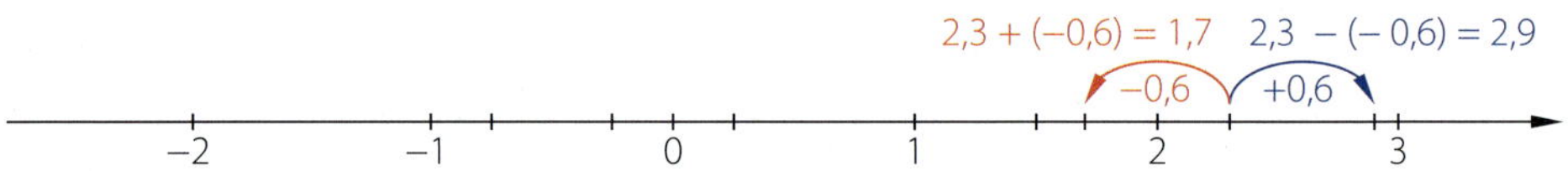

Vorzeichenregeln für die Multiplikation und Division

Das Produkt zweier Zahlen mit gleichem Vorzeichen ist positiv.	$(-3) \cdot (-2) = 6$
Der Quotient zweier Zahlen mit gleichem Vorzeichen ist positiv.	$(-8) : (-2) = 4$
Das Produkt einer positiven und einer negativen Zahl ist negativ.	$(-3) \cdot 2 = -6$
Der Quotient einer positiven und einer negativen Zahl ist negativ.	$(-8) : 2 = -4$
	$8 : (-2) = -4$

Vorrangregeln bei Termen

1. Klammern
2. Potenzen
3. Punktrechnung
4. Strichrechnung

$$\begin{aligned} & 37 - 17 \cdot \left(2 \cdot 19 - (-3)^2 \cdot 4\right) \\ = \; & 37 - 17 \cdot (38 - 9 \cdot 4) \\ = \; & 37 - 17 \cdot (38 - 36) \\ = \; & 37 - 17 \cdot 2 = 37 - 34 = 3 \end{aligned}$$

Auflösen von Klammern

Steht vor einer Klammer ein „+", so behalten beim Weglassen der Klammer alle Summanden ihr Vorzeichen. $\qquad 6 + (-8 + 9) = 6 - 8 + 9$

Steht vor der Klammer ein „−", so wechseln beim Weglassen der Klammer alle Summanden ihr Vorzeichen. $\qquad 7 - (9 - 6 + 2 \cdot (-3))$
$= 7 - 9 + 6 - 2 \cdot (-3)$

Distributivgesetz

Ausmultiplizieren $\qquad -34 \cdot \left(\frac{1}{17} - \frac{1}{34}\right) = (-34) \cdot \frac{1}{17} - (-34) \cdot \frac{1}{34} = -2 + 1 = -1$

$a \cdot (b + c) = a \cdot b + a \cdot c$

Ausklammern $\qquad 49 \cdot 18 - 49 \cdot 8 = 49 \cdot (18 - 8) = 49 \cdot 10 = 490$

Kapitel 2

Zuordnungen

Je schneller du läufst, desto größer ist die Strecke, die du in einer bestimmten Zeit zurücklegst. Je größer die Strecke ist, desto mehr Schritte musst du machen.
Amerikanische Forscher haben untersucht, warum Kinder oft nur ungerne mit ihren Eltern spazieren gehen. Sie haben festgestellt: Menschen mit kurzen Beinen verbrauchen für jeden Schritt die gleiche Energie wie langbeinige. Aber für die gleiche Entfernung müssen sie mehr Schritte machen. Deshalb brauchen sie insgesamt mehr Energie, um „Schritt halten" zu können und werden deshalb schneller müde.
Mathematisch lassen sich diese Zusammenhänge mit den Begriffen Proportionalität und Antiproportionalität beschreiben.

2.1 Proportionalität

Aufträge

Gruppenreise nach Europa

Eine Reisegruppe aus Amerika trifft in Deutschland ein. Die Teilnehmer wollen für die ersten Tage Dollar in Euro umtauschen.
Wie viele Euro erhält Mr. Miller für seine 120 Dollar? Wie viele Mrs. Thunderland für ihre 180 Dollar? Erweitere die Tabelle für 60, 75, 80, 95 und 100 Dollar.
Wie müsste eine Umrechnungstabelle aussehen, wenn umgekehrt eine Reisegruppe aus Deutschland nach Amerika fährt? Benötigst du als Tourist eine Umrechnungstabelle mit verschiedenen Beispielen? Welche Angaben benötigst du unbedingt?

US-Dollar	Euro
1	0,78
2	1,56
5	3,90
10	7,80
20	15,60
50	39,00

Stand: Juli 2013

Alternative: Bildgrößen proportional verändern

Hoppla! Hier ist beim Verkleinern des Fotos von Kater Giovanni wohl etwas falsch gelaufen.
Beschreibe, was geschehen ist.
Wie musst du bei dir bekannten Computerprogrammen vorgehen, wenn du ein Bild verkleinerst, damit die Proportionen erhalten bleiben?
Bei einigen Programmen kann man die neuen Maße des Bildes selbst eingeben. Wie hoch muss das Bild werden, wenn es 50, 100, 150, 400, 450, 500, 550, 600 Pixel breit werden soll?
Fertige eine Tabelle an, in der du jeder dieser Breite die entsprechende Höhe zuordnest. Stelle den Zusammenhang in einem Diagramm dar. Wie erkennst du an der Tabelle und am Diagramm, dass die Proportionen des Bildes beibehalten werden?

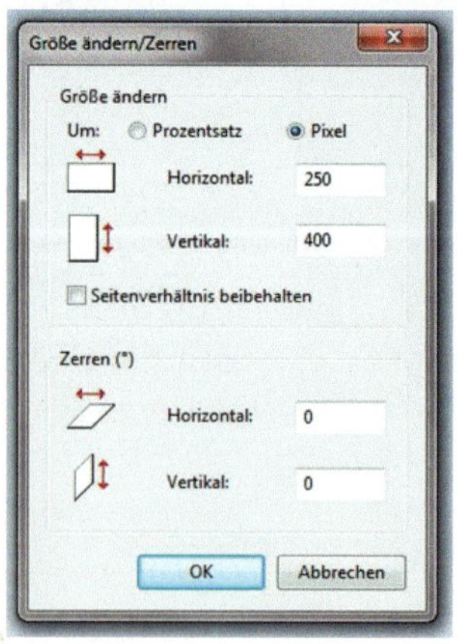

Tipp
Wähle die Flüssigkeitshöhen geschickt.

***Alternative:* Messbecher**
Tim und Luisa haben einen geraden Haushalts-Messbecher aus der Spülmaschine geholt. Leider ist die Mess-Skala kaum noch zu erkennen. Es ist nur noch ablesbar, dass der Messbecher bei einer Flüssigkeitshöhe von 5 cm 250 ml Flüssigkeit enthält. Fertige eine Tabelle an, in die du links mindestens sechs verschiedene Flüssigkeitshöhen dieses Messbechers und rechts die im Becher enthaltene Flüssigkeit einträgst. Stelle den Zusammenhang in einem Diagramm dar. Welches Volumen gehört zu einer Flüssigkeitshöhe von 8,3 cm?

Wissen

Proportionale Größen

Zwei Größen sind zueinander **proportional**, wenn zum Doppelten (Dreifachen, Vierfachen …) der ersten Größe das Doppelte (Dreifache, Vierfache) der zweiten Größe gehört.

Du kannst auch sagen: Wird die erste Größe mit einer Zahl multipliziert, so wird die zweite Größe mit derselben Zahl multipliziert. Wird die erste Größe durch eine Zahl dividiert, so wird die zweite Größe durch dieselbe Zahl dividiert.

Beispiel 1 (Erste Größe Füllhöhe – Zweite Größe Volumen)
▶

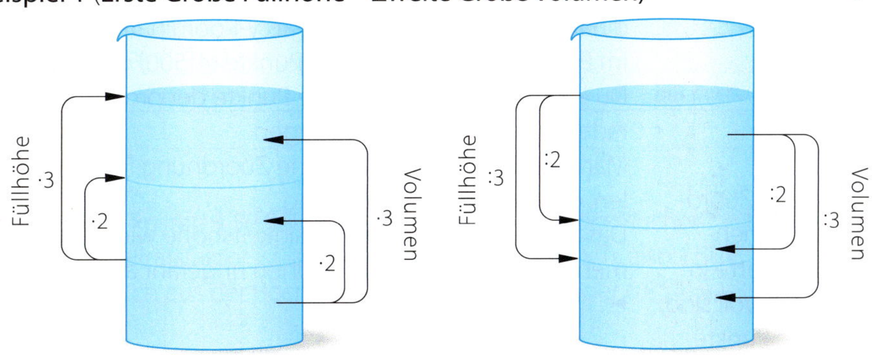

Darstellung in einer Tabelle

Diesen Zusammenhang kannst du in einer Tabelle darstellen:

1. Größe: Füllhöhe in cm	0,5	1	2	3	4	6	8	9
2. Größe: Volumen in ml	62,5	125	250	375	500	750	1000	1125

(Pfeile über und unter der Tabelle: von 3 zu 1 :3, von 2 zu 1 :2, von 3 zu 6 ·2, von 3 zu 9 ·3)

In jeder Spalte der Tabelle steht ein Wertepaar aus einer bestimmten Füllhöhe und dem zugehörigen Volumen. Das Wertepaar (1|125) entsteht aus dem Wertepaar (2|250) durch die Division durch 2.

3 Nach Einbau eines neuen Heizkessels tropft im Keller von Herrn Maier Kondenswasser aus dem Kamin. Herr Maier stellt einen zylinderförmigen 10-l-Eimer unter. Nach acht Stunden misst er im Eimer eine Wasserhöhe von 4 cm.

a) Erstelle eine Tabelle mit dem Wasserstand nach 2, 4, 6, 8, 12 Stunden.

b) Stelle den Zusammenhang im Koordinatensystem dar.

c) Schätze die Höhe eines 10-l-Eimers und gib an, nach wie vielen Stunden Herr Maier den Eimer leeren muss.

4 Ein Auto fährt mit gleichbleibender Geschwindigkeit. Im Koordinatensystem wird die zurückgelegte Strecke der benötigten Zeit zugeordnet.

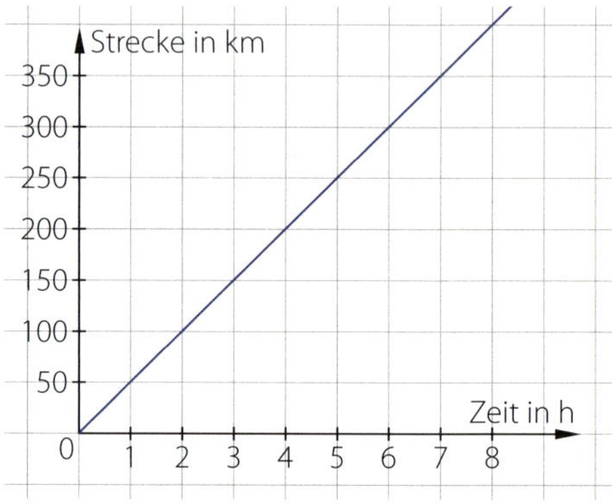

a) Lies aus dem Graphen ab, welche Strecke in 1 h; 2,5 h; 3 h; 4,5 h; 6 h zurückgelegt wurde.

b) Wie lange benötigt das Auto für 100 km, 175 km, 200 km, 250 km, 325 km, 350 km?

c) Bestimme den Proportionalitätsfaktor der im Graphen dargestellten Zuordnung. Welche Bedeutung hat er?

5 Nebenstehender Graph zeigt den Zusammenhang zwischen Volumen in cm^3 und Masse in g von Körpern aus Messing.

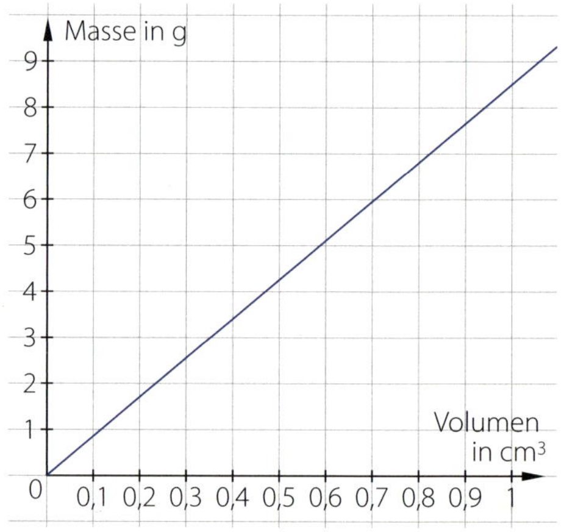

a) Bestimme die ungefähre Masse eines Messingschmuckstücks des Volumens 0,3 cm^3 (0,5 cm^3; 0,7 cm^3; 0,9 cm^3).

b) Welches Volumen hat ein Schmuckstück ungefähr, wenn es eine Masse von 3 g (4,5 g; 7 g; 8,5 g) hat?

c) Bestimme den Proportionalitätsfaktor. Welche Bedeutung hat dieser?

6 In diesen Tabellen proportionaler Zuordnungen ist jeweils ein Wertepaar falsch. Finde es heraus. Du kannst dazu zeichnen oder rechnen.

a)

x	6	2	4	9	11	12
y	9	3	6	15,5	16,5	18

b)

x	6	1	5	4	3	8
y	9,6	2,6	8	6,4	4,8	12,8

7 Weise jeweils nach, dass die Größen proportional zueinander sind, und ergänze die fehlenden Größen in deinem Heft.

a)

Größe I	4	2	8		36	
Größe II	15	7,5	30	45		337,5

b)

Größe I	$\frac{4}{7}$	3	$\frac{10}{49}$	1	2	
Größe II	2,8	14,7	1	4,9	9,8	0,5

8 Entscheide auf verschiedenen Wegen, ob die folgenden Zuordnungen proportional sind. Begründe.

a) Erdbeeren

Masse	500 g	1,5 kg	250 g	3 kg
Preis	1,70 €	5,10 €	0,85 €	10,20 €

b) Äpfel

Masse	1 kg	2 kg	5 kg	10 kg
Preis	2,00 €	4,00 €	6,50 €	13,00 €

9 Neue Wertepaare einer proportionalen Zuordnung lassen sich auch durch Addition oder Subtraktion von Wertepaaren erzeugen:

1	+	2	=	3
125	+	250	=	375

oder
oder

9	−	4	=	5
1125	−	500	=	625

a) Zeige, dass alle sechs Wertepaare zu derselben proportionalen Zuordnung gehören.

b) Berechne die fehlenden Werte der untenstehenden proportionalen Zuordnung durch Addition oder Subtraktion je zweier Wertepaare:

Größe I	2	5	7	3	10	12	1	13
Größe II	14	35						

c) Darf man auch zwei Wertepaare einer proportionalen Zuordnung miteinander multiplizieren, um ein weiteres Wertepaar derselben proportionalen Zuordnung zu erhalten? Begründe mit Hilfe der Tabelle aus b).

10 Ergänze die Tabelle proportionaler Größen durch Multiplikation mit einer (Division durch eine) Zahl oder Additon (Subtraktion) zweier Wertepaare:

a)

Größe I	7,5		6	9	10,5		13,5	
Größe II	35	7		42		21		84

b)

Größe I	$1\frac{1}{3}$		$2\frac{2}{3}$			$3\frac{1}{3}$		$8\frac{2}{3}$
Größe II	22,5	67,5		90	112,5		33,75	

11 Entscheide, welche Größen zueinander proportional sein können. Formuliere ggf. passende Bedingungen und begründe deine Antwort.

a) das Gewicht eines Briefes und das zugehörige Porto

b) die Anzahl der Übernachtungen in einem Hotel und der Preis für die Übernachtungen

c) die beim Wandern zurückgelegte Strecke in km und die dafür benötigte Zeit in min

d) die abgepumpte Wassermenge in l und die dafür benötigte Zeit in sek

e) das Volumen von Cola in ml und der Zuckergehalt in %

12 Beim Einkaufen sind Menge und Preis (z. B. von Brötchen der gleichen Sorte) häufig proportional.

a) Nenne fünf Beispiele für proportionale Größenpaare aus dem Alltag.

b) Nenne fünf Beispiele für Größenpaare aus dem Alltag, die nicht proportional sind.

Zur Erinnerung
Dies ist ein Beispiel, bei dem es nicht sinnvoll ist, die Punkte des Graphen zu verbinden.
Warum?

13 Ein Restaurant bietet verschiedene Menüs an:
3 Gang: 18 €, 4 Gang: 24 €, 6 Gang: 35 €, 9 Gang: 52 €, 12 Gang: 69 €.
Prüfe nach, ob der Zusammenhang zwischen der Anzahl der Gänge und dem Preis proportional ist.

14 Euro-Münzen
a) Eine 1-Euro-Münze wiegt 7,5 g.
Wie viel wiegen 2, 6, 10, 40, 200 solcher Münzen?
b) Ein Stapel aus zwanzig 2-Euro-Münzen ist 44 mm hoch. Wie hoch ist eine Münze? Wie hoch ist ein Stapel von 5, 10, 15, 25, 30, 35 oder 40 solcher Münzen?

15 Fünf Kaugummi-Streifen kosten 1,20 €. Berechne den Preis für einen Streifen.
Wie viel kosten 10, 15, 20, 25, 30 Streifen?

16 In einem Aquarium befinden sich 140 Liter Wasser. Der Wasserstand beträgt 40 cm.
a) Wie viele Liter Wasser würde das Aquarium enthalten, wenn der Wasserstand nur 8 cm hoch wäre?
b) Wie hoch wäre der Wasserstand, wenn nur 14 Liter in das Aquarium eingefüllt würden?

17 Mr. and Mrs. Smith are on a journey to Italy. They are refueling their car at a petrol-station in Austria, as they want to drive on the motorway for the hole day.
25 litres of petrol cost €30,50.
How much money do they have to pay for 50 litres, 5 litres, 20 litres, 10 litres or 35 litres?

Noch fit?

I Rechne im Kopf.

a) 4,8 m : 16	d) $14{,}4\,m^2 : 0{,}3\,m$	g) 15,45 l : 0,15	j) $0{,}2\,m^2 : 20\,dm^2$
b) 4,8 cm : 0,16 cm	e) 0,0018 : 0,9	h) 154,5 h : 0,15 h	
c) 1,44 : 3	f) 18 : 0,09	i) 100 : 3	

Tipp
Weitere Übungen mit dem Taschenrechner findest du auf S. 26–27.

II Rechne überschlagsweise und überprüfe dein Ergebnis mit dem Taschenrechner.
a) 6,4 : 0,75 b) 21,563 : 0,9 c) 4,76 : 0,019 d) 0,2305 : 7,1

III Eine Getränkefirma will 190 Liter Traubensaft in 0,75-Liter-Flaschen abfüllen.
Wie viele Flaschen können abgefüllt werden? Wie viele Liter bleiben als Rest übrig?

IV Finde die Fehler und verbessere sie. Benutze keinen Taschenrechner.
a) *0,47 : 0,1 = 0,43* c) $2{,}32 : 0{,}3 = 77{,}\overline{3}$
b) *0,24 : 0,007 = 40* d) *345,89 : 3,7 = 9,4484*

Trainieren **Anwenden** Vernetzen

18 Berechne.

a) Fünf CDs kosten 74,75 €. Wie viel kosten 15 CDs?

b) Ein Liter Saft enthält 415 kcal (Kilokalorien). Wie viele kcal enthält ein Glas mit 200 ml dieses Saftes?

c) Ein menschliches Kopfhaar wächst ca. 3 mm pro Woche. Um wie viel wächst es in 14 Tagen, 52 Wochen?

d) Auf einer 420 m^2 großen Rasenfläche soll Rasen gesät werden. Ein 1,5 kg Paket Rasensamen reicht für eine Fläche von 140 m^2. Wie viele Pakete werden benötigt?

e) Ein Drucker druckt 36 Seiten in 3 Minuten. Wie lange braucht er für 18, 12, 9, 6 oder 2 Seiten?

f) Auf einer Verpackung fettarmer Milch ist angegeben, dass sie 6 g Kohlenhydrate pro 100 ml enthält. Wie viele ml Milch enthalten 18 g Kohlenhydrate?

19 Bei einem Download wird angezeigt, dass 2,8 MB in vier Sekunden heruntergeladen wurden. Wie lange dauert es (bei gleicher Geschwindigkeit) bis 7 Bilder zu je 2 MB heruntergeladen sind?

20 Beim Einkauf im Supermarkt wird Herr Brandl an der Fleischtheke gefragt: „Dürfen es 50 g mehr sein?"
Eigentlich wollte er nur einen Braten von 1 kg für 17,00 € kaufen. Wie viel müsste Herr Brandl nun bezahlen?

21 Beurteile die Packungspreise.

250 g	500 g	750 g	3 kg Supersparpaket	5 kg
1,12 €	2,24 €	3,35 €	14,34 €	21,90 €

22 Für einen Urlaub in der Schweiz möchte Julia ihre kompletten Ersparnisse in Höhe von 73,45 Euro in Schweizer Franken (CHF) umtauschen.

a) Wie viele Schweizer Franken erhält sie, wenn zur Zeit der Wert von 1 € 1,25 Schweizer Franken beträgt?

b) Erstelle eine Umrechnungstabelle für einen Urlaub in der Schweiz.

c) Beschreibe, wie sich das Problem grafisch lösen lässt.

23 Kurzschlüsse

a) Zwei Eier brauchen zum Hartkochen 7 Minuten. Wie lange brauchen 4 Eier?

b) Ein achtjähriger Schüler läuft 100 m in 20 Sekunden. Wie lange braucht ein Sechzehnjähriger für die gleiche Strecke?

c) Erfinde weitere derartige Aufgaben und stelle sie deiner Sitznachbarin.

24 Ist die Zuordnung *Volumen* → *Höhe* beim Messbecher links proportional? Begründe.

25 Stelle mehrere vollständige Tabellen für proportionale Zuordnungen auf. Schreibe dann die Tabellen lückenhaft ab, sodass jeweils nur ein vollständiges Paar erhalten bleibt, und lasse deinen Banknachbarn die Tabelle vervollständigen.

26 Summer Dream

Zutaten (1 Person):
3 EL Johannisbeeren
2 Kugeln Vanille-Eis
0,2 l kalte Milch
2 EL Schlagsahne
½ Orangenscheibe (zum Garnieren)
2 Cocktailkirschen (zum Garnieren)

Alle Zutaten bis auf die Orangenscheibe und die Cocktailkirschen in einen Shaker geben, gut schütteln und in ein vorgekühltes Glas abseihen. Anschließend das Glas garnieren.

a) Welche Zutatenmengen benötigst du für eine Gruppe von 4, 10, 20 Kindern?
b) Rechne dein Lieblingsrezept auf eine einfache Gruppengröße hoch.
Ist es immer sinnvoll, dass jede Zutat eines Rezeptes vervielfacht wird?

Trainieren | Anwenden | **Vernetzen**

27 Ein 6 m hoher Stab wirft einen Schatten von 7,2 m Länge.
a) Bestimme zeichnerisch den Winkel, den die Sonnenstrahlen mit der Erdoberfläche einschließen.
b) Bestimme zeichnerisch und rechnerisch den Schatten einer 1,5 m hohen Stange zur selben Zeit und am selben Ort.
c) Bestimme zeichnerisch und rechnerisch die Höhe einer Stange, die zur selben Zeit einen Schatten von 2,4 m Länge wirft.

Tipp
Wenn auf einer Landkarte der Maßstab 1 : 20 000 angegeben ist, bedeutet das: „1 cm auf der Karte entspricht 20 000 cm = 200 m in Wirklichkeit." Hier geht es darum, wie vielen Zentimetern auf dem Streifen wie viele Jahre entsprechen.

28 Auf einem 5 m langen Papierstreifen soll im Klassenzimmer die Erdgeschichte maßstäblich richtig dargestellt werden.
Ermittle, wie weit vom linken Ende (Entstehung der Erde vor ca. 5 Mrd. Jahren) folgende Ereignisse markiert werden müssen: Ende der Urzeit und Beginn der Vorzeit vor ca. 2,5 Mrd. Jahren, erste Fische vor ca. 400 Mio. Jahren, Erscheinen des Menschen vor ungefähr 2 Mio. Jahren. Beschreibe den „Maßstab" des Streifens.

29 Marco erhält zu seinem 12. Geburtstag am 1. Januar ein Sparbuch, auf dem zu Beginn 1000 € eingezahlt sind. Er hebt die nächsten 6 Jahre nichts ab, da er für den Führerschein spart, lässt aber zu Beginn jeden Jahres den Kontostand bei seinem Bankinstitut eintragen: Ist der Geldzuwachs bezogen auf die eingezahlten 1000 € zu der Anzahl der vergangenen Jahre proportional?
Kannst du dir dein Ergebnis erklären?

Zeitpunkt	Kontostand
Zu Beginn (Januar)	1000 €
nach 1 Jahr (Januar)	1030 €
nach 2 Jahren (Januar)	1060,90 €
nach 3 Jahren (Januar)	1092,73 €
nach 4 Jahren (Januar)	1125,51 €
nach 5 Jahren (Januar)	1159,28 €
nach 6 Jahren (Januar)	1194,06 €

2.2 Antiproportionalität

Aufträge

Wasser marsch!

Am „Tag der offenen Tür" bei der freiwilligen Feuerwehr Bingen Kempten informiert sich die Klasse 7 b über die Arbeit der Feuerwehrleute.
Die Schüler erfahren, dass zum effektiven Löschen eines Brandherdes sogenannte Strahlrohre verwendet werden. Durch Abschrauben des Mundstücks lässt sich die durchfließende Wassermenge verdoppeln und so kann mit dem B-Strahlrohr eine Reichweite von 37 m und eine Höhe von 27,5 m mit dem Wasserstrahl erreicht werden.
Die Tabelle gibt an, wie viele Liter pro Minute (bei einem Druck von 4 bar) durch die verschiedenen Strahlrohre fließen. Übertrage die Tabelle in dein Heft und fülle in der zweiten Zeile aus, wie lange das Löschfahrzeug höchstens bei der jeweiligen Durchflussmenge löschen kann. Sein Tankinhalt beträgt 4800 Liter.

	mit Mundstück			ohne Mundstück		
Rohr	B	C	D	B	C	D
Liter/Minute	400	100	25	800	200	50
Zeit						

Alternative: Euro-Münzen

Für den Jahresbericht sammelt die Klassenleiterin Frau Lang in der Klasse 7 a pro Schüler einen Betrag von 1 Euro ein. Wie viele Münzen würdest du jeweils brauchen, wenn du den Betrag nur in 1 ct (2 ct, 5 ct, 10 ct, 20 ct, 50 ct, 100 ct = 1 €) bezahlen würdest? Stelle eine geeignete Tabelle auf und zeichne ein passendes Diagramm zur Zuordnung:
Betrag der Einzelmünze → Anzahl der Einzelmünzen
Tipp: x-Achse: 1 cm ≙ 10 ct; y-Achse: 1 cm ≙ 10 Münzen

Wissen

Antiproportionale Größen

Zwei Größen sind zueinander **antiproportional**, wenn zum Doppelten (Dreifachen, Vierfachen, …) der ersten Größe die Hälfte (ein Drittel, ein Viertel, …) der zweiten Größe gehört.

Du kannst auch sagen: Wird die erste Größe mit einer Zahl multipliziert, so wird die zweite Größe durch dieselbe Zahl dividiert. Wird die erste Größe durch eine Zahl dividiert, so wird die zweite Größe mit derselben Zahl multipliziert.

Beispiel 1 (Erste Größe Volumen – Zweite Größe Anzahl der Gefäße)

▶ 4 Liter Flüssigkeit sollen in gleiche Gefäße gefüllt werden. Es stehen viele Gefäße zur Verfügung mit Volumina zwischen 0,1 Liter bis 10 Litern. Wählt man Gefäße mit einem Volumen von 1,6 Litern, so werden 2,5 solcher Gefäße gefüllt.

Erste Größe:
Volumen der Gefäße

Zweite Größe:
Anzahl der Gefäße

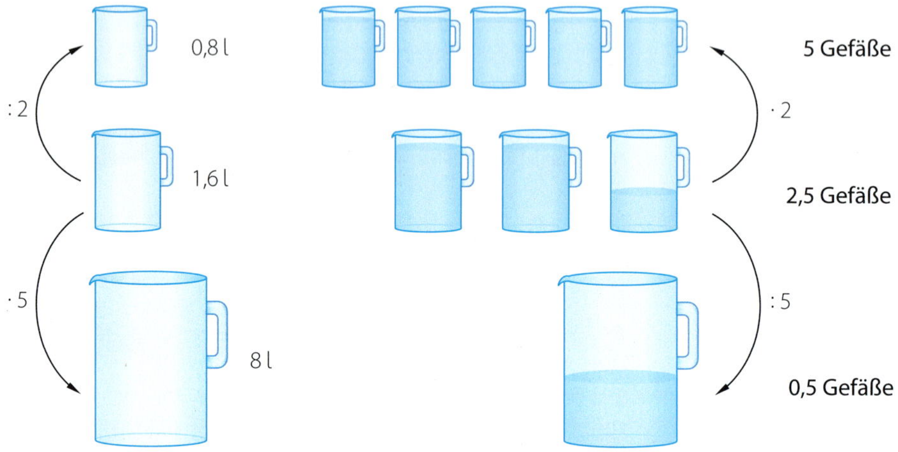

Darstellung in einer Tabelle

Diesen Zusammenhang kannst du in einer Tabelle darstellen:

		$\xleftarrow{:2}$				$\xrightarrow{\cdot 5}$			
1. Größe: Volumen in l	0,5	0,8	1	1,6	2	4	6,4	8	10
2. Größe: Anzahl	8	5	4	2,5	2	1	0,625	0,5	0,4
		$\xleftarrow{\cdot 2}$				$\xrightarrow{:5}$			

In jeder Spalte der Tabelle steht ein Wertepaar aus dem Volumen und der Anzahl. Das Wertepaar (8|0,5) entsteht aus dem Wertepaar (1,6|2,5) durch die Multiplikation der ersten Größe mit 5 und Division der zweiten Größe durch 5.

Beschreibung als antiproportionale Zuordnung

In der Tabelle ist jedem Volumen eine Anzahl „zugeordnet", d. h. die Anzahl lässt sich in Abhängigkeit vom Volumen beschreiben.
Die Zuordnung: *Volumen* ⟶ *Anzahl* beschreibt die Anzahl der Gefäße in Abhängigkeit des Volumens eines Gefäßes. Antiproportionale Zuordnungen haben eine besondere Eigenschaft: Bildet man bei jedem Wertepaar das Produkt aus 1. Größe und 2. Größe, so haben alle Produkte den gleichen Wert:

$0{,}8\,\mathrm{l} \cdot 5 = 1{,}6\,\mathrm{l} \cdot 2{,}5 = \ldots = 4\,\mathrm{l}$

Dieser Wert von 4 l ist bei diesem Beispiel die Gesamtmenge an Flüssigkeit, die man in gleich große Gefäße füllen will.

Bei antiproportionalen Zuordnungen sind die Wertepaare produktgleich. Das Produkt aus 1. Größe und 2. Größe hat oftmals die Bedeutung einer Gesamtmenge.

Darstellung in einem Koordinatensystem

Das Diagramm veranschaulicht den Zusammenhang zwischen dem Gefäßvolumen und der Anzahl der gefüllten Gefäße.

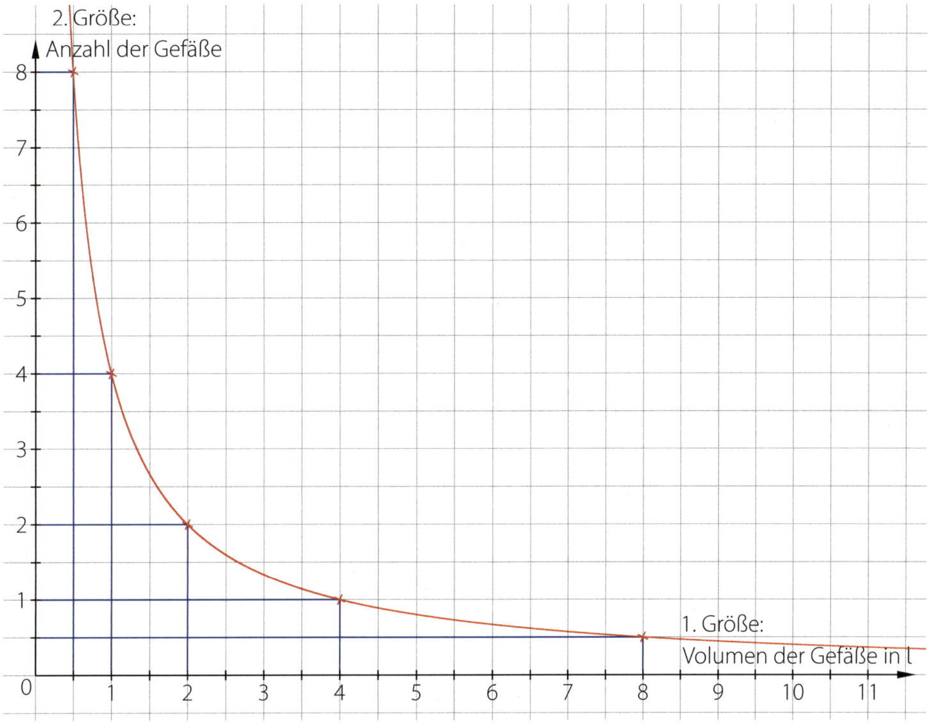

Die Punkte des Graphen einer antiproportionalen Zuordnung liegen alle auf einer gekrümmten Linie. Diese nennt man Hyperbel.

Beispiel 2

▸ Fußgänger mit verschiedenen Geschwindigkeiten benötigen für eine Strecke von 10 km unterschiedliche Zeiten:

v in $\frac{km}{h}$	1	2	3	4	5	10
t in h	10	5	$3\frac{1}{3}$	2,5	2	1

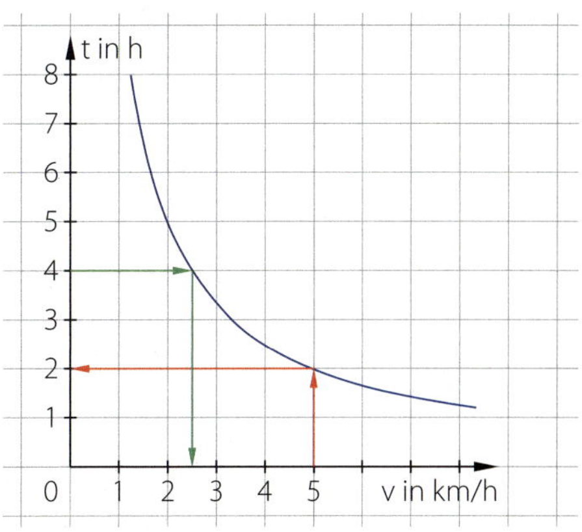

Aus dem Graphen lassen sich Werte für die 1. und 2. Größe ablesen: Bei einer Geschwindigkeit von $5\,\frac{km}{h}$ benötigt ein Fußgänger 2 h und wenn ein Fußgänger 4 h benötigt, hat er eine Geschwindigkeit von $2{,}5\,\frac{km}{h}$.
Die Gesamtmenge ist hier die Länge der Strecke:

$$2\,h \cdot 5\,\frac{km}{h} = 4\,h \cdot 2{,}5\,\frac{km}{h} = 10\,km$$

Aufgaben

Trainieren | Anwenden | Vernetzen

1 In einer Dose sind 12 Minitüten Gummibären.
a) Wie viele Tüten erhalten 2, 3, 4, 6, 12 Kinder? Erstelle eine Wertetabelle.
b) Zeichne in einem Koordinatensystem den Graphen dieser Zuordnung.

2 Aus einer Rolle Blumendraht können 200 Stücke à 30 cm geschnitten werden.
a) Erstelle eine Wertetabelle mit den Stücklängen 10 cm, 15 cm, 60 cm und 120 cm.
b) Stelle den Zusammenhang *Stücklänge* → *Anzahl der Stücke* im Koordinatensystem dar. Tipp: x-Achse: 1 cm ≙ 10 cm Stücklänge; y-Achse: 2 cm ≙ 100 Stück

3 Die Lebensmittelvorräte im Basislager einer Expedition reichen bei zehn Expeditionsmitgliedern 24 Tage.
a) Wie lange reichen diese Vorräte bei 1, 2, 5 oder 20 Mitgliedern? (Wertetabelle)
b) Stelle den Zusammenhang im Koordinatensystem dar. Wähle auf der x-Achse: 1 cm ≙ 2 Mitglieder, auf der y-Achse 1 cm ≙ 24 Tage.
c) Lies aus dem Graphen der Zuordnung ungefähr ab: Wie viele Expeditionsmitglieder können sich in dem Lager aufhalten, wenn der Vorrat 24 Tage reichen soll?

Hinweis
Zeichne die x-Achse und die y-Achse bis 72.

4 In dem Diagramm soll der Zusammenhang zwischen Durchschnittsgeschwindigkeit und benötigter Zeit für eine bestimmte Strecke dargestellt werden. Ein Wertepaar ist eingetragen.
a) Übernimm das Diagramm in dein Heft und trage möglichst viele weitere Wertepaare ein.
b) Verbinde die Punkte zu einer Hyperbel und lies ab, wie lange man bei einer Geschwindigkeit von $8\,\frac{m}{s}$ braucht.
c) Bei welcher Geschwindigkeit hat man 4 s gebraucht?
d) Bestimme das Produkt von Zeit und Geschwindigkeit. Welche Bedeutung hat es in dieser Aufgabe?

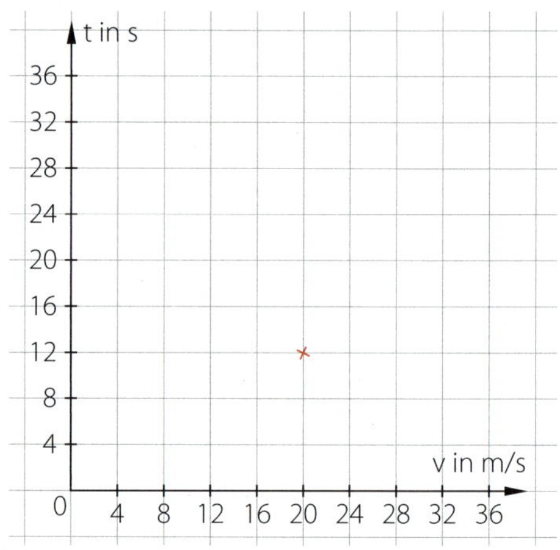

Zur Erinnerung
Warum ist es hier nicht sinnvoll die Punkte zu verbinden?

5 Für die Renovierung einer Wohnung ist die Anzahl der Maler der gesamten Arbeitszeit zugeordnet:
a) Lies aus dem Diagramm ab, wie viele Maler eingesetzt werden müssen, wenn die Arbeit in 2 Tagen (6 Tagen) fertiggestellt sein soll.
b) Wie viele Tage benötigen 6 Maler (4 Maler)?
c) Ist es sinnvoll, die Zahl der Maler beliebig zu erhöhen?

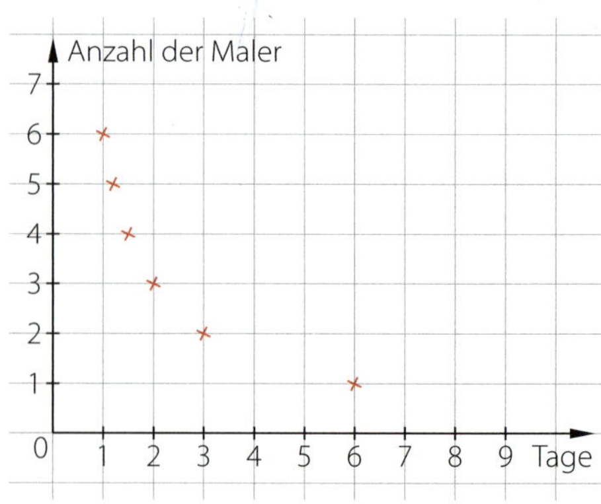

6 Ordne die Graphen den Geschichten zu. Lies jeweils ein Wertepaar ab und bestimme das Produkt. Welche Bedeutung hat es?

a) Eine Tüte Gummibärchen wird auf mehrere Kinder gleichmäßig aufgeteilt.

b) Ein Auto fährt eine bestimmte Strecke.

c) Ein Becken wird mit einer Pumpe gefüllt, die auf verschiedene Durchflussmengen pro Minute eingestellt werden kann.

d) Erfinde zum übriggebliebenen Graphen eine passende Geschichte.

e) Warum werden die Punkte im ersten Graphen nicht zu einer Hyperbel verbunden?

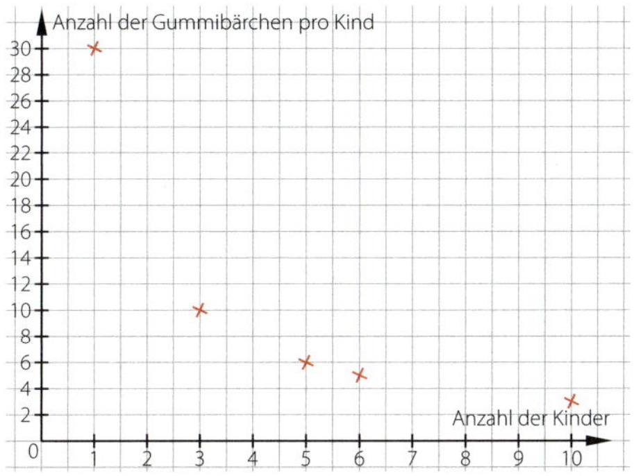

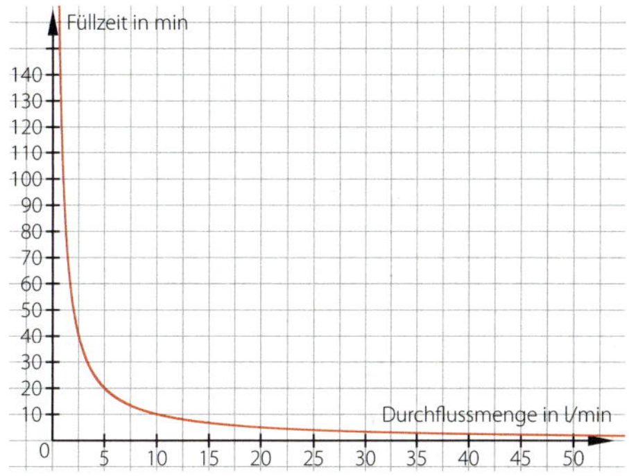

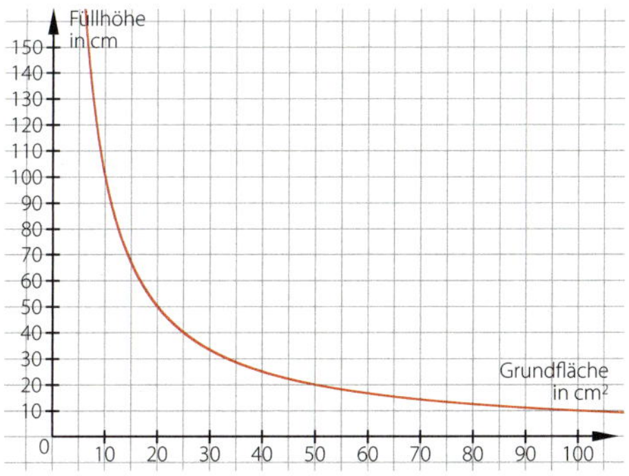

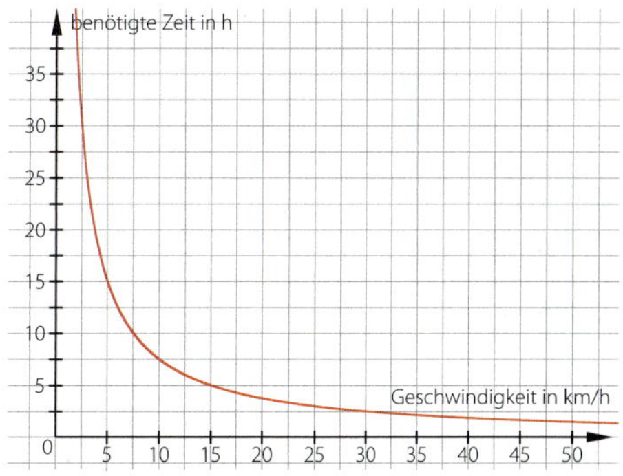

7 In der Grafik werden verschiedene antiproportionale Zuordnungen veranschaulicht.

a) Gib jeweils den konstanten Produktwert an.

b) Formuliere einen Zusammenhang zwischen dem Produktwert und dem Verlauf des Graphen.

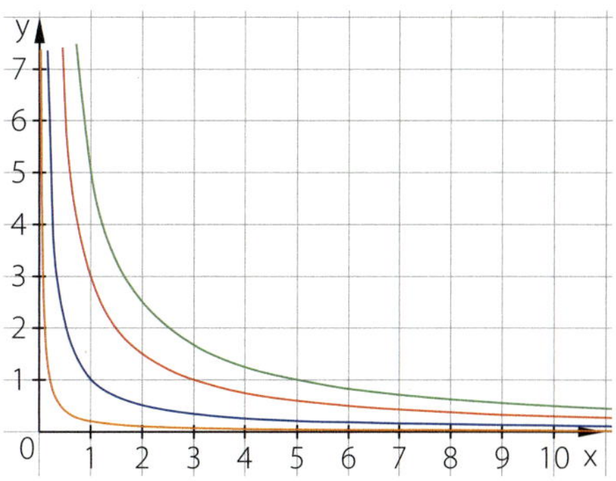

8 Ergänze die Tabellen der antiproportionalen Zuordnungen im Heft.

a)

Größe I	4	2	12	20	40
Größe II	15				

b)

Größe I	7,5		1,5	3	
Größe II		10	150		15

9 Ergänze die Tabellen antiproportionaler Zuordnungen im Heft.

a) Flächengleiche Rechtecke

Länge in cm	1		24		
Breite in cm	48	16		4	20

b) Geschwindigkeit und benötigte Zeit

v in $\frac{m}{s}$		15	7,5		90
t in s	12	24		8	

10 In den Tabellen antiproportionaler Zuordnungen sind jeweils zwei Wertepaare falsch. Finde sie durch Rechnung heraus.

a)

x	6	12	4	3,5	8	1
y	9	4,5	13,5	18	6,5	54

b)

x	6	4	1	96	3,1	57,6
y	9,6	14,4	56,6	0,6	19,2	1

11 Sind folgende Größen zueinander antiproportional? Begründe deine Antwort.

a) Umfang eines Rades und Anzahl der Umdrehungen auf einer bestimmten Streckenlänge

b) Grundfläche und Höhe von volumengleichen Quadern

c) Länge und Breite von flächengleichen Rechtecken

d) Anzahl der Jungen und Anzahl der Mädchen in gleich großen Klassen

e) Anstiegswinkel und Grundlinie für eine 1 m hohe Rampe

f) Kantenlänge der Fliesen und benötigte Anzahl quadratischer Fliesen bei einem auszulegenden Küchenfußboden

12 Ist eine Zuordnung antiproportional, so sind die Produkte der beiden Werte jeweils eines Wertepaares gleich. Suche Beispiele zweier Größen mit selbstgewählten Zahlenwerten, sodass die Zuordnung antiproportional ist, und gib an, welche Bedeutung die Produkte dieser Größen haben.

a) Geschwindigkeit – Zeit

b) Anzahl der Arbeiter – benötigte Zeit

c) Anzahl der Preisträger – Höhe des Preises

d) Ziegelhöhe von Ziegeln in einer Mauer – Anzahl der Schichten

e) Stufenhöhe – Anzahl der Stufen einer Treppe

f) Expeditionsdauer – Wasservorrat pro Tag

g) Anzahl benötigter Farbdosen – Doseninhalt

13 Zeichne auf kariertes Papier fünf verschiedene Rechtecke, die jeweils einen Umfang von 20 cm haben.
Untersuche anhand einer Tabelle, ob die Zuordnung *Länge* → *Breite* antiproportional ist.

14 Ein Rechteck ist 16 cm lang und 9 cm breit.
a) Stelle jeweils in einer Tabelle weitere Rechtecke zusammen, die den selben Umfang bzw. den selben Flächeninhalt wie das gegebene Rechteck haben.
b) Trage für die beiden Gruppen von Rechtecken in jeweils ein Diagramm den Zusammenhang zwischen Länge und Breite ein.
c) Wo tritt Proportionalität oder Antiproportionalität auf?

15 Der Hafervorrat eines Reithofes mit acht Pferden würde für 150 Tage reichen. Es werden 16 weitere Pferde in den Hof gestellt.
Wie lange reicht der Vorrat nun?

16 Zu Schuljahresende enthält die Klassenkasse der 7 c noch 450 €. Wie viele € werden an jeden Schüler der Klasse ausgezahlt, wenn die Klasse aus 15 (18, 20, 25, 30) Schülern besteht?

17 Gib möglichst bei jeder Aufgabe auch die Bedeutung des Produktes (der Gesamtmenge) an:
a) Aus einer Holzleiste lassen sich 12 Stücke zu je 30 cm Länge sägen. Wie viele Stücke der Länge 10 cm würde man erhalten?
b) Eine Pumpe $\left(100\,\frac{\text{l}}{\text{min}}\right)$ leert ein Becken in 15 Min. Wie lange brauchen 2 (3, 5) Pumpen?
c) Ein Rechteck hat die Länge von 4 m und die Breite von 1,5 m. Welche Länge hat ein flächengleiches Rechteck der Breite 6 m?
d) Ein Aufzug ist für 6 Personen mit jeweils einem Durchschnittsgewicht von 70 kg zugelassen. Wie schwer darf bei 12 Kindern jedes Kind durchschnittlich sein, wenn sie in dem Aufzug fahren wollen?
e) Zwei Mädchen wollen ihrer Freundin ein Geburtstagsgeschenk kaufen. Jedes Mädchen zahlt 8,25 €. Wie viel müsste jedes Kind zahlen, wenn sich sechs Mädchen daran beteiligen?
f) Ein Schneepflug räumt im Schnitt einen Straßenabschnitt von 7 km in einer Stunde. Wenn 3 Schneepflüge 2 h für die gesamte Strecke arbeiten, wie lange würden dann 12 Schneepflüge für dieselbe Arbeit benötigen?

Noch fit?

I Runde die folgenden Dezimalzahlen auf Zehntel und Hundertstel.

a) 1,45479
b) −3,949 723 4
c) 123,057
d) −45,994 945

II An einer 4,8 km langen Straße sollen im Abstand von 45 m Platanen gepflanzt werden. Wie viele Bäume sind das höchstens?

III Martin erhält bei einer Rechnung als Ergebnis „mindestens 4,39 Autos“. Welche Anzahl Autos muss er angeben? Formuliere eine ähnliche Aufgabe mit „höchstens“ und löse sie.

Trainieren **Anwenden** Vernetzen

18 Bei einer Lottogemeinschaft erhöhen sich die Gewinnchancen für die Mitspieler, der Gewinn wird allerdings gleichmäßig auf alle Mitglieder verteilt. Verschiedene Tippgemeinschaften haben an diesem Tag „5 Richtige". Eine Tippgemeinschaft mit 24 Spielern zahlt an jedes ihrer Mitglieder je 1700 € aus.
Wie viel bekommt ein Mitglied einer achtköpfigen Tippgemeinschaft, die auch „5 Richtige" erzielt hat?

19 Ein Schwimmbecken wird durch 3 gleichartige Zuflüsse in 18 h 15 min gefüllt. Wie lange dauert das Füllen, wenn zwei Zuflüsse ausfallen?

20 Bianca braucht bei einer mittleren Geschwindigkeit von $4\,\frac{km}{h}$ für ihren Schulweg etwa $16\frac{1}{2}$ Minuten.
Wie lange würde sie für diese Strecke brauchen, wenn sie mit dem Fahrrad $\left(12\,\frac{km}{h}\right)$ oder mit dem Auto $\left(48\,\frac{km}{h}\right)$ fahren würde?

21 Parkwege sollen neu gepflastert werden. Dafür würden 5 Arbeiter 21 Arbeitstage brauchen, wenn sie täglich 8 Stunden arbeiteten.
a) Wie viele Tage benötigen 15 Arbeiter, die 8 Stunden täglich arbeiten?
b) Wie viele Arbeiter müsste man täglich 8 Stunden anstellen, wenn die Arbeit in einer Arbeitswoche (5 Tage) erledigt sein soll?
c) Wie viele Arbeiter würden dieselbe Arbeit in 21 Arbeitstagen erledigen, wenn sie nur halbtags (4 h) arbeiten?

22 Hochräder
a) Bei einem Hochrad beträgt der Umfang des Vorderrads 5,55 m und der des Hinterrads 1,85 m.
Wie viele Umdrehungen macht das Hinterrad, wenn sich das Vorderrad 200-mal dreht?
Wie lang ist der dabei zurückgelegte Weg?
b) Formuliere eine Aufgabe mit Lösung für ein Kinderfahrrad (Umfang der Räder 1,65 m, Umfang der Stützräder 55 cm) und stelle sie deinem Nachbarn!

23 Ein Taschenbuchroman mit 178 Seiten Text enthält auf einer Seite jeweils 32 Zeilen mit durchschnittlich je 65 Zeichen.
Bei einer Auflage in Großdruck für Sehbehinderte könnte man pro Seite nur 20 Zeilen zu je 52 Zeichen unterbringen.
a) Wie viele Seiten müsste das Buch dann haben?
b) Wie breit würde der Buchrücken, wenn das 178-seitige Taschenbuch 9,5 mm breit ist?

24 Auf der A 65 zwischen Edenkoben und Landau benötigt Frau Hock für die Strecke zwischen Auf- und Ausfahrt genau 6 Minuten, wenn sie gleichmäßig mit $80\,\frac{km}{h}$ fährt. Staut sich der Verkehr, benötigt sie an manchen Tagen eine halbe Stunde länger.

a) Mit welcher mittleren Geschwindigkeit fährt sie dann?

b) Welche Strecke könnte sie in der Zeit, die sie im Stau steht, stattdessen mit $80\,\frac{km}{h}$ zurückgelegt haben?

25 Ein Limonadenhersteller stellt im neuen Jahr seine Abfüllung um. Die neuen Flaschen haben nun das $\frac{4}{3}$-fache Volumen der alten.
Wie viele der neuen Flaschen müssen verkauft werden, um den gleichen Absatz an Limonade wie im Vorjahr (600 000 Flaschen) zu erreichen?

Trainieren | Anwenden | **Vernetzen**

26 Um neue Wertepaare einer antiproportionalen Zuordnung zu erzeugen, führt man bei der 1. und 2. Größe jeweils die umgekehrten Rechnungen durch:

5	·	2	=	10
40	:	2	=	20

Bei proportionalen Zuordnungen lassen sich neue Wertepaare auch dadurch erzeugen, dass man zwei Wertepaare addiert (bzw. subtrahiert). Untersuche, ob man in ähnlicher Weise auch bei antiproportionalen Zuordnungen neue Wertepaare erzeugen kann, wenn man bei zwei gegebenen Paaren die ersten Größen addiert und die zweiten Größen subtrahiert:

Größe I	5	10			
Größe II	40	20			

27 Für eine Deutschlandkarte im Maßstab 1 : 3 000 000 benötigt man ein 28 cm hohes und 21 cm breites Blatt. Wie hoch und wie breit müsste das Blatt für eine Deutschlandkarte im Maßstab 1 : 50 000 sein?

28 Ein Versandhändler hat 36 Beschäftigte, die bei einer täglichen Arbeitszeit von $7\frac{1}{2}$ Stunden zusammen durchschnittlich 4200 Bestellungen pro Tag bearbeiten.

a) Durch Krankheit hat der Händler nur noch $\frac{3}{4}$ der Belegschaft. Wie lange müssten sie täglich arbeiten, um das gleiche Pensum zu schaffen?

b) Welches Pensum könnten sie bei der täglichen Arbeitszeit von $7\frac{1}{2}$ h dagegen nur schaffen?

c) In der Vorweihnachtszeit gehen 1,5-mal so viele Bestellungen täglich ein. Wie viele Beschäftigte müsste der Händler bei einer täglichen Arbeitszeit von $7\frac{1}{2}$ h zusätzlich zu seiner üblichen Belegschaft einstellen?

29 Eine Spielzeugfirma stellt aus einem Block Rohmaterial 6400 Spielwürfel einer bestimmten Größe her. Für wie viele Würfel reicht dieselbe Menge an Material, wenn die Kantenlänge nur noch 80 % der ursprünglichen Kantenlänge beträgt?

Methode

Mit dem Taschenrechner unterwegs

Heute sind Touristen und Nostalgiker auf ihr unterwegs, vor fünfzig Jahren war sie die wichtigste Ost-West-Verbindung der Vereinigten Staaten: die Route 66. Sie beginnt in Chicago, Illinois, und endet in Santa Monica, California, an der Pazifikküste westlich von Los Angeles. Gebaut in den Jahren ab 1926 als einfache, oft kurvenreiche Landstraße, wurde sie später durch Schnellstraßen ersetzt. Heute ist die alte Route 66 nicht mehr überall befahrbar.

Ein amerikanischer Reiseführer gibt diese Streckenabschnitte in *miles* an:

Chicago, Illinois	0
Joliet, Illinois	37
Funk's Grove, Illinois	144
Litchfield, Illinois	248
St. Louis, Missouri	307
Devil's Elbow, Missouri	450
Springfield, Missouri	542
Baxter Springs, Kansas	639
Tulsa, Oklahoma	746
El Reno, Oklahoma	877
Elk City, Oklahoma	974

McLean, Texas	1138
Tucumcari, New Mexico	1256
Moriarty, New Mexico	1410
Grants, New Mexico	1551
Gallup, New Mexico	1621
Holbrook, Arizona	1725
Williams, Arizona	1861
Kingman, Arizona	1985
Needles, California	2194
San Bernadino, California	2293
Santa Monica, California	2381

Touristen aus dem europäischen Festland nehmen gerne den Taschenrechner zur Hilfe, um sich die Entfernungen in Kilometern vorstellen zu können.

$1\,\textit{mile} = 1{,}609\,344\,\text{km} \approx 1{,}609\,\text{km}$

Um 37 *miles* in Kilometer umzurechnen, gibst du in den Taschenrechner ein:

37 [×] 1,609 [=] …

Aufgaben

1 Rechne die einzelnen Streckenabschnitte in Kilometer um. Vielleicht findest du auf deinem Taschenrechner eine Möglichkeit, den Umrechnungsfaktor zu speichern, sodass du ihn nicht bei jeder Rechnung neu eingeben musst.

2 Auch beim Tanken ist der Taschenrechner gut zu gebrauchen, denn das Benzin wird in den USA nicht in Litern verkauft, sondern in *gallons*.

$1\ \textit{gallon} = 3{,}785\,411\,784\ \text{l} \approx 3{,}79\ \text{l}$

Wie viele *gallons* sind wohl einmal Volltanken? Rechne mit dem genauen Wert 3,785411784 l, danach mit dem gerundeten Wert 3,79 l. Ist der Unterschied groß? Info: Das Tankvolumen eines Mittelklassewagen beträgt ca. 50 l, eines Wohnmobils ca. 80 l. Schreibe bei jeder deiner Rechnungen auf, was du in den Taschenrechner eingibst.

3 Der Film „Route 66 – ein amerikanischer albTraum" bilanziert die Reise dreier junger Deutscher von der amerikanischen Ost- zur Westküste so: „Gesamtverbrauch 2521 Liter bleifrei. 6500 km Highway. Ein 30 Jahre altes Auto. Zwei Kameras und drei Schlafsäcke … mehr brauchte es nicht, um den amerikanischen Traum zu erfahren."

a) Der Cadillac Oldtimer hat ein Tankvolumen von 26 *gallons*. Wie oft mussten sie auf der Reise wohl mindestens tanken?

b) Anstelle des Kraftstoffverbrauchs in Liter pro 100 km wird in den USA üblicherweise angegeben, wie viele *miles per gallon* (mpg) das Fahrzeug schafft. Bei dem alten Cadillac sind es angeblich 10 mpg. Stimmt diese Angabe mit dem Gesamtverbrauch für die Reise überein?

2.3 Dreisatz

Aufträge

Annes Geburtstagsparty

Anne möchte für ihre Geburtstagsparty eine Käse-Lauch-Suppe kochen. Sie hat ein Rezept für 6 Personen herausgesucht und möchte nun die Zutaten auf 8 Personen hochrechnen.

Zutaten:
3 EL Öl, 750 g gemischtes Hackfleisch, Salz, Pfeffer, Paprika, 3 Stangen Lauch, 1 l Fleischbrühe, 1 Glas (450 g) Champignons, 1 Dose (330 g) Mais, je 150 g Sahne und Kräuterschmelzkäse.

Zubereitung:
Das Hackfleisch im heißen Öl anbraten und mit einer Gabel zerdrücken. Mit Pfeffer und Salz würzen. Dann den gewaschenen Lauch in Ringe schneiden, mit der Brühe zum Fleisch geben und ca. 15 Min. garen. Anschließend die abgetropften Champignons (je nach Größe evt. halbieren oder in Scheiben schneiden) und den abgetropften Mais dazugeben. Zum Schluss den Käse darin schmelzen lassen und die Suppe mit Salz, Pfeffer und Paprika abschmecken.

Erstelle Annes Einkaufsliste.
Da diese Suppe Annes Lieblingssuppe ist, möchte sie die Zutatenliste schnell auf eine beliebige Anzahl von Personen umrechnen. Wie geht sie vor?

Tipp
Die Angabe 1,64 MB/s bedeutet, dass in einer Sekunde eine Datenmenge von 1,64 Megabyte heruntergeladen wird.

Alternative: Downloadzeiten

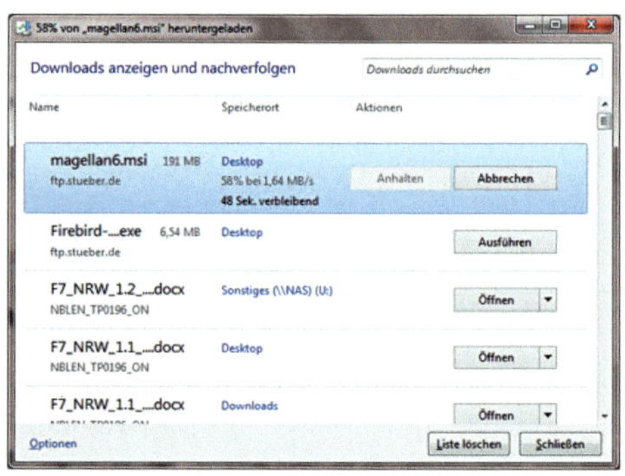

Wie lange dauert der gesamte Download der Datei *magellan6.msi* bei gleichbleibender Datenrate?
Wie hoch müsste die Datenrate sein, damit die restliche Downloadzeit nur 30 Sekunden beträgt?
Was lässt sich über die Zeitdauer für den restlichen Downloadvorgang sagen, wenn die Datenrate zwischen 1 MB/s und 2 MB/s schwankt?

Alternative: Rund ums Ei

Im Verkaufsraum des Geflügelhofes stehen 15 Eierpaletten mit je 36 Eiern. Diese soll Erik in 10-er- Schachteln füllen und beschriften. Die leeren 10-er-Schachteln muss er aus dem Keller holen. Holt er zu wenig oder zu viele Schachteln, muss er ein zweites Mal in den Keller. Das mag er nicht. Hilf ihm. Die Eierschachteln sollen ein Preisschild erhalten. Erik sieht, dass die 6-er-Schachteln 1,08 € kosten. Berechne den Preis einer 10-er-Schachtel.

Wissen

Tipp
Lege die Tabelle so an, dass die gesuchte Größe (hier: Preis in €) rechts steht.

Dreisatz bei proportionalen Größen
3 kg Spargel kosten 21 €. Wie viel kosten 11 kg?

	Masse (kg)	Preis (€)	
	3	21	
: 3			: 3
	1	7	
· 11			· 11
	11	77	

Dreisatz (bei proportionalen Größen)
1. Satz: 3 kg kosten 7 €.

2. Satz: 1 kg kostet 7 €.

3. Satz: 11 kg kosten 77 €.

Dreisatz bei antiproportionalen Größen
Der Spargelhof wird morgens mit 15 Paletten zu je 23 kg Spargel beliefert und schichtet dann den Spargel auf kleinere Paletten zu je 6 kg um. Wie viele dieser kleineren Paletten werden benötigt?

	Masse pro Palette (kg)	Anzahl der Paletten	
	23	15	
: 23			· 23
	1	345	
· 6			: 6
	6	57,5	

Dreisatz (bei antiproportionalen Größen)
1. Satz: Bei 23 kg/Palette werden 15 Paletten benötigt.

2. Satz: Bei 1 kg/Palette werden 345 Paletten benötigt.

3. Satz: Bei 6 kg/Palette werden 57,5 (≈ 58) Paletten benötigt.

Das Dreisatzverfahren wendest du an, wenn sich zwei Größen zueinander proportional oder antiproportional verhalten:
1. Schreibe ein Zahlen-Paar der Größen in die erste Zeile der Tabelle.
2. Berechne, welcher Wert der gesuchten Größe dem Wert 1 der gegebenen Größe entspricht.
3. Berechne mithilfe des 2. Werts den Wert der gesuchten Größe.

Auf einen anderen Wert als 1 zurückrechnen
14 Bleistifte kosten 18,20 €. Wie viel zahlt man für 35 Stifte?
Die Anzahlen 14 und 35 haben einen gemeinsamen Teiler, die 7.
Statt auf den Wert 1 kann man auf den Wert 7 zurückrechnen.

	Stückzahl	Preis (€)	
	14	18,20	
: 2			: 2
	7	9,10	
· 5			· 5
	35	45,50	

Dreisatz
1. Satz: 14 Stück kosten 18,20 €.

2. Satz: 7 Stück kosten 9,10 €.

3. Satz: 35 Stück kosten 45,50 €.

Entscheidung, ob proportional oder antiproportional

	Proportional	Antiproportional
Vermutung	Je mehr, desto mehr	Je mehr, desto weniger
Genau	Zum 2-, 3-, 4-, … fachen gehört das 2-, 3-, 4-, … fache	Zum 2-, 3-, 4-, … fachen gehört die Hälfte, ein Drittel, ein Viertel, …

Tipp
Fragt eure Eltern oder einen Lehrer, ob ihr dieses Experiment machen dürft. Vorsicht bei Experimenten mit heißen Gegenständen oder Flüssigkeiten!

Beispiel
Entscheide, ob ein proportionaler oder antiproportionaler Zusammenhang vorliegt.

- Tankstelle: *Anzahl Liter → Preis (€)*
  Je mehr Liter getankt werden, desto höher ist der Preis.
  Vermutung: proportional (stimmt!)
- Taxifahrten: *Anzahl der km → Preis (€)*
  Je mehr km gefahren wurden, desto höher ist der Preis.
  Vermutung: proportional (stimmt nicht, da die Grundgebühr noch anfällt)
- Schulweg (konstante Geschwindigkeit): *Geschwindigkeit (km/h) → Zeit (h)*
  Je höher die Geschwindigkeit, desto geringer die Zeit.
  Vermutung: antiproportional (stimmt!)
- Abkühlung von heißem Tee: *Zeit (min) → Temperatur (°C)*
  Je länger man wartet, desto geringer wird die Temperatur.
  Vermutung: antiproportional (stimmt nicht!)

Zusammengesetzte Aufgaben

Drei Pumpen fördern in 12 Stunden 3600 l Wasser. Wie lange würden 10 Pumpen für 3000 l brauchen?

Strategie: Die gesuchte Größe ist die Zeit. Eine der beiden anderen Größen wird zunächst nicht verändert (hier die Anzahl der Pumpen).

1. Schritt (für 3 Pumpen):
Wie lange würden 3 Pumpen für 3000 l brauchen? (Proportional)

	Menge (l)	Zeit (h)	
	3600	12	
: 6			: 6
	600	2	
· 5			· 5
	3000	10	

Dreisatz
1. Satz: 3600 l werden in 12 h gefördert.
2. Satz: 600 l werden in 2 h gefördert.
3. 3000 l werden in 10 h gefördert.

2. Schritt (für 3000 l): Wenn 3 Pumpen 10 Stunden für 3000 l brauchen, wie lange brauchen 10 Pumpen? (Antiproportional)

	Anzahl der Pumpen	Zeit (h)	
	3	10	
: 3			· 3
	1	30	
· 10			: 10
	10	3	

Dreisatz
1. Satz: 3 Pumpen brauchen 10 h.
2. Satz: 1 Pumpe braucht 30 h.
3. Satz: 10 Pumpen brauchen 3 h.

Aufgaben

Trainieren Anwenden Vernetzen

1 Löse mit Dreisatz. (proportional)

a) 12 leere Flaschen Mineralwasser haben eine Masse von 4800 g. Welche Masse haben 5 solcher Flaschen?

b) Ein Netz mit 3 kg Kartoffeln kostet 2,70 Euro. Wie viel würde ein 5-kg-Netz kosten?

c) Nach 90 Minuten hat Herr Düsing 225 km auf der Autobahn zurückgelegt. Wie viele Kilometer schafft er bei gleicher Geschwindigkeit in den nächsten 40 Minuten?

d) Herr Schmitz hat ein 1200 m^2 großes Baugrundstück zu 151 200 € gekauft. 50 m^2 davon gibt er zum gleichen Quadratmeterpreis an seinen Bruder weiter. Wie viel muss dieser bezahlen?

2 Löse mit Dreisatz. (antiproportional)

a) Für den Transport von Erde bei einem Dammbau müssen 4 Lastkraftwagen je 120-mal fahren. Wie viele Fahrten pro Wagen sind es, wenn 15 Lastkraftwagen eingesetzt werden können?

b) Aus einem Weinfass können 1280 Flaschen (0,75 l) gefüllt werden. Wie viele 2-Liter-Flaschen könnte man damit füllen?

c) Mit einer Durchschnittsgeschwindigkeit von 80 km/h benötigt Frau Jentges 45 Minuten zur Arbeit. Heute ist sie spät dran: Wie lange wird sie bei durchschnittlich 90 km/h brauchen?

d) Vor dem Tag der offenen Tür sollen drei Schüler der 7 d die Prospekte für die Besucher der Schule falten. Der Lehrer sagt: „Im letzten Jahr haben fünf Schüler die gleiche Menge von Prospekten in 30 Minuten gefaltet. Ich denke, ihr könnt das zu dritt in meiner Deutschstunde schaffen."

3 Überlege zuerst, ob eine proportionale oder eine antiproportionale Zuordnung vorliegt und rechne dann mit Dreisatz.

a) Herr Maier ist in 5 Stunden 600 km auf der Autobahn gefahren. Wie viele km werden es bei gleicher Durchschnittsgeschwindigkeit nach 7 Stunden sein?

b) Fünf Arbeiter heben eine Grube in 2 Tagen aus. Wie lange hätten 2 Arbeiter gebraucht?

c) Fünf Arbeiter brauchen 3 Tage, um einen 30 m langen Graben auszuheben. Wie lange wird es dauern, bis der Graben 50 m lang ist?

d) Neun Kugelschreiber kosten 11,25 €. Was kosten 300 Kugelschreiber dieser Sorte?

e) Für eine Firma mit 200 Büroangestellten reichen 300 Kugelschreiber etwa 6 Monate. Wie lange würden die Kugelschreiber reichen, wenn es nur 150 Angestellte wären?

f) Ein Klumpen Teig reicht für 57 Plätzchen, die 4 mm dick sind. Der Bäcker rollt den Teig nur 3 mm dick aus. Wie viele Plätzchen erhält er nun?

4 4 cm^3 Silber wiegen 42 g. Berechne die Masse von 3 (6, 13) cm^3 Silber.

5 Für 8 Fische reicht eine Packung Fischfutter 21 Tage. Nun kommen 6 weitere Fische ins Aquarium. Nach wie vielen Tagen muss man nun eine neue Packung Futter kaufen?

6 Damit Igors Taschengeld reicht, darf er im Januar pro Tag durchschnittlich 1,40 € ausgeben. Wie viel darf er im Februar (kein Schaltjahr) pro Tag verbrauchen?

7 Ein Farblaser-Drucker druckt in einer Minute 24 Seiten schwarz-weiß oder 12 Seiten farbig. Wie lange benötigt er jeweils für 50 Seiten?

8 Eine Rathaustreppe hat 49 Stufen, die je 18 cm hoch sind. Nach einem Umbau sind die Stufen um 4 cm niedriger. Wie viele Stufen sind jetzt vorhanden?

9 Ein Schrebergarten ist 32,4 m lang und 19 m breit. Die Pacht beträgt 388,60 € pro Jahr. Wie hoch ist die Pacht für einen Garten, der 38 m lang und 24,3 m breit ist?

10 Rechne geschickt.

a) Acht Bücher kosten 54 €. Alena will herausfinden, wie viel 12 Bücher kosten und rechnet: 54 € : 2 = 27 € und 27 € · 3 = 81 €. Hat Alena richtig gerechnet? Stelle ihre Rechnung in einer Dreisatztabelle dar, und beschreibe ihren Rechenvorteil.

b) 15 Bälle wiegen 2,25 kg. Wie viel wiegen 9 Bälle?

c) 14 Arbeiter schaffen die Arbeit in 18 Stunden. Wie lange würden 21 dafür brauchen? Wähle einen passenden Wert zum Zurückrechnen.

d) Aus einer Rolle Blumendraht können 360 Stücke mit einer Länge von 16 cm geschnitten werden. Wie viele Stücke erhält man, wenn diese nur 12 cm lang sein müssen?

e) Wie lange braucht man für eine Strecke von 240 km, wenn man unter gleichen Bedingungen 160 Minuten für 320 km benötigt?

11 Tabellen

a) Entwirf eine Tabelle mit Werten zweier proportionaler Größen, bei der nicht auf den Wert 1 heruntergerechnet werden muss.

b) Bearbeite a) für eine antiproportionale Zuordnung.

12 Gib an, ob zwischen den beiden Größen ein Zusammenhang besteht (proportional/antiproportional):

a) Alter – Körpergröße

b) Masse der Äpfel – Preis der Äpfel

c) Größe der Flaschen – Anzahl der benötigten Flaschen beim Abfüllen eines Fuders

d) Länge der Eisenstange – Masse der Stange

e) Anzahl der Hühner in einem Stall – Platz, der jedem Huhn im Stall zur Verfügung steht

f) Anzahl der Wettläufer – Zeit, in der die Strecke zurückgelegt wird

Info

Das Fuder ist ein altes Volumenmaß für Flüssigkeiten oder feste Stoffe wie Heu, Stroh oder Getreide.

13 Entscheide, ob die Zuordnung proportional, antiproportional oder keines von beiden ist, und gib ggf. an, unter welchen Bedingungen die Zuordnung proportional bzw. antiproportional ist.

a) Im Supermarkt: *Anzahl der Äpfel ⟶ Preis*
b) Im Supermarkt: *Masse der Tomaten ⟶ Preis*
c) Im Supermarkt: *Anzahl der Lagen auf einer Palette ⟶ Anzahl der Paletten*
d) Im Supermarkt: *Liter Milch ⟶ Masse*
e) *Länge der Jeans ⟶ Preis*
f) *Anzahl der CDs ⟶ Preis*
g) *Anzahl der CDs pro Schachtel ⟶ Anzahl der Schachteln*
h) *gefahrene km ⟶ verbrauchte Liter Benzin*
i) *Füllgewicht der Waschmaschine ⟶ Dauer des Waschvorgangs*
j) *Tankfüllung in Liter ⟶ Preis*
k) *Entfernung ⟶ Fahrzeit mit der Bahn*

14 Nenne Beispiele proportionaler (antiproportionaler) Zuordnungen aus Haushalt, Einkauf, Sport usw. Gib zu jedem Beispiel die Einschränkung an, die man machen muss, damit die Zuordnung wirklich proportional (antiproportional) ist.

15 Aline behauptet, dass man eine proportionale Zuordnung ganz leicht daran erkennt, dass immer „je mehr – desto mehr" gilt. Was denkst du? Begründe deine Antwort.

16 Dreisatz?

a) Vier Musiker spielen ein Musikstück in 12 Minuten. Wie lange brauchen fünf Musiker?
b) Sonja lässt 6 Frühstückseier 5 Minuten kochen. Wie lange muss sie 7 Eier kochen lassen?
c) Paul braucht 3 Monate, um darüber hinweg zu kommen, dass seine Freundin ihn verlassen hat. Wie lange braucht er zusammen mit seinen 5 Freunden?
d) Ein achtjähriger Schüler läuft 100 m in 20 Sekunden. Wie lange braucht ein Sechsjähriger (ein 60-Jähriger) für dieselbe Strecke?
e) Denke selbst eine Aufgabe aus, bei der man nicht nach Dreisatz rechnen kann, weil der Zusammenhang nicht proportional und auch nicht antiproportional ist.

Noch fit?

I Schreibe als Dezimalzahl und als gekürzten Bruch.

a) 29 %
b) 70 %
c) 6 %
d) 9,9 %
e) 7,5 %
f) 2,5 %
g) 0,5 %
h) 0,75 %
i) 89 %

II Welche der folgenden Zahlen sind gleich groß?

a) $1{,}5$; $\frac{3}{2}$; $1{,}05$; $1\frac{1}{2}$; $1{,}2$; $1{,}50$; $\frac{1}{5}$
b) $\frac{3}{4}$; $0{,}75$; $\frac{5}{7}$; $0{,}75\,\%$; $\frac{9}{12}$; $75\,\%$
c) $0{,}9$; $90\,\%$; $\frac{9}{100}$; $9\,\%$; $\frac{81}{90}$; $0{,}090$?

Trainieren **Anwenden** Vernetzen

17 Bisher hatte Chiara einen 17-Zoll-Monitor, nun erhält sie endlich den lange gewünschten 19-Zöller.
Die Zoll-Angabe bei Monitoren gibt die Länge der Diagonalen an. Sonst haben sie die gleichen Proportionen, d. h. das gleiche Verhältnis zwischen Höhe und Breite (ohne Rand). Passt der 19-Zoll-Monitor in das Regal? Gehe davon aus, dass bei allen Monitoren der Rand um den Bildschirm herum 2,5 cm breit ist und dass sich der Fuß des Monitors abmontieren lässt. Berechne auch die Länge und Breite von 21-Zoll- und 24-Zoll-Monitoren.

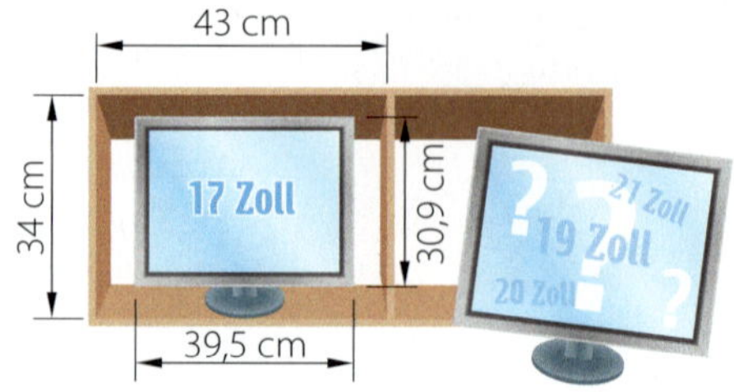

18 Beim Rezept „Fruchtiger Kartoffelsalat" aus dem „Feten-Almanach" benötigst du für vier Kartoffelfreaks folgende Zutaten:
500 g Pellkartoffeln, 500 g Birnen, 125 g Butterkäse, 5 EL Crème fraîche, 125 g Joghurt, eine halbe Zitrone, 2 EL gehackter Dill, 1 TL Honig, Salz, Pfeffer.
Berechne die Zutaten so, dass sechs bzw. neun Hungrige satt werden. Wähle einen passenden Wert zum Zurückrechnen.

19 Der Schall benötigt für eine Strecke von 1000 m ungefähr drei Sekunden.
Wie weit ist ein Gewitter entfernt (also die Stelle, an der der Blitz einschlug), wenn man zwischen Blitz und Donner fünf Sekunden zählt?

20 Bei Familie Keller führt vom Erdgeschoss eine Treppe mit 14 Stufen in den 2,73 m höher gelegenen 1. Stock.
Aus welcher Höhe springt Theresa, wenn sie von der 3. Stufe abspringt und im Flur des Erdgeschosses landet?

21 Herr Tegtmeier baut um. Das letzte Mal, als er Zement im Baumarkt holte, lud er sechs Säcke in seinen Pkw. Mit diesen 300 kg war der Wagen etwas überladen. Nun hat er sich einen kleinen Transporter ausgeliehen, in den er bis zu 800 kg laden kann.
a) Wie viele Zementsäcke kann er nun laden, wenn er außerdem vier Farbeimer kauft, die zusammen 50 kg wiegen?
b) Eigentlich reichen ihm 12 Säcke zu je 40 kg. Diese sind ihm aber zu schwer. Deshalb überlegt er, ob er kleinere Säcke kaufen soll, die jeweils nur 25 kg wiegen. Wie viele von den kleineren Säcken müsste er dann schleppen?

22 Die Kundin an der Wursttheke möchte 6 Scheiben Zungenwurst kaufen. Die Verkäuferin schneidet die Scheiben, sie wiegen 156 Gramm. Die Kundin lässt weitere 4 Scheiben schneiden, nun sind es 256 g, und weil 100 g nur 0,89 € kosten, will sie schließlich 13 Scheiben, die 337 g wiegen.
Ist die Zuordnung: *Anzahl der Scheiben* → *Gramm* proportional?
Nimm Stellung!

23 Herrn Libuda flattert eine Rechnung der Stadt ins Haus. Für die Erschließung (Wasser-, Strom-, Gas-, Abwasserleitungen) seines Neubaugrundstückes am Tulpenweg soll er 11 270 € bezahlen. Im Schreiben steht, die gesamten Kosten von 55 808 € seien entsprechend der Grundstückfläche anteilig auf die Anlieger aufgeteilt worden. Das möchte Herr Libuda prüfen.

	Peters	Libuda	Schmitz	Schüssler	Filzinger
Fläche	$680\,m^2$	$700\,m^2$	$520\,m^2$	$700\,m^2$	$680\,m^2$
Kosten					

24 Drei Kinder wollen sich eine Tüte Bonbons teilen, sodass jedes 20 Stück bekommt. Nachdem jedes Kind 4 Bonbons gegessen hat, kommt ein Freund dazu. Der Rest soll nun auf alle vier Kinder verteilt werden. Wie viele Bonbons bekommt jedes Kind insgesamt?

25 Vier Bagger würden 9 Tage benötigen, um ein Wasserrückhaltebecken auszuheben. Nach 3 Tagen fällt ein Bagger aus. Wie lange dauert es nun, bis das Rückhaltebecken ausgehoben ist?

26 Wintereinbruch
Es ist der 19. November, Wintereinbruch, der erste Schnee. Der Unternehmer Rutsch muss einige Berechnungen anstellen, damit er weiß, welche Aufträge er annehmen kann. Seine drei Schneepflüge können die Räumung einer 200 km langen Strecke in 8 Stunden schaffen. Rutsch kauft wegen der anhaltend starken Schneefälle noch einen Pflug dazu, und die vier Schneepflüge legen gleichzeitig los.
a) Leider fällt von den vier Fahrzeugen nach 3 Stunden eines aus. Wie lange benötigt das Unternehmen nun insgesamt, um die gesamte Wegstrecke zu räumen?
b) Seine Frau, die an diesem Tag Geburtstag hat, murmelt vor sich hin:
„… wenn wir genügend viele Schneepflüge hätten, könntest du die Gesamtstrecke von 200 km in 10 Min. schaffen und dann gleich wieder zu Hause sein …“
Was meinst du dazu?

27 An 30 Maurer werden für 22 Tage Arbeit insgesamt 77 088 € vom Bauunternehmer ausbezahlt. Welchen Betrag muss ein Bauunternehmer seinen Arbeitern auszahlen, wenn für ihn 35 Maurer 20 Tage lang arbeiten?

28 Drei Pumpen können einen Swimmingpool mit 8000 l Fassungsvermögen in 2,5 Stunden füllen. Wie viel Wasser wäre im Pool, wenn vier Pumpen 1,5 Stunden laufen würden?

29 Drei Arbeiter pflastern einen Hof der Fläche $48\,m^2$ in 8 Stunden. Wie lange würden vier Arbeiter für einen $56\,m^2$ großen Hof brauchen?

30 12 Teilnehmer einer Expedition benötigen 420 kg Verpflegung für 10 Tage. Wie lange würden 588 kg für eine Gruppe von 21 Teilnehmern reichen?

Trainieren | Anwenden | **Vernetzen**

31 Corinna möchte eine quaderförmige Box mit Goldfolie bekleben. Die Box ist 10 cm lang, 8 cm breit und 6 cm hoch.

a) Berechne, wie viel Goldfolie sie dafür (mindestens) benötigt.

b) Corinna hat eine Box mit gleicher Breite und Länge, aber doppelter Höhe. Wie viel Goldfolie braucht sie nun? Kannst du das Ergebnis aus a) für eine Berechnung mit Dreisatz nutzen?

Info

60 kg · 1 m = 30 kg · 2 m
Dieses physikalische Gesetz nennt man **Hebelgesetz**. „Gleichgewicht" als Bezeichnung ist hier falsch. Warum?

32 Erinnerst du dich noch an das Schaukeln auf einer Wippe? Je schwerer man ist, desto weiter innen muss man sitzen, um die Wippe im Ausgleich zu halten. Genauer: Eine doppelt (ein Drittel) so schwere Person muss halb (dreimal) so weit vom Drehpunkt der Wippe entfernt sitzen wie die andere.

a) Zeichne eine vereinfachte Wippe in einem geeigneten Maßstab und markiere in Rot die Punkte, auf denen zwei Personen A (75 kg) und B (40 kg) sitzen können, sodass die Wippe im Ausgleich ist.

b) Markiere in anderen Farben noch zwei weitere Personenpaare unterschiedlicher Masse.

Beispiel

Breite: 29,7 cm ≈ 11,69 inch;
Höhe: 21,0 cm ≈ 8,27 inch;
Auflösung: 300 dpi
Dateigröße: (11,69 · 300) · (8,27 · 300) Byte
≈ 8 700 867 Byte ≈ 8,3 MB

Achtung

1 MB = 1024 kB
= 1024 · 1024 B

33 Eine Bildauflösung von z. B. 300 dpi (dots per inch) bedeutet, dass sowohl in der Breite als auch in der Höhe das Bild aus 300 Punkten pro Inch (= 2,54 cm) aufgebaut ist. Die Dateigröße (in Byte) ergibt sich aus der Auflösung und der Breite und Höhe des Bildes. In Graustufen wird für jeden Bildpunkt üblicherweise 1 Byte verwendet. Damit lässt sich die Dateigröße wie im Beispiel am Rand berechnen.

a) Ein 10 cm mal 15 cm großes Schwarz-Weiß-Bild soll eingescannt werden. Berechne für verschiedene Auflösungen die Dateigröße in MB.

Auflösung A (dpi)	Dateigröße (B)	Dateigröße (MB)

b) Ist die Zuordnung *Auflösung* → *Dateigröße* proportional? Begründe.

c) Lege eine Tabelle an, aus der man ablesen kann, wie viele Bilder der Größe 10 cm · 15 cm bei einer bestimmten Auflösung auf eine CD (700 MB) passen.

d) Ist die Zuordnung *Auflösung* → *maximale Anzahl der Bilder auf einer CD* antiproportional?

34 Landkarten

a) Im Schaukasten der Autobahnraststätte hängt eine Karte ohne Angabe des Maßstabs. Jörn möchte endlich zu Hause ankommen. Um 11:00 Uhr ist er mit seinen Eltern in München losgefahren. Jörn misst die bis jetzt um 13:15 Uhr zurückgelegte Strecke mit seiner Hand. Sie passt etwa 2,5-mal auf die Strecke. Bis nach Hause in Bochum misst er noch etwa vier Handlängen.

b) Nimm deinen Schulatlas zur Hand und wähle mindestens drei Landkarten mit unterschiedlichen Maßstäben. Bestimme die reale Entfernung (Luftlinie) zwischen zwei beliebigen Orten auf jeder Landkarte.
Erläutere dein Vorgehen deinem Sitznachbarn bzw. deiner Sitznachbarin.

Check up

Was kannst du? Was musst du noch üben?
Mit diesen Aufgaben kannst du deinen Lernfortschritt überprüfen.
Lösungen findest du im Anhang.

1 Vervollständige die Sätze.
a) Die Wegstrecke, die die Spitze des Minutenzeigers einer Uhr zurücklegt, ist proportional zu …
b) Die Wassermenge in einem quaderförmigen Aquarium ist proportional zu …
c) Die Anzahl der Brötchen ist proportional zu …
d) Der Preis einer Tankfüllung ist proportional zu …

2 Finde heraus, ob x und y in den beiden Tabellen proportional oder antiproportional zueinander sein sollen. Verbessere fehlerhafte Paare und trage die neuen Paare ein.

a)

x	7	3,5	9	−21	10,5
y	11	5,5	17	−32	16,5

b)

x	2	−7,3	6	14,6	73
y	7,3	−2	$\frac{73}{30}$	1,5	20

3 Verschiedene Packungsgrößen sowie eine 5,4 kg Vorteilspackung desselben Waschmittels stehen nebeneinander im Regal. Vergleiche und finde das günstigste Angebot.

500 g	2,3 kg	1,0 kg	5,4 kg
1,29 €	5,69 €	2,49 €	13,80 €

4 Lies für jeden Graphen den Proportionalitätsfaktor bzw. bei Produktgleichheit den Wert des Produkts ab.

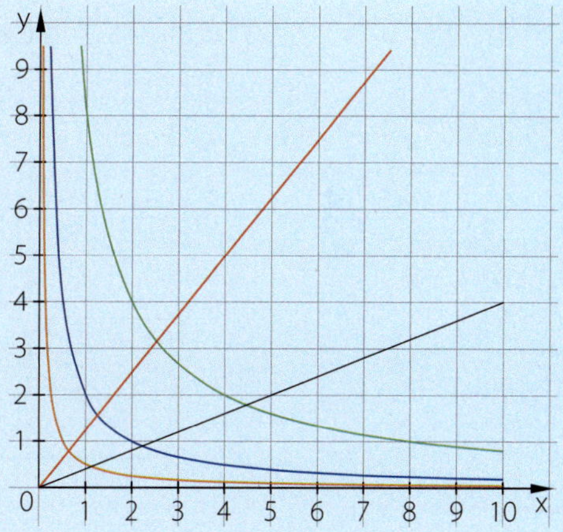

5 Verhalten sich die Größen proportional, antiproportional oder „weder noch" zueinander? Begründe und berechne ggf. per Dreisatz.
a) Für 23 Fotoabzüge hat Romina im Geschäft 5,52 € bezahlt. Maike hat 7 Bilder, Julia 8 Bilder, Naomi und Franziska haben je 4 Bilder bestellt. Berechne, was die Freundinnen Romina schulden.
b) Ein Rechteck hat einen Flächeninhalt von 20 cm^2. Seine Seiten werden verdoppelt. Wie groß ist die Fläche des Rechtecks nun?
c) Neben 65 Mathematikbüchern steht ein genau so hoher Stapel von Englischbüchern. Jedes Mathebuch ist 1,2 cm dick, jedes Englischbuch 1,3 cm. Wie viele Englischbücher sind es?

6 Ein Liter Diesel kostet 1,459 €.
a) Berechne den Preis für 50 l.
b) Wie viel musst du für 38,13 l bezahlen?
c) Die Rechnung beläuft sich auf 22,03 €.
d) An einer Tankstelle tanken pro Tag 200 Kunden durchschnittlich 50 l Diesel. Wie viel bringen die 0,9 Cent, die die Tankstelle an jedem Liter Diesel verdient, an einem solchen Tag ein?

Auf einen Blick

Proportionalität

Sind zwei Größen A und B einander zugeordnet, so heißt diese Zuordnung **proportional**, wenn gilt: Wird A mit einer Zahl multipliziert, so wird B mit derselben Zahl multipliziert. Wird A durch eine Zahl dividiert, so wird B durch dieselbe Zahl dividiert. Die Paare einer solchen Zuordnung sind **quotientengleich**. Der Quotient aus zugeordnetem Wert und vorgegebenem Wert heißt **Proportionalitätsfaktor**.

Äpfel in kg	1	2	3,5	5
Kosten in €	2,50	5,00	8,75	12,50

: 2 · 2,5 (oben); : 2 · 2,5 (unten)

Antiproportionalität

Sind zwei Größen A und B einander zugeordnet, so heißt diese Zuordnung **antiproportional**, wenn gilt: Wird A mit einer Zahl multipliziert, so wird B durch dieselbe Zahl dividiert. Wird A durch eine Zahl dividiert, so wird B mit derselben Zahl multipliziert. Die Paare einer antiproportionalen Zuordnung sind **produktgleich**.

Zeit t in h	1,5	2,5	3	6
Geschwindigkeit in $\frac{km}{h}$	160	96	80	40

: 2 · 2,4 (oben); · 2 : 2,4 (unten)

Proportionale Zuordnung

Der **Graph** einer **proportionalen Zuordnung** ist eine **Gerade**, die vom **Ursprung** des Koordinatensystems ausgeht.

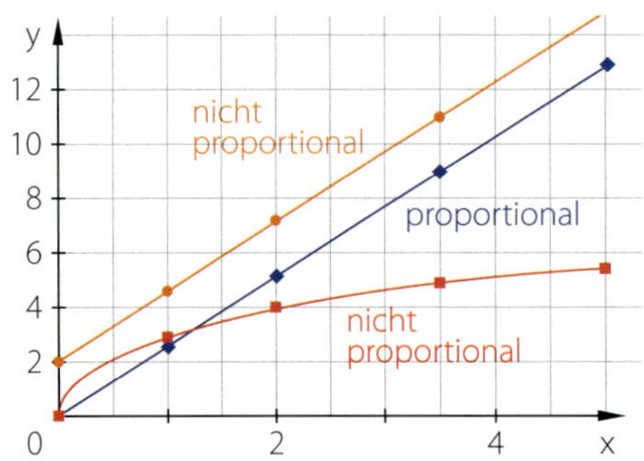

Antiproportionale Zuordnung

Der **Graph** einer **antiproportionalen Zuordnung** ist eine gekrümmte Linie. Diese nennt man **Hyperbel**.

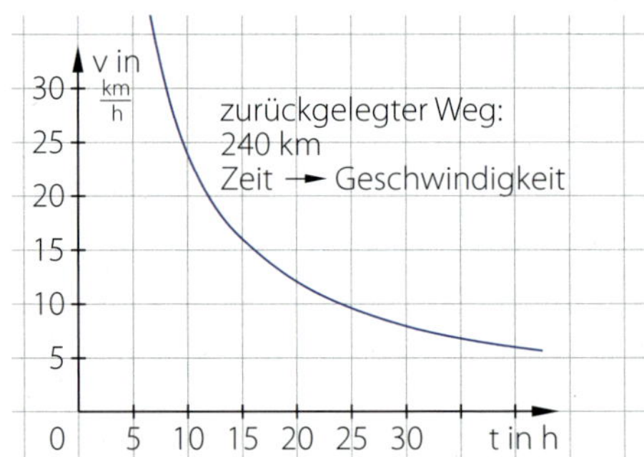

Dreisatz-Verfahren

Das **Dreisatz-Verfahren** wendest du an, wenn sich zwei Größen zueinander proportional oder antiproportional verhalten:

1. Schreibe ein Zahlen-Paar der Größen in die erste Zeile.
2. Berechne, welcher Wert der gesuchten Größe dem Wert 1 der gegebenen Größe entspricht.
3. Berechne mithilfe des 2. Werts den Wert der gesuchten Größe.

Proportionale Zuordnung

	Menge (l)	Preis (€)	
: 3,5	3,5	77	: 3,5
	1	22	
· 1,5	1,5	33	· 1,5

Antiproportionale Zuord.

	Masse (kg)	Menge	
: 3,1	3,1	64	· 3,1
	1	198,4	
· 2,8	2,8	≈ 70,9	: 2,8

Kapitel 3

Rechnen mit Prozenten

Jeder kennt Prozente – du natürlich auch!
Viele Journalisten nutzen in Zeitungen und Fernsehmagazinen die Aussagekraft von Prozentangaben. Gerade im Umfeld von Wahlen werden ständig neue Umfragen veröffentlicht, die Endergebnisse bewertet und Veränderungen zum Vorhergegangenen analysiert. Banken werben mit effektiven oder nominalen Jahreszinsen, Kaufhäuser mit prozentualen Preisnachlässen usw.
Einige dieser Angaben sind bei oberflächlichem Hinsehen missverständlich. Gerade in Zeitungen finden sich auch immer wieder gravierende Fehler.
Warum werden Prozentangaben eigentlich so gerne verwendet und welchen Grund gibt es, dass viele Menschen ihnen so vorbehaltlos vertrauen?

Projekt

Prozentwirrwarr
Diese Meldungen standen wirklich in der Zeitung.

Schnellfahrer

Fuhr vor einigen Jahren noch jeder zehnte Autofahrer zu schnell, so ist es mittlerweile heute nur noch jeder fünfte. Doch auch fünf Prozent sind zu viele, und so wird weiterhin kontrolliert, und die Schnellfahrer haben zu zahlen.

Ehepaar mit 6 Promille unterwegs

Der Mann mit 3,5 Promille, die Frau mit 2,5 Promille, er mit, sie ohne Führerschein: Ein Ehepaar beschäftigte die Polizei, die wegen einer Unfallflucht ermittelte. Verursacher soll der 47 Jahre alte Ehemann gewesen sein, der zunächst weggefahren war, aber wieder an die Unfallstelle zurückkam. Seine Frau war's, erklärte er, doch die 45-Jährige sei nun zuhause. Dort begrüßte sie die Polizei mit einer Dose Bier in der Hand. Einen Führerschein hat sie nicht mehr, ihr Mann jetzt auch nicht.

Jeder Vierte will unsterblich sein

Einer Umfrage zufolge wollen 44 Prozent der Deutschen nicht älter als 80 Jahre alt werden. Höchstens 100 Jahre alt wollen 18 Prozent werden, wie eine gestern veröffentlichte Befragung ergeben hat. Vier Prozent hätten angegeben, sie wollten unsterblich werden.

Jede 5. Mutter in Deutschland arbeitet auch sonntags

Jede fünfte erwerbstätige Mutter in Deutschland arbeitet zumindest gelegentlich auch an Sonn- oder Feiertagen.
In Ostdeutschland arbeitet jede zweite Mutter mit Kindern unter 18 Jahren regelmäßig an Sonn- und Feiertagen (49 Prozent), im Westen tut dies etwa jede Dritte (38 Prozent).

Jeder Neunte nutzt ein Handy

Der Mobilfunkmarkt wächst trotz annähernder Marktsättigung. Im Vorjahr stiegen die Kundenzahlen um über 10 Prozent auf rund 72 Millionen. Damit nutzen statistisch neun von zehn Deutschen Handys.

Aufgaben

1 In die Meldungen haben sich mathematische Fehler eingeschlichen.
Kannst du sie finden?
Versuche auch zu erklären, was falsch gemacht wurde.

3.1 Grundbegriffe der Prozentrechnung

Aufträge

Rabatte, wohin man schaut

Welche Bedeutung haben die fehlenden Angaben?
Findest du jeweils eine Aufgabe, die zu den Anzeigen passt? Löse sie.
Führe deine eigene Rabatt-Aktion durch und überlege dabei neue Aufgaben, die du gemeinsam mit deiner Sitznachbarin oder deinem Sitznachbarn bearbeitest. Entwickle Strategien, wie man solche Rabatt-Aufgaben geschickt lösen kann.

Alternative: Überall Prozente

Findet in Arbeitsgruppen möglichst viele Aufgaben aus den Zeitungsmeldungen und löst sie. Schreibt euren Lösungsweg übersichtlich auf.

Nichts ging mehr

Dem zweistündigen Stromausfall in Teilen unserer Stadt fielen gestern auch 27 der 60 Ampelanlagen während der Hauptverkehrszeit zum Opfer.
Das entstandene Verkehrschaos führte zu zahlreichen Verspätungen.

Silber, grau und schwarz im Trend

Der Anteil dezenter Farbtöne ist so groß wie nie: 2254 Neufahrzeuge, die im letzten Jahr in unserer Stadt zugelassen wurden, waren silberfarben, grau oder schwarz. Mit 7 von 10 Autos liegt der Anteil dieser dezenten Farben deutlich über dem der früheren Modefarben. Vor 30 Jahren waren 55 % der Neufahrzeuge in den kräftigen Farben grün, rot und gelb lackiert. Das entsprach damals 594 Fahrzeugen. Heute beträgt ihr Anteil nur noch knapp ein Zehntel.

Alternative: Schülerumfrage

Bei einer Schülerumfrage wurde ermittelt, wie die Schüler der verschiedenen Klassen zur Schule kommen. Es ergaben sich vier Möglichkeiten. Hier ein Auszug der Ergebnisse.

Vergleiche in den Klassen 7 a und 7 b den Anteil der Kinder, die mit dem Auto gefahren werden.
Gib die Anteile auch in Prozent an.

	per Fahrrad	zu Fuß	per Bus/Bahn	werden mit dem Auto gefahren
7 a	5	8	9	3
7 b	12	3	6	3
7 c	13	?	5	4

In der 7 c kommen 12 % der Schüler zu Fuß.
Berechne die Anzahl der Fußgänger.
Wie kann man die Anzahl der Schüler in der 7 c berechnen, ohne zuvor die Anzahl Fußgänger berechnet zu haben?

Wissen

Info
Grundwert und Prozentwert haben immer dieselbe Einheit

Erinnerung
Mit Prozent (%) wird ein Anteil in Hundertstel angegeben.
$1\,\% = \frac{1}{100} = 0{,}01$
pro (lat.): im Verhältnis zu
centum (lat.): hundert
Bsp.: $13\,\% = \frac{13}{100} = 0{,}13$
$107\,\% = \frac{107}{100} = 1{,}07$

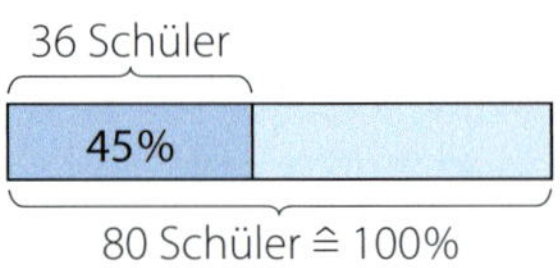

Grundbegriffe

Bei der Prozentrechnung sind drei Angaben wichtig:
der **Prozentsatz (p %)**, der **Grundwert (G)** und der **Prozentwert (W)**.

25 % von 800 Personen sind 200 Personen.

Beispiel 1 (Begriffe)

► In einer Schule wählen 45 % eines Jahrgangs Latein als zweite Fremdsprache. Der Jahrgang umfasst 80 Schüler. 36 Schüler wählen Latein.
Grundwert: G = 80 (Anzahl der Schüler insgesamt)
Prozentsatz: p % = 45 % (Anteil der Schüler, die Latein wählen)
Prozentwert: W = 36 (Anzahl der Schüler, die Latein wählen)

Im Folgenden wird jeweils gezeigt, wie du jede dieser Größen auf zwei Wegen berechnen kannst, wenn die beiden anderen gegeben sind.

Berechnung des Prozentsatzes p %
Bekannt: 36 von 80 Schülern wählen Latein.

Weg 1
Den Anteil der Lateinschüler berechnest du wie gewohnt:

$\frac{36}{80} = \frac{9}{20} = \frac{45}{100} = 0{,}45 = 45\,\%.$

Weg 2 (Dreisatz)
Alle 80 Schüler der Jahrgangsstufe entsprechen 100 %.

	80 Schüler	100 %	
: 20	4 Schüler	5 %	: 20
· 9	36 Schüler	45 %	· 9

Du berechnest den Prozentsatz p % als Quotient aus Prozentwert W und Grundwert G oder mithilfe des Dreisatzes. Es gilt: $p\,\% = \frac{W}{G}$

Berechnung des Prozentwerts W
Bekannt: 45 % von 80 Schülern wählen Latein.

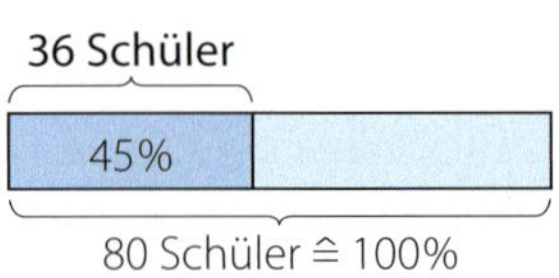

Weg 1
Du rechnest wie gewohnt:

$45\,\% \cdot 80 = 0{,}45 \cdot 80 = 36.$

Weg 2 (Dreisatz)
Da nach der Anzahl W gefragt ist, stehen die Anzahlen rechts in der Tabelle.

	100 %	80 Schüler	
: 20	5 %	4 Schüler	: 20
· 9	45 %	36 Schüler	· 9

Hinweis
Oftmals wir der Prozentwert auch mit **P** abgekürzt.

Du berechnest den Prozentwert W als Produkt aus Prozentsatz p % und Grundwert G oder mithilfe des Dreisatzes. Es gilt: $W = p\,\% \cdot G$

Berechnung des Grundwerts G

Bekannt: 36 Schüler entsprechen 45 % der Jahrgangsstufe.

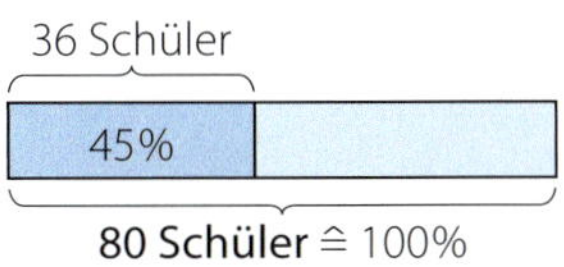

Weg 1
Wenn man G mit 45 % multipliziert, erhält man W = 36.
Wenn nun aus W das ursprüngliche G errechnet werden soll, so muss W durch p % dividiert werden.
Für die Gesamtschülerzahl gilt daher:
$\frac{36}{45\,\%} = \frac{36}{0{,}45} = 80$

Weg 2 (Dreisatz)
Die erste Zeile ergibt sich daraus, dass 45 % zur Anzahl 36 gehört. (Als Zwischenschritt sind 0,8 Schüler möglich.)

	45 %	36 Schüler	
: 9	5 %	4 Schüler	: 9
· 20	100 %	80 Schüler	· 20

Du berechnest den Grundwert G mithilfe des Pfeilbilds oder des Dreisatzes.

Es gilt: $G = \frac{W}{p\,\%}$

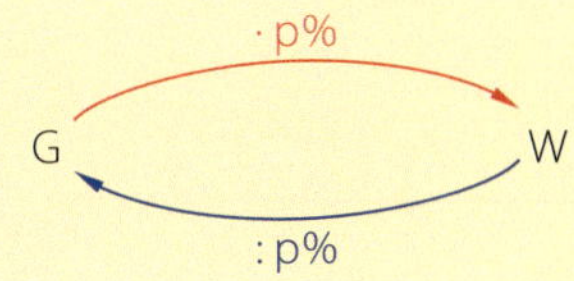

Beispiel 2

► a) Welcher Anteil von 25 € sind 5 €?
$p\,\% = \frac{5\,€}{25\,€} = \frac{1}{5} = \frac{20}{100} = 20\,\%$
Welcher Anteil von 30 € sind 4 €?
$p\,\% = \frac{4\,€}{30\,€} = \frac{4}{30} = 0{,}1\overline{3} = 13{,}\overline{3}\,\%$

b) Wie viel sind 30 % von 18 €?
$W = 30\,\% \cdot 18\,€ = 0{,}30 \cdot 18\,€$
$= 5{,}40\,€$

c) Von welchem Preis sind 5 € 12,5 %?
$G \cdot 12{,}5\,\% = 5\,€$, also
$G = \frac{5\,€}{12{,}5\,\%} = \frac{5\,€}{0{,}125} = 40\,€$
Von welchem Preis sind 17 € 13 %?

	13 %	17 €	
: 13	1 %	$\frac{17}{13}$ €	: 13
· 100	100 %	$\frac{1700}{13}$ € ≈ 130,77 €	· 100

Info

Jahreszinsen sind die Zinsen, die ein Kunde nach einem Jahr gutgeschrieben bekommt, wenn er das Kapital ein Jahr lang nicht abhebt.

Zinsrechnung	Prozentrechnung
Zinssatz (p %)	Prozentsatz (p %)
Kapital (K)	Grundwert (G)
Jahreszinsen (Z)	Prozentwert (W)

Rechnen mit Zinsen

Zinsen für das Guthaben auf einem Sparkonto werden nach den Regeln der Prozentrechnung berechnet.

Die Zinsrechnung ist ein Sonderfall der Prozentrechnung. Grundbegriffe sind: der **Zinssatz (p %)**, das **Kapital (K)** und die **Jahreszinsen (Z)**.

2,5 % von 500 Euro sind 12,50 Euro.

Beispiel 3

► Jonas legt 400 € auf einem Sparkonto zu einem Zinssatz von 1,25 % an.
Wie viele Zinsen erhält er im ersten Jahr?
$K = 400\,€$, $p\,\% = 1{,}25\,\%$
$Z = 1{,}25\,\% \cdot 400\,€ = 0{,}0125 \cdot 400\,€ = 5{,}00\,€$

Jonas erhält nach einem Jahr 5 € Zinsen. Sein Kapital ist auf 500 € + 5 € = 505 € angewachsen.

Aufgaben

Trainieren | Anwenden | Vernetzen

1 Schreibe die Brüche $\frac{1}{2}$, $\frac{1}{3}$, $\frac{1}{4}$, $\frac{1}{5}$, $\frac{1}{6}$, $\frac{1}{8}$, $\frac{1}{10}$, $\frac{1}{20}$, $\frac{1}{100}$, $\frac{2}{3}$ und $\frac{3}{4}$ als Prozentsatz und lerne sie auswendig.

2 Schreibe als Dezimalzahl.

a) 23 %
b) 49 %
c) 94 %
d) 8
e) 70 %
f) 14,3 %
g) 20,7 %
h) 6,3 %
i) 16,0 %
j) 0,1 %
k) 135 %
l) $33\frac{1}{3}$ %

3 Schreibe als Prozentsatz.

a) 0,5
b) 0,2
c) 0,76
d) 0,06
e) 0,123
f) 0,009
g) 1,11
h) 0,404
i) 0,0279

4 Berechne den Prozentsatz p % ausschließlich im Kopf.
Tipp: Lass dich von den neuen Begriffen nicht verunsichern! Derartige Aufgaben hast du schon in Klasse 6 gelöst.

a) 22 t von 88 t
b) 8 l von 400 l
c) 12 € von 60 €
d) 60 min von 80 min
e) 33 km von 99 km
f) 44 m von 8800 m
g) 34 g von 340 g
h) 3,9 a von 15,6 a

5 Wie viel Prozent der Fläche sind gefärbt?

a) 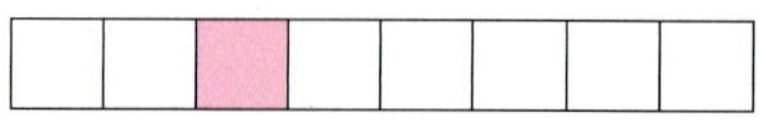

b) 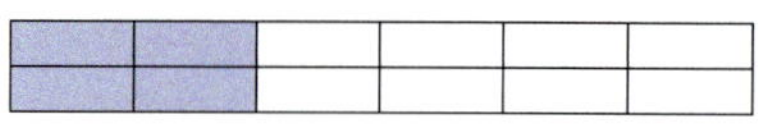

c) 

d) 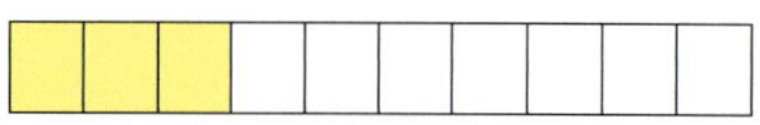

e) 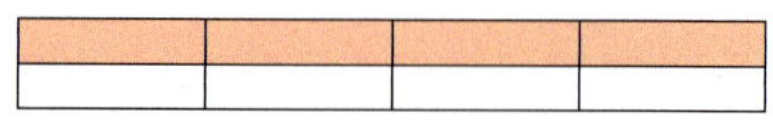

f) 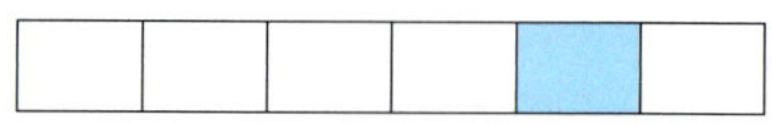

g) 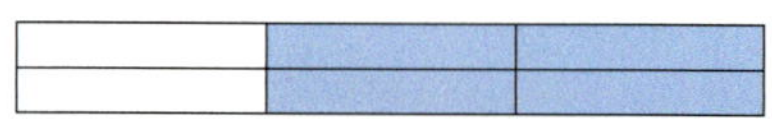

h) 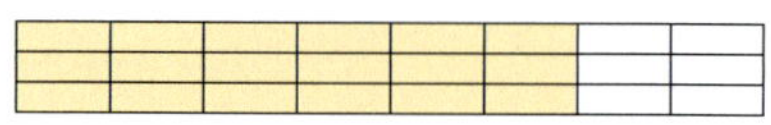

6 Schreibe als Prozentsatz.

a) einer von zehn
b) 9 von 10
c) 4 von 5
d) fünf von acht
e) drei von vier
f) 6 von 25
g) 11 von 20
h) zwei von drei

7 Schreibe als Prozentsatz.

a) jeder Zweite
b) jede Vierte
c) jedes Zehnte
d) jede Fünfte
e) jeder 20-igste
f) jedes Dritte
g) jede Achte
h) jede Neunte
i) jeder

Lösungswort (ohne Einheiten): 5 (o); 10 (n); 17 (z); 20 (e); 25 (r); 32 (p); 55 (a); 100 (t)

8 Berechne den Prozentsatz.

a) 128 von 400 Plätzen
b) 48 € von 192 €
c) 50 ml von 1 l
d) 34 g von 200 g
e) 1,5 m von 7,5 m
f) 6 min von 1 h
g) 12 € von 1200 ct
h) fünf Kinder einer Schulklasse mit 25 Kindern

9 Berechne im Kopf.

a) 10 % von 2400 kg
b) 1 % von 4000 €
c) 25 % von 48 ct
d) $33\frac{1}{3}$ % von 90 $
e) 75 % von 160 m
f) 20 % von 60 s
g) 7 % von 70 ha
h) 9 % von 90 t

Lösungswort (ohne Einheiten): 0,1 (b); 0,16 (i); 0,255 (m); 0,99 (h); 1,44 (c); 3,2 (ä); 6 (b); 14 (r); 21 (g); 59,85 (u); 200 (n); 240 (e); 900 (m); 990 (h)

10 Berechne den Prozentwert, wenn möglich, im Kopf.

a) 70 % von 30 Kindern
b) 15 % von 399 €
c) 30 % von 3000 g
d) 17 % von 1,5 l
e) 2 % von 8 km
f) 5 % von 2 h
g) 20 % von 16 m^2
h) 7 % von 200 €
i) 12 % von 12 hl
j) 99 % von 1 kg
k) 120 % von 200 €
l) 25 % v. 800 Personen

Info
Mit **Promille (‰)** wird ein Anteil in Tausendstel angegeben.
$1\text{‰} = \frac{1}{1000} = 0{,}001$
pro (lat.): im Verhältnis zu
mille (lat.): tausend

11 Berechne im Kopf. Erkläre dein Vorgehen.

a) 1 % (2 %, 3 %, 4 %, 5 %, 7 %, 12 %) von 800 €
b) 10 % (20 %, 30 %, 40 %, 80 %, 110 %) von 40 km
c) 10 % (5 %, 15 %, 35 %, 55 %) von 60 h
d) 10 % (20 %, 30 %, 40 %, 50 %, 5 %) von 24 m^3
e) 1 ‰ (2 ‰, 5 ‰, 10 ‰, 0,1 ‰) von 100 kg.

12 Berechne den Grundwert im Kopf.

a) 25 % entsprechen 300 g.
b) 10 % entsprechen 27 ms.
c) $33\frac{1}{3}$ % entsprechen 45 min.
d) 20 % entsprechen 18 kg.
e) 12,5 % entsprechen 11 m^2.
f) 50 % entsprechen 4,25 €.
g) 7 % entsprechen 14 ct.
h) 75 % entsprechen 3600 km.
i) $66\frac{2}{3}$ % entsprechen 120 l.
j) 150 % entsprechen 20 dm^3.

Hinweis
Im Projekt auf Seite 70 findest du ähnliche Aufgaben.

13 Berechne den Grundwert.

a) 72 % entsprechen 216 m.
b) 11 % entsprechen 132 mg.
c) 45 % entsprechen 360 l.
d) 105 % entsprechen 113,4 cm^2.
e) 99 % entsprechen 693 ha.
f) 0,01 % entsprechen 1,95 €.

14 Ergänze die Tabelle in deinem Heft.

a)	25 %	von		sind	375 ml
b)	65 %	von		sind	39 €
c)	20 %	von		sind	8 kg
d)	5 %	von		sind	0,6 m^2
e)	140 %	von		sind	1680 m^2
f)	12 %	von		sind	14 min 6 s

15 Ergänze die Tabelle in deinem Heft.

a)	8 %	von	25	sind	
b)	12 %	von		sind	150
c)		von	64	sind	24
d)	125 %	von		sind	60
e)	95 %	von	20	sind	
f)	350 %	von	40	sind	

16 Gib jeweils den Grundwert, den Prozentwert und den Prozentsatz an.
a) 56 % der 25 Kinder in der Klasse 6 a sind Mädchen, das sind 14 Kinder.
b) Bei der Wahl zum Schülersprecher erhält Simon 64 % der Stimmen. 48 Schülerinnen und Schüler haben für ihn gestimmt. Wahlberechtigt waren 75 Schülerinnen und Schüler.
c) Für eine große Tafel Schokolade (300 g) werden 120 g Kakao verarbeitet, das entspricht einem Kakaoanteil von 40 %.
d) Formuliere selbst drei weitere Beispiele.

17 Formuliere je zwei Aufgaben zur Berechnung von Prozentwert, Prozentsatz und Grundwert für einen Mitschüler/eine Mitschülerin.

18 Formuliere passende Fragen zur Prozentrechnung und beantworte sie.
a) Tamas hat sich vorgenommen, im Schwimmbad 32 Bahnen zu schwimmen. 12 Bahnen hat er schon geschafft.
b) Leon ist schon 70 % von 20 Bahnen geschwommen.
c) In den Umkleideräumen des Schwimmbades sind zur Zeit 192 Schränke belegt. Das entspricht 75 % aller Schränke.
d) Um eine 25-m-Bahn zu schwimmen, benötigt Esther 45 Sekunden. Julius benötigt dafür 40 % mehr Zeit.
e) Im August haben 15 420 Gäste das Schwimmbad besucht. Dies entspricht 24 % der Besucherzahl des ganzen Jahres.

Noch fit?

I Schreibe eine Überschlagsrechnung auf und berechne sie im Kopf.
a) $4711 \cdot 5213$
b) $10\,897 \cdot 2137$
c) $\frac{9}{5} \cdot 7725$
d) $952 : 22$
e) $9214 : 4302$
f) $6068 : 83$

II Berechne.
a) $4 - 7 + 12 - 9 - 4$
b) $(-79) + (+45) + (-53) - (-7)$
c) $|-14| - (+23) + (-12) - |-6| + |+27|$

Trainieren **Anwenden** Vernetzen

19 Bestimme die jeweils fehlende Größe bzw. den fehlenden Prozentsatz.
a) 192 von 480 Schülerinnen und Schülern fahren mit dem Bus.
b) 2,5 % eines Betrages entsprechen 20 €.
c) Ein T-Shirt, das ursprünglich 15 € kostete, gibt es im Ausverkauf für 12 €.
d) 12,5 % ergeben 360 m^2.
e) Von 60 Minuten sind 51 Minuten vergangen.
f) 12 % des Inhalts einer vollen Kiste wiegen 3 kg.
g) 6 von 30 Personen sind Brillenträger.
h) 35 % wiegen 252 g.

20 Bei Bäcker Wolf hängt die nebenstehende Werbung.
Stimmt der angegebene Prozentsatz?

21 Welche Flasche enthält mehr Liter Fruchtsaft: Die 0,5-Liter-Flasche mit einem Fruchtsaftanteil von 24 % oder die 0,75-Liter-Flasche mit einem Fruchtsaftanteil von 16 %?

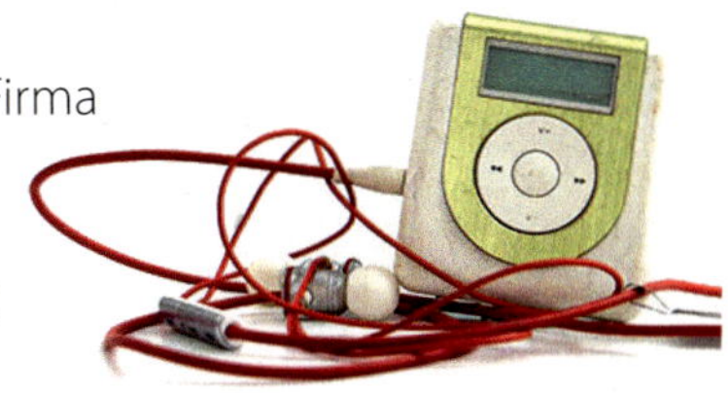

22 Ein MP3-Player kostete letzte Woche bei der Firma Alma 69 €, diese Woche bietet die Firma Nordi das gleiche Modell für 64 € an. Um wie viel Prozent ist der Preis bei Nordi günstiger? Um wie viel Prozent ist der MP3-Player bei Alma teurer?

23 Ein Angestellter verdient monatlich 2400 € brutto. Davon werden ihm 18 % für die Sozialversicherungen und weitere 624 € für Steuern abgezogen.
Wie hoch ist sein Steuersatz (in Prozent) und wie hoch ist sein Nettogehalt?

24 Samuel hat bei seiner Bank ein Jugendkonto, das bis zu einem Guthaben von 1500 € mit 3,00 % pro Jahr verzinst wird.
Berechne die Zinsen, die Samuel nach einem Jahr erhält, wenn er in dieser Zeit 450 € auf seinem Sparkonto hat.
Finde zwei Wege, um sein Guthaben nach einem Jahr zu berechnen.

25 Rosa möchte für ein Jahr ihr Geld zu einem Zinssatz von 3 % anlegen. Für die Zinsen könnte sie sich dann genau 4 DVDs zum Preis von je 12 € kaufen.

26 Cedric erhält am Jahresende 8,75 € Zinsen für sein Sparguthaben in Höhe von 500 €. Welchen Zinssatz zahlt die Bank?

27 Frau Findig hat sich 8000 € von der Bank ausgeliehen und muss dafür nach einem Jahr 600 € Zinsen bezahlen. Welchen Zinssatz berechnet die Bank?

28 Nicole bekommt am Jahresende Zinsen in Höhe von 83,75 € ausgezahlt. Die Bank gewährt ihr einen Zinssatz von 2,5 %.
Wie viel Geld hat Nicole am Jahresanfang auf dem Sparkonto?

29 Herr Grünspan hat sich bei der Bank Geld zu einem Zinssatz von 4,99 % geliehen. Am Jahresende muss er 923,15 € Zinsen bezahlen.
Wie viel Geld hat er sich geliehen?

30 Eine 650 g schwere Türklinke aus Messing besteht aus 403 g Kupfer und 247 g Zink.
a) Aus wie viel Prozent Kupfer und Zink besteht die Legierung?
b) Wie viel Kupfer und Zink benötigt man für eine 1,6 kg schwere Messingvase?
c) Wie viel Kupfer benötigt man zur Herstellung von Messing, wenn man 646 g Zink hat?

Info
Bei Bezahlungen gibt es oft einen **Rabatt** (Preisnachlass).
Skonto ist ein weiterer Preisnachlass, der bei Zahlung innerhalb einer bestimmten Frist gewährt wird.
Der **Barpreis** ist der Preis, den der Käufer bei Barzahlung zahlen muss.

31 Linas Eltern kaufen eine neue Küche. In der Zeitung sehen sie ein Angebot für eine Einbauküche, die von 6000 € auf 4800 € reduziert wurde.
a) Um wie viel Prozent wurde die Küche ermäßigt?
b) Bei Barzahlung gewährt das Küchengeschäft 2 % Skonto (auf den Werbepreis).
c) In einem anderen Küchengeschäft bekämen Linas Eltern eine vergleichbare Küche für 5200 € mit 1 % Skonto bei Barzahlung; dazu gibt es als Eröffnungsgeschenk eine Geschirrspülmaschine für 399 €. Welches Angebot ist besser?

32 Bei einer Matratze wären 42 € Anzahlung 15 % des Grundpreises. Bei Barzahlung werden 2 % Skonto auf den Grundpreis gewährt. Wie hoch ist der Barpreis?

33 Herr Matheblowski war gestern sehr beunruhigt, weil der Kurs seiner Aktien von vorgestern auf gestern um 50 % gefallen war. Doch heute ist alles beim alten, denn von gestern auf heute ist der Kurs seiner Aktien um 50 % gestiegen.
Was meinst du dazu? Erkläre auch mithilfe anderer Beispiele.

34 Bei einer Umfrage gaben 60 % der Befragten an, einen DVD-Player zu besitzen, 30 % sagten, sie hätten einen DVD-Rekorder, und 15 % behaupteten, sie hätten einen Festplatten-Rekorder. Können die Zahlen stimmen?

35 „Ich mache Ihnen ein hervorragendes Angebot, Herr Scholz. Sie bekommen diesen Herd statt für 1500 € für nur 1000 €. – Warum zögern Sie? Über einen Preisnachlass von 50 % können Sie sich nun wirklich nicht beschweren!"

36 Alles richtig? Die Mädchen einer Klasse sollen 12 % einer Strecke berechnen, die Jungen 54 % derselben Strecke. Jan erhält 153 km und Jana 34 km.

Trainieren | Anwenden | **Vernetzen**

37 Im Schulgarten werden die Beete neu angelegt. Die Beete sollen rechteckig sein und an einen geraden Weg angrenzen.

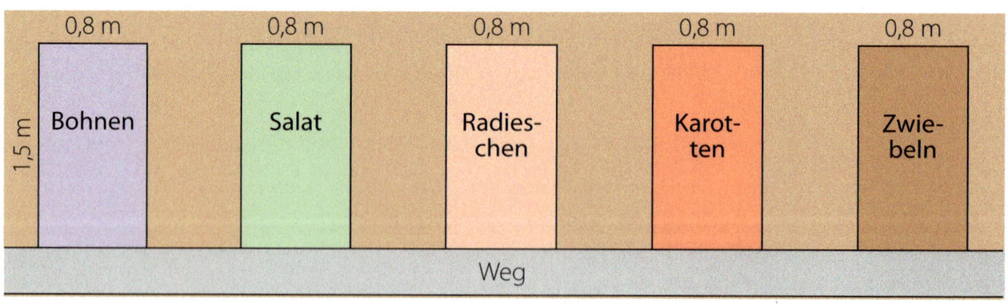

a) Die Schulgartengruppe möchte die Anbaufläche um 10 % größer gestalten. Welche Beetgrößen sind denkbar, wenn alle Beete die gleiche Fläche haben sollen bzw. nur das Bohnenbeet vergrößert werden soll? Gib je zwei Möglichkeiten an.
b) Um welchen Anteil ändert sich die Anbaufläche, wenn alle Beete um 5 % verbreitert und gleichzeitig um 10 % verkürzt werden?

Zur Erinnerung
Ein Prozentwert ist immer **absolut** und der zugehörige Prozentsatz **prozentual** (d. h. relativ).

38 Anna hat im Internet ein günstiges Angebot für Schreibblöcke gefunden. Sie ist begeistert. Bei ihrem Schreibwarenladen muss sie nämlich 2,45 € für einen Block zahlen.

a) Wie hoch ist die absolute und prozentuale Ersparnis, wenn Anna fünf Blöcke für insgesamt 7,10 € kauft?

b) Anna erhält mit der Lieferung eine Rechnung über 11,50 € und ist überrascht. Sie hat das Kleingedruckte beim Kauf übersehen: „Alle Preise zuzüglich 19 % gesetzliche Mehrwertsteuer." Außerdem muss sie noch Versandkosten bezahlen. Wie hoch sind diese und welchen Anteil haben sie an den Gesamtkosten?

Spiralblöcke
Format A4. Hochwertige Spiralblöcke mit einem sehr guten Preis-Leistungsverhältnis. In weißer, holzfreier Qualität. Chlorfrei gebleicht. Papiergewicht: 70 g/m²
7,10 € pro Pack (1 Pack = 5 Blöcke)

c) Bei der Bestellung von 3 Packs räumt das Versandhaus einen Rabatt von 5 % auf den Bestellwert (ohne Versandkosten) ein. Wie viel hätte Anna in diesem Fall insgesamt bzw. pro Block zahlen müssen? Welchen Anteil haben jetzt die Versandkosten am Gesamtpreis?

39 Erdrutschartige Gebührensenkungen
Formuliere einen Leserbrief an die Zeitung und nimm darin zu den Angaben im Text Stellung. Wie könnte der Fehler entstanden sein?

Feuerwehr Herford senkt Preise um bis zu 500 Prozent

HERFORD. In Ostwestfalen geraten die Preise für Krankentransporte in Bewegung. Den Anfang macht die Stadt Herford, deren Feuerwehr zum 1. April erdrutschartige Gebührensenkungen um teilweise mehrere hundert Prozent ankündigt. So wird der Pauschalpreis für Krankenfahrten im Stadtgebiet von 108 auf 54 Euro halbiert.
Für längere Fahrten, etwa zu Universitätskliniken, verlangt die Feuerwehr zusätzlich zu 48 Euro Grundgebühr nur noch einen Kilometerpreis von 50 Cent. Bislang hatten sie, je nach Entfernung, zwischen 1,94 und 4,45 Euro berechnet.
Für eine Fahrt etwa zur Uniklinik Hannover (100 km) verlangen die Herforder jetzt statt 508 nur noch 98 Euro; eine 250-km-Krankenfahrt verbilligt sich von 766 auf 173 Euro.

40 Fortsetzung von Aufgabe 24

a) Lege eine Tabelle an und berechne damit, welches Guthaben Samuel nach fünf Jahren haben wird.

b) Welches Guthaben hat Samuel nach fünf Jahren, wenn er jeweils am Jahresende die Zinsen abhebt und sie somit nicht mitverzinst werden?

c) Vergleiche die in fünf Jahren insgesamt erhaltenen Zinsen aus den Teilaufgaben a) und b).

Jahr	Guthaben am Jahresanfang	Zinsen	Guthaben am Jahresende
1	450 €		
2			
...			

3.2 Zunahme und Abnahme

Aufträge

Umständlich contra einfach

Zwei Aufgaben – vier Lösungswege

1. Ein Fahrradhändler bietet dir auf den Preis eines Fahrrades (380 €) einen Nachlass von 14 % an. Wie viel müsstest du dann bezahlen?

2. Der Gewinn beim diesjährigen Schulfest liegt um 38 % über dem des letzten Jahres. Im letzten Jahr betrug der Gewinn 840 €. Wie hoch ist der Gewinn in diesem Jahr?

Ben	Hermine
1. $\frac{14}{100} \cdot 380\,€ = 53{,}20\,€$ Der Preisnachlass beträgt 53,20 €. $380\,€ - 53{,}20\,€$ $= 326{,}80\,€$ Das Fahrrad kostet dann noch 326,80 €.	1. $0{,}86 \cdot 380$ $= 326{,}80$ Das Fahrrad kostet nur noch 326,80 €.
2. $\frac{38}{100} \cdot 840\,€ = 319{,}20\,€$ $840\,€ + 319{,}20\,€$ $= 1159{,}20\,€$ Der diesjährige Gewinn beträgt 1159,20 €.	2. $1{,}38 \cdot 840$ $= 1159{,}20$ Der Gewinn beträgt 1159,20 €.

Verschiedene Lösungen der beiden Aufgaben

Ben und Hermine haben die Aufgaben auf verschiedenen Wegen gelöst.
Beschreibe, wie sie vorgegangen sind.
Nenne Vor- und Nachteile für die jeweilige Variante.
Finde einen weiteren Lösungsweg.

Vergrößern und Verkleinern

Klara möchte die Größe ihrer Computerzeichnung mit einer Bildbearbeitungssoftware verändern.
Zunächst vergrößert sie das Bild um 60 %, dann verkleinert sie es um 25 %.
Danach hat das Bild eine Höhe von 24 cm.
Welche Höhe hatte das Bild vor dem Zoomen?

Wissen

Grundbegriffe

Ein Preis von 250 € wird um 33 % erhöht.
Um den neuen Preis zu berechnen, kannst du 33 % von 250 € berechnen und das Ergebnis zu den 250 € addieren. Wenn du diesen Rechenweg als Term aufschreibst und mithilfe des Distributivgesetzes vereinfachst, findest du einen kürzeren Weg:

$33\,\% \cdot 250\,€ + 250 = 0{,}33 \cdot 250\,€ + 1 \cdot 250\,€ = 250\,€ \cdot (0{,}33 + 1) = 250\,€ \cdot 1{,}33$
$= 1{,}33 \cdot 250\,€$

Beim Faktor 1,33 bewirkt die 1, dass die ganzen 250 € berücksichtigt werden, und die 0,33, dass 33 % hinzukommen. Da man den vergrößerten Preis durch die Multiplikation von 250 € mit 1,33 erhält, nennt man 1,33 **Wachstumsfaktor**.
Bei einem Preisnachlass von 24 % müsste man entsprechend mit $1 - 0{,}24 = 0{,}76$ multiplizieren.

Vorgehen bei Aufgaben zu Zu- und Abnahme

1. Entscheide, ob die gestellte Aufgabe eine Zu- oder eine Abnahme zur Folge hat.
2. Bestimme den Wachstumsfaktor k. Er entspricht dem Prozentsatz zur direkten Bestimmung des vergrößerten (verkleinerten) Grundwertes..
3. Multipliziere den Grundwert G mit dem Wachstumsfaktor k: $W = k \cdot G$

Beispiel 1: Zunahme

► Aufgabe:
In Florida wird der Preis von Kleidung oft ohne Mehrwertsteuer (zur Zeit 8 %) angegeben. Diese wird erst an der Kasse aufgeschlagen.
Marie sieht ein T-Shirt zu 12 $. Wie viel muss sie an der Kasse bezahlen?

Lösung:
Es handelt sich um eine Zunahme.
$G = 12\,\$$
$k = 100\,\% + 8\,\% = 1 + 0{,}08 = 1{,}08$
$W = k \cdot G = 1{,}08 \cdot 12\,\$ = 12{,}96\,\$$
Marie muss 12,96 $ zahlen.

Beispiel 2: Abnahme

► Aufgabe:
Ein Baumarkt wirbt mit dem Slogan: „15 % auf Alles!".
Herr Grün will einen Rasenmäher zu regulär 78 € kaufen.
Welcher Geldbetrag wird von ihm an der Kasse verlangt?

Lösung:
Es handelt sich um eine Abnahme.
$G = 78\,€$
$k = 100\,\% - 15\,\% = 1 - 0{,}15 = 0{,}85$
$W = k \cdot G = 0{,}85 \cdot 78\,€ = 66{,}30\,€$
Herr Grün muss 66,30 € bezahlen.

Info
Von „Wachstum" sprechen die Mathematiker auch bei einer Abnahme.
Dann liegt negatives Wachstum vor und der Wachstumsfaktor ist kleiner als 1.

Der **Wachstumsfaktor** gibt an, **auf wie viel Prozent des alten Wertes** sich dieser vergrößert bzw. verringert hat. Es gilt:

neuer Wert = alter Wert · Wachstumsfaktor

Ist der Wachstumsfaktor
- **größer als 1**, dann liegt eine **Zunahme** vor (positives Wachstum),
- **kleiner als 1**, dann liegt eine **Abnahme** vor (negatives Wachstum).

Der Wachstumsfaktor lässt sich als Quotient aus neuem Wert und altem Wert berechnen:

Wachstumsfaktor = neuer Wert : alter Wert

Projekt

Zinsrechnung mit Tabellenkalkulation

Girokonto | Sparen | Wertpapiere | Baufinanzierung | Kredite | Altersvorsorge | Kundenser

> Festgeld
> Zinswachstum
> Sparbrief
Konditionen
Beispielrechnung
Rechner
Konto eröffnen
Kundenservice
> VL-Sparen

Mit dem Sparbrief gehen Sie auf Nummer sicher. Dank Festzins-Garantie und individueller Laufzeit können Sie heute schon Ihre gesicherte Zukunft planen!

Laufzeit in Jahren	Garantierter Zinssatz[1] für die gesamte Laufzeit
1 Jahr	1,75 % p.a.
2 Jahre	2,25 % p.a.
3 Jahre	2,50 % p.a.
4 Jahre	2,75 % p.a.
5 Jahre	3,00 % p.a.

Ihre Vorteile:
- Hohe Garantiezinsen von bis zu 3,00 %[1] p. a.
- Laufzeit von 1 bis 5 Jahren frei wählbar
- Ab 2.500 Euro Anlagesumme
- Keine Maximalbeträge
- Kostenlose Kontoführung
- Zinseszinseffekt durch jährliche Zinsgutschrift

Angebote für Sparbriefe gibt es bei allen Banken. In der Regel ist es so, dass der Zinssatz umso höher ist, je länger das Geld angelegt wird. Die jährlichen Zinsen werden zum eingezahlten Startguthaben (Anlagesumme) addiert und in den Folgejahren mitverzinst, sodass es zum so genannten „Zinseszinseffekt" kommt.
Du hast in diesem Kapitel bereits gelernt, wie du mithilfe des Wachstumsfaktors das Guthaben nach einem Jahr schnell bestimmen kannst. Wenn du auf dieses Guthaben wieder den Wachstumsfaktor anwendest, kannst du schrittweise das Guthaben nach 10, 20 oder noch mehr Jahren ermitteln. Das ist aber sehr mühsam. Hier lernst du zwei Methoden kennen, mit denen das viel schneller geht.

Tabellenkalkulation

Tipp
Noch mehr über Formeln in einer Tabellenkalkulation lernst du auf den Seiten 170–171.

Mit einer Tabellenkalkulation lässt sich die Entwicklung des Guthabens übersichtlich darstellen. Hier siehst du ein Beispiel für ein Startguthaben von 2500 € und einer jährlichen Verzinsung von 3 %. Spalte A zeigt die Jahre, Spalte B das jeweilige Guthaben am Jahresanfang und Spalte C das Guthaben am Jahresende.
Lege eine solche Tabelle auf deinem Rechner an. So füllst du die Felder:
Im **Feld A3** schreibst du **1** für das 1. Jahr. Im Feld **B3** trägst du das Startguthaben ein. Im Feld **C3** gibst du die Formel **=B3*1,03** ein. Diese Formel kennst du bereits aus Berechnungen mit dem Wachstumsfaktor. Im Feld **B4** musst du noch als Formel **=C3** als Startkapital für das zweite Jahr eintragen.
Nun kannst du **Spalten automatisch füllen.**
Für Spalte A markiere die Zelle A3 und ziehe mit der Maus am Ankerpunkt nach unten: In den folgenden Zeilen erscheinen die Zahlen 2, 3, usw. (Manchmal musst du beim Ziehen noch die Strg-Taste drücken.) Probiere es aus! Mit der Zelle B4 füllst du ebenso die Spalte B, mit der Zelle C3 die Spalte C.
Auf diese Weise kannst du die Entwicklung des Guthabens für beliebig viele Jahre ganz einfach verfolgen.

C3 fx =B3*1,03

	A	B	C
1	**Kapitalentwicklung bei Ausnutzung des Zinseszinses**		
2	Jahr	Guthaben am Jahresanfang	Guthaben am Jahresende bei 3% Zinsen
3	1	2.500,00 €	2.575,00 €
4	2	2.575,00 €	2.652,25 €
5	3	2.652,25 €	2.731,82 €
6	4	2.731,82 €	2.813,77 €
7	5	2.813,77 €	2.898,19 €
8	6	2.898,19 €	2.985,13 €
9	7	2.985,13 €	3.074,68 €
10	8	3.074,68 €	3.166,93 €
11			
12			
13			
14			
15			

Zinseszinsformel

Info
Dies sind *vereinfachte Berechnungen* für die Jahreszinsen. Die Banken verwenden komplexere Modelle und sprechen dann von *effektivem Jahreszins*.

Das automatische Füllen der Zellen in der Tabellenkalkulation zeigt bereits: Das Programm macht immer wieder dasselbe. Diese Beobachtung kannst du auch für das Rechnen ohne eine Tabellenkalkulation nutzen.

Guthaben am Ende des 1. Jahres: 2500 € · 1,03 = 2575 €

Guthaben am Ende des 2. Jahres: 2575 € · 1,03 = 2652,25 €

Guthaben am Ende des 3. Jahres: 2652,25 € · 1,03 = 2731,82 €

Diese Berechnung für drei Jahre kann man folgendermaßen vereinfachen:

$$\{[\underbrace{\underbrace{\underbrace{(2500\,€ \cdot 1{,}03)}_{2575\,€} \cdot 1{,}03]}_{2652{,}25\,€} \cdot 1{,}03\}}_{2731{,}82\,€} = 2500\,€ \cdot 1{,}03^3 = 2731{,}82\,€$$

Ebenso erhältst du das Guthaben nach 4, 5, …, n Jahren, indem du das Startguthaben (2500 €) mit der 4., 5., …, n-ten Potenz des Wachstumsfaktors (1,03) multiplizierst. Für n kannst du dabei jede natürliche Zahl einsetzen. Allgemein gilt:

Zinseszinsformel:
Endguthaben nach n Jahren = Startguthaben · Wachstumsfaktor^n

Aufgaben

Tipp
Mit einem Taschenrechner kannst du die Potenzen leicht berechnen. Die dafür benötigte Taste ist meistens mit y^x oder x^y bezeichnet.

1 Nutze eine Tabellenkalkulation oder die Zinseszinsformel.
a) Berechne für alle Sparbrief-Angebote der links abgebildeten Internetseite den Betrag, den man am Ende der jeweiligen Laufzeit ausgezahlt bekommt, wenn man zu Beginn die Mindestanlagesumme von 2500 € einzahlt.
b) Ermittle den Auszahlungsbetrag auch für Anlagebeträge von 5000 €, 10 000 € und 100 000 €.

2 Nimm an, dass die Zinsen in dem Angebot der Spar-Bank für fünf Jahre jährlich ausgezahlt statt mitverzinst werden. Wie viel Zinsen würde man dann in den fünf Jahren insgesamt erhalten?
Vergleiche diesen Betrag mit den Zinsen, die man unter Ausnutzung des Zinseszinseffektes erhält. Diskutiert in der Klasse die Vor- und Nachteile beider Varianten.

3 Ermittle, wie lange die Laufzeit sein müsste, bis sich das Startguthaben von 2500 € bei einem Zinssatz von 3 % verdoppelt hat. Ermittle entsprechende Laufzeiten auch für andere Anlagebeträge. Stelle eine allgemeine Vermutung auf.

4 Die Zinseszinsformel lässt sich auch auf andere Bereiche übertragen. Versuche, folgende Aufgabe zu lösen:
In Indien lebten im Jahr 2010 rund 1,2 Milliarden Menschen. Die Bevölkerung wächst zurzeit jährlich um 1,4 %. Bestimme die Bevölkerungszahl Indiens im Jahr 2020, vorausgesetzt dass die Wachstumsrate konstant bleibt.

10 Die Beschäftigten der Firma Nelsen bekommen eine Gehaltserhöhung von 1,4 %.

Name	bisheriges Gehalt	neues Gehalt
Frau Alt	2800 €	2839,2
Herr Birnbaum	2740 €	2778,36
Herr Corn	1525 €	1546,35
Frau Dringlich	2222 €	2253,108
Frau Ernst	2595	2631,33 €
Frau Frank		2600 €

Name	bisheriges Gehalt	neues Gehalt
Herr Grobe	3650 €	3701,10 €
Herr Hildebrand	4101,63 €	4045 €
Frau Igelig	3076,32 €	3120 €

a) Übertrage die linke Tabelle ins Heft und berechne die fehlenden Beträge möglichst geschickt.
b) Prüfe, ob die Angaben der rechten Tabelle stimmen können.
Welcher Fehler wurde gegebenenfalls gemacht?

11 Schreibtischstuhl
a) Der Büroausstatter „Office Partner" bietet in seinem Katalog einen Schreibtischstuhl für 250 € zuzüglich 19 % Mehrwertsteuer an. Als Stammkunde erhält Herr Huber 3 % Rabatt auf alle Bestellungen.
Wie viel zahlt Herr Huber für den Stuhl?
b) Ein anderer Anbieter hat höherwertige, teurere Stühle im Angebot. Herr Huber möchte aber nicht mehr als 290 € ausgeben. Er weiß, dass man bei diesem Geschäft bei Barzahlung einen Preisnachlass von 7% heraushandeln kann.
Welcher Preis (inkl. Mehrwertsteuer) kann für den Stuhl angegeben sein, damit Herr Huber doch noch zugreift?

12 Eine Veränderung um einen bestimmten Prozentsatz ist in der Regel etwas anderes als eine Veränderung auf einen bestimmten Prozentsatz. Es gibt aber genau einen Prozentsatz, bei dem die Veränderung um und die Veränderung auf diesen Prozentsatz dasselbe ist.

Info
Auf den Seiten 84 und 85 findest du ähnliche Aufgaben.

13 Rechne auf möglichst schnellem Weg.

a) Mattis hat zu Beginn des Jahres 400 € zu einem Zinssatz von 3,45 % für ein Jahr angelegt. Berechne sein Guthaben am Ende des Jahres.
b) Farina hat ihrer Freundin vor einem Jahr 70 Cent geliehen und möchte nun 1 € von ihr zurück. Hältst du den Zinssatz für angemessen?
c) Nachdem Jonas sein Geld ein Jahr lang bei einer Bank zu einem Zinssatz von 2,8 % angelegt hatte, betrug sein Guthaben 873,80 €. Welchen Betrag hatte er vor einem Jahr eingezahlt?
d) Überlege dir selbst drei Aufgaben zur Zinsrechnung, löse sie und stelle sie deiner Nachbarin oder deinem Nachbarn.
Werden deine Aufgaben fehlerfrei gelöst? Sucht nach der Ursache von Fehlern, falls welche aufgetreten sind.

14 Wahlkampf lohnt sich
Ergibt sich für die Parteien durch den Wahlkampf tatsächlich eine Rendite von 237 Prozent? Erläutere dies in einem Leserbrief an die Zeitung.

> **Wahlkampf lohnt sich – auch finanziell**
>
> *Wie die politischen Parteien von der Europawahl profitieren.* Die Europawahl bringt den Parteien Gewinne, von denen Spekulanten nur träumen können: 29,3 Millionen Euro wurden insgesamt für den Wahlkampf ausgegeben, 69,5 Millionen Euro erhalten die Parteien dafür in den nächsten fünf Jahren vom deutschen Steuerzahler „erstattet". Eine Rendite von 237 Prozent.

15 Stefans neues Fahrrad hätte ursprünglich 419 € gekostet. Als guter Kunde des Fahrradgeschäfts zahlt er dort 5 % weniger. In einer Aktionswoche bekommt Stefan weitere 7 % Rabatt. Zudem erhält er 3 % Skonto, wenn er das Rad sofort in bar bezahlt. Wie viel muss Stefan noch zahlen?

16 In einem Spielwarengeschäft wurde der Preis für ein gut verkäufliches Computerspiel mehrmals erhöht: erst um 10 %, anschließend um 5 % und schließlich um weitere 2 %. Es kostet jetzt 39,50 €. Wie teuer war es vor den Preiserhöhungen?

17 Familie Jung hat im Reisebüro „Urlaubsträume" einen Pauschalurlaub in der Türkei gebucht. Die Reise kostet für alle Familienmitglieder zusammen 1785 €. Da sie in der Hauptsaison unterwegs sein werden, müssen sie noch einen Aufpreis von 18 % zahlen. Herr Jung hat sich aber bereits im Winter um den Urlaub gekümmert und sie erhalten daher einen Frühbucherrabatt von 12 %. Herr Jung, sein Sohn und der Reisebüroleiter haben allerdings unterschiedliche Vorstellungen, wie der endgültige Reisepreis berechnet wird. Schreibe als Rechnungen und überprüfe!

a) Herr Jung: „Zuerst 12 % Rabatt, dann 18 % Aufschlag"
b) Sohn: „6 % Aufschlag insgesamt"
c) Reisebüroleiter: „Zunächst 18 % Aufschlag, dann erst der Rabatt"

Trainieren | Anwenden | **Vernetzen**

Info
Wenn der Stimmenanteil einer Partei in einem Jahr 17 % und im folgenden Jahr 19 % betrug, so ist das eine Erhöhung um 2 **Prozentpunkte** – nicht jedoch um 2 %.

18 Über die Bürgermeisterwahl in einer kleinen Stadt in den Jahren 2010 und 2015, bei der nur die Kandidatin Lenz und der Kandidat Winter zur Wahl standen, sind die nebenstehenden Daten bekannt.
Formuliere dazu mindestens fünf Schlagzeilen für die Zeitung und fertige mindestens zwei geeignete Diagramme an. Verwende dabei auch die Begriffe „Wahlbeteiligung", „Prozentpunkte", und „Nichtwähler". (Die Differenz zweier Prozentangaben gibt man in „Prozentpunkten" an.)

	Wahl 2010	Wahl 2015
Einwohnerzahl der Stadt	5250	5400
Wahlberechtigte	4320	4400
Stimmen für Kandidatin Lenz	2092	1520
Stimmen für Kandidat Winter	1580	1560

19 Jemand behauptet: „Nach der Erhöhung der Mehrwertsteuer zum 1. 1. 2007 von 16 % auf 19 % kostet eine Ware 3 % mehr."

20 Im letzten Jahr waren 30 % der Schülerinnen einer Schule Mitglied in einem Sportverein. In diesem Jahr sind es 33 %. „Immerhin eine Zunahme um 3 %", freut sich Laura. „Du irrst dich. Der Anteil ist sogar um 10 % größer geworden!", meint dagegen Irina. Wer hat Recht?

21 Zwei Banken machen Angebote für kurzfristige Geldanlagen:
Die EUR-Bank bietet 2,5 % Zinsen pro Jahr.
Die XXL-Bank bietet 2,75 % Zinsen pro Jahr und verlangt eine einmalige Kontoeinrichtungsgebühr von 10 Euro.
a) Frau Schlotter möchte 15 000 Euro für 1 Jahr anlegen. Berate sie.
b) Welche Bank macht das bessere Angebot, wenn jemand sein Geld für ein Jahr anlegen möchte?

22 Die Seiten eines Quadrates mit Seitenlänge 5 cm werden um 20 % vergrößert.
a) Um wie viel Prozent ändert sich der Flächeninhalt?
b) Löse die Aufgabe a) für ein Quadrat der Seitenlänge 10 cm. Was fällt dir auf?

23 Gegeben ist ein Rechteck der Länge l und der Breite b. Das Rechteck soll immer wieder so vergrößert werden, dass pro Wiederholung jede Seite um 10 % vergrößert wird.
a) Um wie viel Prozent ist der Flächeninhalt nach drei Vergrößerungen gewachsen?
b) Notiere einen Term für den Flächeninhalt des Rechtecks nach n Vergrößerungen.
c) Nach wie vielen Wiederholungen hat sich der Flächeninhalt mindestens verdoppelt?

24 Je länger ein Pkw-Halter unfallfrei fährt, desto geringer wird (in gewissen Grenzen) sein zu zahlender Versicherungsbeitrag. Dieser berechnet sich nach der Schadenfreiheitsklasse (SF), der ein bestimmter Beitragssatz zugeordnet wird.

Auto-Haftpflicht PLUS komplett mit Schutzbrief
unbegrenzte Deckungssumme; bei Personenschäden Versicherungssumme 7 Mio. € je geschädigte Person

	bisher	neu
Regionalklasse	B1B	B1B
Typklasse	13	13
Schadenfreiheitsklasse	17	18
Beitragsatz in %	35	30
Versicherungsbeitrag in €	126,29	108,25

Neuer Versicherungsbeitrag: 108,25 €

a) Berechne den Versicherungsbeitrag, der beim vollen Beitragssatz (100 %) zu zahlen wäre.
b) Fahranfänger zahlen im 1. Jahr einen Beitragssatz von 230 %. Wie viel wäre dann zu zahlen?
c) Herr Kindermann freut sich: „Der neue Beitrag ist um 5 % geringer als der alte."
d) Nach einem von ihm verschuldeten Unfall wird Herr Kindermann aus SF 18 nach SF 17 hochgestuft. Eine Sachbearbeiterin beruhigt ihn:
„Der Schaden war ja recht groß. Da können Sie als Kunde froh sein, dass Sie demnächst nur 5 % mehr zahlen müssen." Hat sie Recht? Was hat sie gemeint?

Check up

Was kannst du? Was musst du noch üben?
Mit diesen Aufgaben kannst du deinen Lernfortschritt überprüfen.
Lösungen findest du im Anhang.

1 Prozente im Alltag
a) Der Preis einer Hose, die bisher 48 € kostete, wird auf 75 % gesenkt. Berechne den neuen Preis.
b) Carolin erinnert sich: Im vergangenen Jahr betrug die Schneehöhe am 1. Weihnachtsfeiertag 36 cm. In der Nacht zum 2. Weihnachtsfeiertag fielen 21 cm Neuschnee. Berechne die prozentuale Zunahme.
c) 90 % des Kollegiums einer Schule mussten während der vergangenen Ferien Klassenarbeiten korrigieren. Dies entspricht einem Anteil von 72 Lehrerinnen und Lehrern. Wie viele Lehrkräfte unterrichten an dieser Schule?

2 Berechne im Kopf.
a) 12 % von 200 € b) 10 % von 1,45 kg c) 75 % von 120 m d) 6 % von 60 s

3 Berechne den Prozentsatz p % im Kopf.
a) 22 € von 88 € b) 33 m von 990 m c) 8 kg von 64 kg d) 15 s von 60 s

4 Gib den Wachstumsfaktor an bei einer
a) Zunahme um 13 %;
b) Abnahme um 35 %;
c) Zunahme um 4 %;
d) Abnahme um 50 %;
e) Zunahme um 100 %;
f) Abnahme um 0,2 %;
g) Abnahme auf 3 %;
h) Zunahme auf 112,7 %.

5 Prozente im Alltag
a) Der Preis eines DVD-Rekorders, der bisher 185 € kostete, wird um 20 % gesenkt. Berechne den neuen Preis.
b) Eine Zimmerpflanze ist innerhalb eines Jahres von 0,85 m auf 1,19 m gewachsen. Berechne die prozentuale Zunahme.

6 Zuschauerzahlen
a) Zeige: Der im Text über die Kölner Haie genannte Prozentsatz ist falsch.
b) Was meinst du: Wie ist der Fehler entstanden?

Haie schwimmen dank der Kölnarena im Geld

Die Kölner Haie und die Kölnarena – am Anfang war das eine Flirtline, dann eine Love-Story, längst ist es eine Musterehe. Vor gut einem halben Jahr ging der siebenmalige Deutsche Eishockey-Meister mit den Betreibern der futuristischen Veranstaltungshalle eine fruchtbare Verbindung ein. 335 585 Besucher sahen die 26 Heimspiele in der Vorrunde, 12 907 Fans im Schnitt. In der vergangenen Saison lag der Schnitt im alten Eisstadion bei 5812 Zuschauern. Eine gewaltige Steigerung um 45 Prozent.

7 Karl und Willi haben ihre Körpergrößen gemessen. Karl rechnet aus: „Ich bin 20 % größer als du." „Dann bin ich 20 % kleiner als du, Karl." folgert Willi.
Nimm Stellung.

Auf einen Blick

Zur Erinnerung

$1\,\% = \frac{1}{100} = 0{,}01$

$p\,\% = \frac{p}{100}$

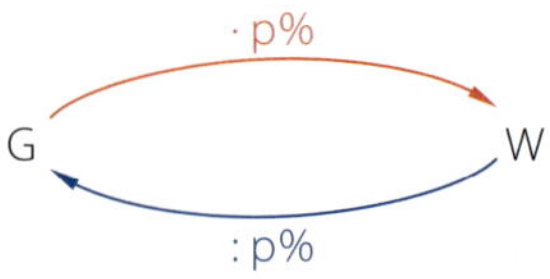

Prozentrechnung

Bei einer Rechnung wie „45 % von 80 € sind 36 €“ oder „45 % · 80 € = 36 €“ sind
- 80 € der Grundwert (G), er entspricht immer 100 %
- 45 % der Prozentsatz (p %) oder der Anteil,
- 36 € der Prozentwert (W), welcher dem Anteil p % entspricht.

Prozentwert

Berechne 14 % von 600 €.

Formel:

$$W = p\,\% \cdot G = \frac{14}{100} \cdot 600\,€ = 84\,€$$

Dreisatz

: 100	100 %	600 €	: 100
· 14	1 %	6 €	· 14
	14 %	84 €	

Prozentsatz

Wie viel Prozent sind 51 m von 60 m?

Formel:

$$p\,\% = \frac{W}{G} = \frac{51}{60} = 0{,}85 = 85\,\%$$

Dreisatz

: 20	60 m	100 %	: 20
· 17	3 m	5 %	· 17
	51 m	85 %	

Grundwert

Von wie vielen Sekunden sind 12 Sekunden 40 %?

Formel:

$$G = \frac{W}{p\,\%} = \frac{12\,s}{0{,}40} = 30\,s$$

Dreisatz

: 4	12 s	40 %	: 4
· 10	3 s	10 %	· 10
	30 s	100 %	

Zinsrechnung	Prozentrechnung
Zinssatz (p %)	Prozentsatz (p %)
Kapital (K)	Grundwert (G)
Jahreszinsen (Z)	Prozentwert (W)

Zinsrechnung

Die Zinsrechnung ist ein Sonderfall der Prozentrechnung. Ihre Grundbegriffe sind: **Zinssatz** (p %), **Kapital** (K) und **Jahreszinsen** (Z).

Wie hoch sind die Jahrszinsen, wenn man 300 € zu 2,5 % anlegt?

$Z = p\,\% \cdot K = 0{,}025 \cdot 300\,€ = 7{,}5\,€$

Wachstumsfaktor

Der **Wachstumsfaktor** gibt an, **auf wie viel Prozent des alten Wertes** sich dieser vergrößert bzw. verringert hat. Es gilt

neuer Wert = alter Wert · Wachstumsfaktor

Zur Erinnerung

Negatives Wachstum bedeutet eine Abnahme des alten Wertes.

Ist der Wachstumsfaktor
- **größer als 1**, dann liegt eine **Zunahme** vor (positives Wachstum),
- **kleiner als 1**, dann liegt eine **Abnahme** vor (negatives Wachstum).

Einer Zunahme um 42 % (also auf 142 %) entspricht der Wachstumsfaktor 1,42.
Einer Abnahme um 42 % (also auf 58 %) entspricht der Wachstumsfaktor 0,58.

Kapitel 4

Geometrische Abbildungen

Beim Einpassen der dreieckigen Scheibe in das Kirchenfenster müssen Längenangaben und Winkelgrößen eingehalten werden. In diesem Kapitel lernst du Regeln kennen, die helfen, geometrische Formen genauer zu beschreiben und zu vergleichen. Dabei werden vor allem Dreiecke betrachtet, denn alle anderen geradlinig begrenzten Figuren lassen sich in Dreiecke zerlegen.

Projekt

Flächen mit geometrischen Formen füllen

In Moscheen ist es nicht üblich, Menschen darzustellen. Zum Schmücken der Moscheen werden daher geometrische Muster verwendet.
In Mosaikböden finden sich vielfältige Muster. Zur Restaurierung beschädigter Böden ist geometrisches Formenverständnis erforderlich. In der entsprechenden Theorie geht es auch darum, ob man mit einer Form, also mit einem Quadrat, einem Dreieck, einem Achteck, eine lückenlose Pflasterung, eine sogenannte Parkettierung, herstellen kann.

Aufgaben

1 Versuche, das Muster aus einem einfachen Quadratmuster zu erzeugen, indem du Teile aus Gegenseiten der Quadrate herausschneidest und diese Teile an den anderen Seiten der Ausgangsquadrate anfügst.

Info
Eine Ebene heißt „parkettiert", wenn sie lückenlos mit Fliesen ausgefüllt ist.

2 Begründe, dass die Ebene mit Fliesen in Form regelmäßiger Sechsecke parkettiert werden kann, nicht dagegen nur mit regulären Achtecken.

In der modernen Kunst finden sich Bilder zu Themen aus der Geometrie.

3 Versuche, die Bilder mithilfe einer dynamischen Geometrie-Software nachzuzeichnen. Das rechte Bild stammt von dem ungarischen Künstler László Moholy-Nagy. Plane zuerst, wie du einzelne Bestandteile der Zeichnung aus anderen erzeugen kannst (z. B. mit Drehung oder Achsenspiegelung).
Entwirf auch eigene Kunstwerke.

4.1 Kongruente Figuren untersuchen

Aufträge

Die Welt des M. C. Escher

Maurits Cornelis Escher (niederländischer Grafiker und Maler, 1898–1972) wurde unter anderem mit Bildern berühmt, in denen gleiche Objekte eine Fläche komplett abdecken. Beschreibe das Bild.

Vergleiche die Frösche. Pause einen Frosch auf Transparentpapier ab und versuche, andere Frösche damit abzudecken. Gelingt das immer?

Überlege, welche geometrischen Abbildungen einen grünen Frosch auf einen benachbarten blauen Frosch abbilden.

***Alternative:* Eine Figur wandert**

Untersuche die Figuren auf Gemeinsamkeiten und Unterschiede.

Gibt es Figuren, die zueinander punkt- oder achsensymmetrisch sind?

Übertrage die Zeichnung vergrößert auf ein kariertes Blatt und schneide die Figuren aus.

Welche Figuren kannst du so umlegen, dass sie zueinander dreh- oder achsensymmetrisch sind?

Wie erkennst du, dass Figuren nicht zueinander passen?

Versuche, das Bild mit dynamischer Geometrie-Software zu erstellen, indem du einige Figuren nur durch Abbilden-Befehle erzeugst.

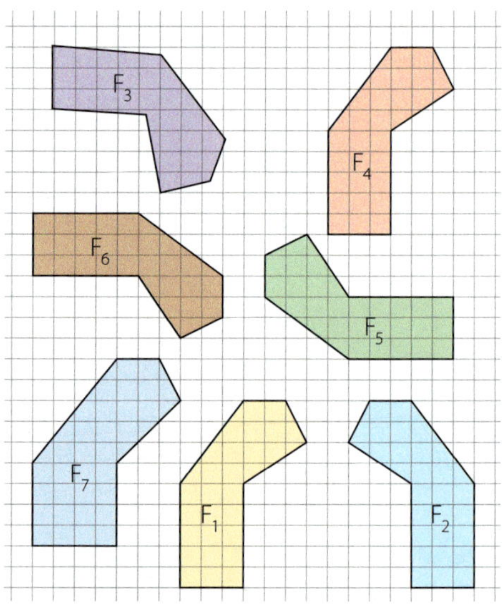

Wissen

Kongruenz

Info
congruere (lat.): übereinstimmen

Zwei Figuren F_1 und F_2, die zur Deckung gebracht werden können, werden als **deckungsgleich** oder **kongruent** bezeichnet. Kurzschreibweise: $F_1 \cong F_2$

Wenn zwei geradlinig begrenzte Figuren zur Deckung gebracht werden können, dann stimmen die sich deckenden Seiten und Winkel in ihren Maßen überein. Das gilt aber auch umgekehrt.

Stimmen zwei geradlinig begrenzte Figuren in den Längen gleichliegender Strecken und den Größen gleichliegender Winkel überein, so sind sie kongruent.
Umgekehrt gilt: Sind zwei geradlinig begrenzte Figuren kongruent, so stimmen sie in den Längen gleichliegender Strecken und den Größen gleichliegender Winkel überein.

Sobald die Länge einer Seite oder die Größe eines Winkels einer Figur bei einer anderen Figur nicht auftritt, so sind die Figuren **nicht kongruent**.

Beispiel 1: Überprüfen der Kongruenz durch Messen

▶

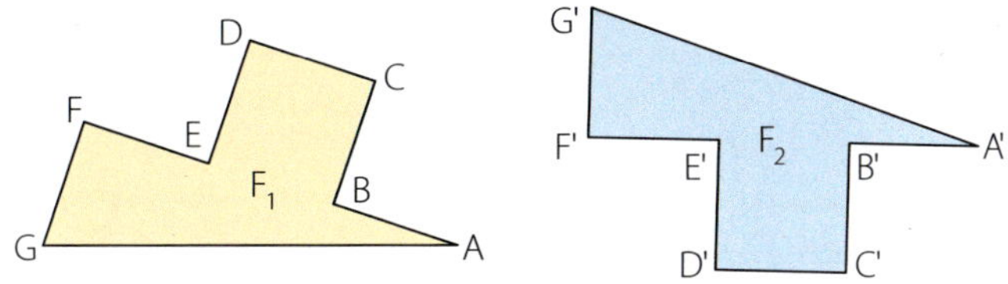

Beim Nachmessen aller Winkel und Strecken stellst du fest: $\sphericalangle BAG = \sphericalangle G'A'B'$.
Bei kongruenten Figuren stellst du beim Nachmessen aller Seiten und Winkel fest: $\sphericalangle AGF = \sphericalangle F'G'A'$, $\sphericalangle GFE = \sphericalangle E'F'G'$, …, $|\overline{AG}| = |\overline{A'G'}|$, $|\overline{FG}| = |\overline{F'G'}|$, $|\overline{AB}| = |\overline{A'B'}|$.

Beispiel 2: Widerlegen von Kongruenz

▶ Durch genaues Nachmessen kannst du herausfinden, dass die Länge der Seite $\overline{AB}$ des Dreiecks ABC nicht als Seitenlänge im Dreieck A'B'C' auftritt. Entsprechend kannst du mit den Winkelgrößen argumentieren: Die Winkelgröße 45° tritt nur in einem Dreieck auf. Also sind die Dreiecke ABC und A'B'C' nicht kongruent zueinander. Kurzschreibweise: $\triangle ABC \not\equiv \triangle A'B'C$

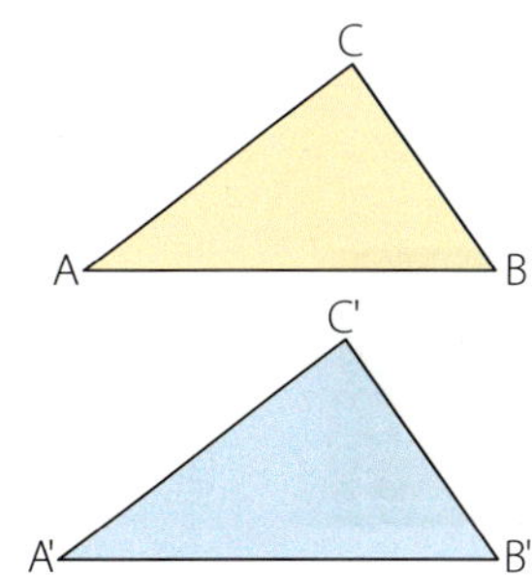

Beispiel 3: Kongruenz und Symmetrie

▶ Das rechte blaue Zwölfeck ist durch Achsenspiegelung aus dem linken entstanden. Somit sind die Figuren kongruent zueinander.

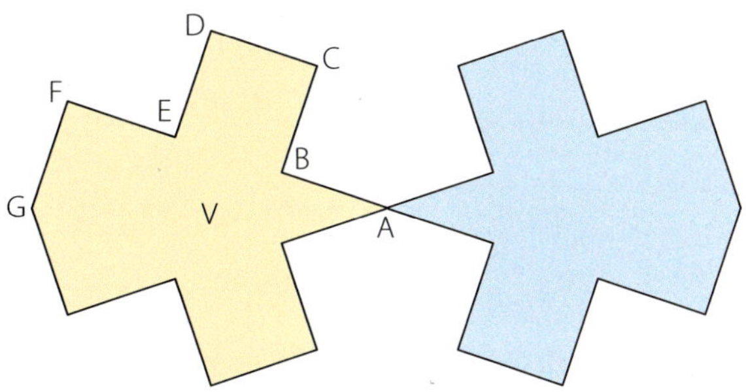

Eine achsen- oder punktsymmetrische Figur besteht aus zwei zueinander kongruenten Teilen. Achsenspiegelungen, Punktspiegelungen, Drehungen und Verschiebungen bilden Strecken auf gleich lange Strecken und Winkel auf gleichgroße Winkel ab. Daher sind Figuren zueinander kongruent, wenn sie durch diese Abbildungen auseinander hervorgehen.

Info
Aufgrund der geschickten Wahl der Maße kann die Ebene mittels Punkt- und Achsenspiegelungen mit diesen Zwölfecken parkettiert (lückenlos ausgefüllt) werden.

Ein Parkett von Fritz Eicher

Aufgaben

Trainieren | Anwenden | Vernetzen

1 Welche der Gesichter links sind zueinander kongruent?

2 Überprüfe in jeder Teilaufgabe, ob die beiden Figuren kongruent sind.

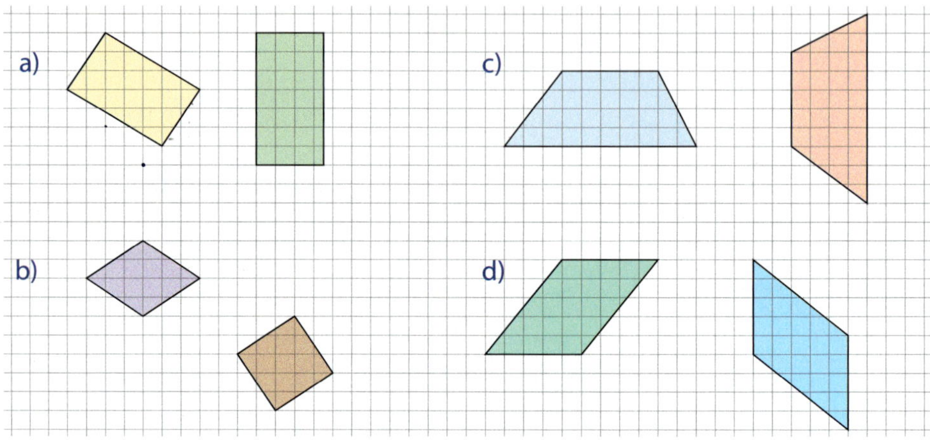

3 Suche alle Fünfecke, die zu Fünfeck F_1 kongruent sind.

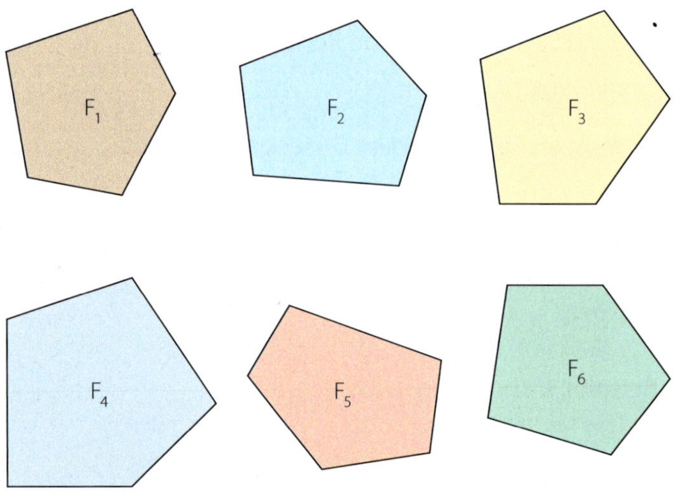

4 Welche Bedingung muss erfüllt sein, damit zwei Kreise (zwei Quadrate, zwei Strecken) zueinander kongruent sind?

5 Zeichne ein Quadrat. Zerlege es in zwei (drei, vier, sechs, acht) zueinander kongruente Teilflächen.
Löse die Aufgabe auch für ein Rechteck und für einen Kreis.

6 The following flight numbers are offered: **80088, 88088, 80880, 88008, 88080, 60909, 90906, 60609, 90609, 90606, 90806, 60809, 608889, 908886, 988806**.

a) Find pairs of congruent flight numbers

b) Build other pairs of congruent numbers.

7 Wie viele unterschiedliche Glasformen enthält die Rosette? Beschreibe sie.

8 Aus acht gleich großen gleichschenklig-rechtwinkligen Dreiecken sollen alle unterschiedlichen Muster von Quadratmosaiken zusammengestellt werden. Zwei davon siehst du in Abb. 1. Von den Dreiecken werden nun vier rot und vier blau gefärbt (Abb. 2). Es können Fliesen mit unterschiedlichen Symmetrieeigenschaften entstehen. Gib Beispiele für punktsymmetrische und achsensymmetrische Fliesenmuster an.

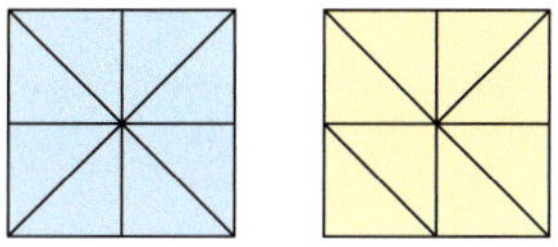
Abb. 1

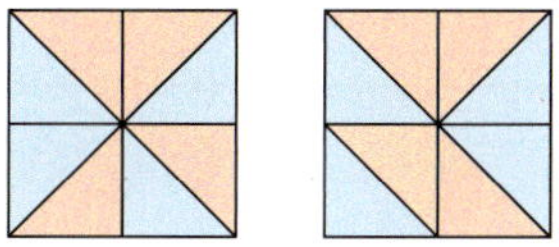
Abb. 2

9 Die Fassaden der Fachwerkhäuser enthalten zueinander kongruente Figuren. Beschreibe sie. Wie viele unterschiedliche Typen treten jeweils auf?

a)

b)

Noch fit?

I Ein System von Solarzellen hat eine Fläche von 450 m². Das System erzeugt eine Leistung von 180 kW (Kilowatt). Welche Fläche muss ein Solarzellensystem haben, wenn eine Leistung von 100 kW erreicht werden soll?

II Ein Wasserbecken wird durch 4 Pumpen in 9 Stunden geleert. Zu Beginn der Arbeit fällt eine Pumpe aus.

III Livius und Lucy spielen Mühle. Nach 5 Minuten hat Livius von seinen ursprünglich 9 Spielsteinen nur noch 6 Spielsteine. Wie sieht die Situation nach 10 Minuten aus?

Trainieren **Anwenden** Vernetzen

10 Sind die beiden Figuren auf nebenstehendem Bild (Vasarély 1944) zueinander kongruent? Wie gehst du zum Überprüfen vor?

11 Formuliere die folgende Frage mathematisch unter Nutzung des Begriffs „kongruent" und beantworte sie.
Zu welchem Schlüsselloch passt der Schlüssel?

12 Unter welchen Bedingungen sind zwei Vierecke derselben Art kongruent? Erläutere, welche Seiten oder Winkel du dafür mindestens messen musst.

a) zwei Quadrate
b) zwei Rechtecke
c) zwei Parallelogramme
d) zwei Rauten

13 In einem Kaufhaus werden an einem Wühltisch Sneaker zu einem Sonderpreis angeboten. Sofie hat einen linken Schuh in ihrer Größe gefunden. Nun sucht sie den zugehörigen rechten Schuh. Zum Vergleich legt sie zwei Schuhe mit den Sohlen aufeinander.
Sucht Sofie also Schuhe mit kongruenten Sohlen?

14 Überprüfe die nachfolgenden Aussagen über ebene Figuren. Gib bei falschen Aussagen ein Gegenbeispiel an.
Begründe richtige Aussagen.

a) Zueinander kongruente Figuren haben gleichen Umfang und gleichen Flächeninhalt.
b) Zueinander kongruente Figuren sind entweder zueinander achsen- oder zueinander punktsymmetrisch.
c) Rauten mit gleichem Umfang sind kongruent.
d) Zwei gleichschenklige Trapeze mit gleichlangen Schenkeln sind zueinander kongruent.

Trainieren | Anwenden | **Vernetzen**

15 Würfelnetze

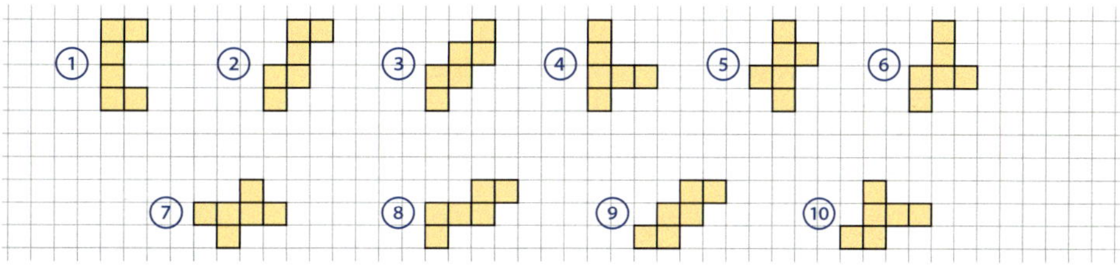

a) Überprüfe, ob Würfelnetze vorliegen.
b) Welche der abgebildeten Netze sind zueinander kongruent?
c) Zwei Würfelnetze gelten als verschieden, wenn sie nicht zueinander kongruent sind. Zeichne alle verschiedenen Würfelnetze.

16 Die Idee der Kongruenz (gleiche Form und gleiche Maße) kannst du auch auf Körper übertragen. Finde Bedingungen, die sichern, dass
a) zwei Würfel, c) zwei Quader, e) zwei Pyramiden
b) zwei Kugeln, d) zwei Zylinder,
zueinander kongruent sind.

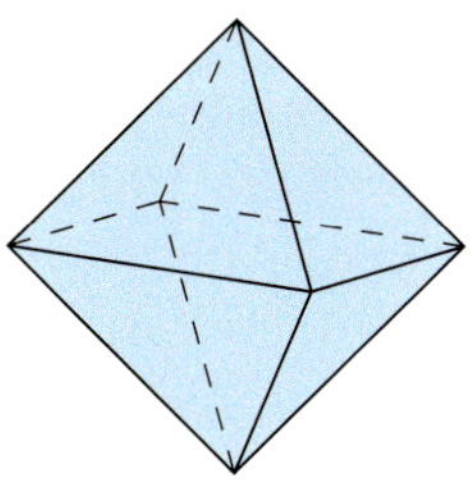

17 Ein Oktaeder ist ein Körper, der von acht gleichseitigen Dreiecken begrenzt wird.
a) Überprüfe, ob Oktaedernetze vorliegen.
b) Zeichne 11 verschiedene Oktaedernetze (d. h. je zwei sind nicht zueinander kongruent).
c) Welche Angaben benötigst du, um zwei Oktaeder als kongruent zu erkennen?

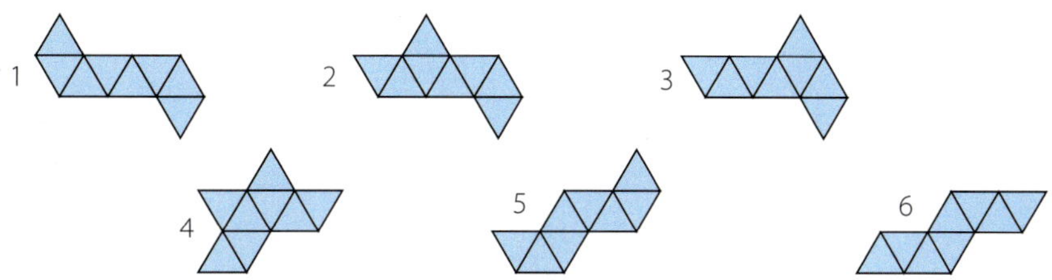

18 Zeichne die drei Figuren vergrößert in dein Heft und zerlege sie – sofern möglich – in 2, 3, 4, 5, 6, 8 kongruente Teilfiguren.

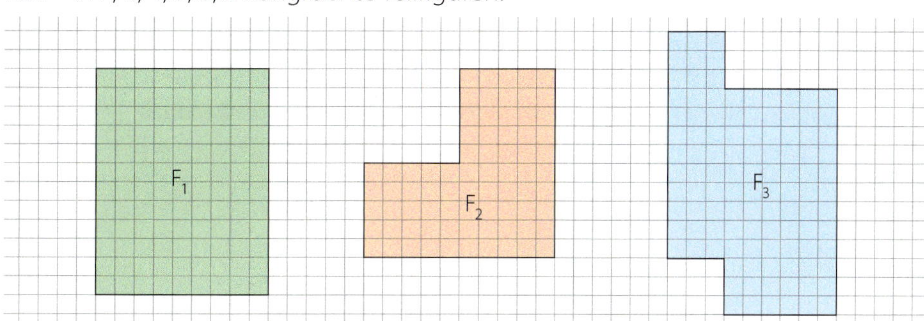

4.2 Grundkonstruktionen rund um die Achsenspiegelung

Aufträge

Tipp
Bei schlechtem Wetter kannst du dies auch in deinem Heft mit einem Zirkel und einem Lineal ausprobieren.

Konstruieren auf dem Schulhof

Mit Schnüren und Kreide lassen sich auf dem Schulhof viele Figuren konstruieren, ohne dabei zu messen. Wie lassen sich gerade Linien und Kreise zeichnen?

Probiert aus, wie ihr auf diese Weise,
- die Symmetrieachse zu zwei Punkten,
- den Mittelpunkt zu einer Strecke,
- eine Senkrechte zu einer Geraden,
- einen Winkel von 45°

konstruieren könnt.

Alternative: Arbeiten mit Dynamischer Geometriesoftware

Die beiden Zeichnungen wurden mit einer Dynamischen Geometriesoftware erstellt. Ausgehend von den blau gefärbten Elementen wurde Schritt für Schritt jeweils die rote Gerade konstruiert.
Um welche besonderen Linien handelt es sich bei den roten Geraden?
Gib an, wie der Reihe nach bei der Konstruktion vorgegangen wurde und begründe das Vorgehen. Zeichne dabei selbst nur mit Zirkel und Lineal.

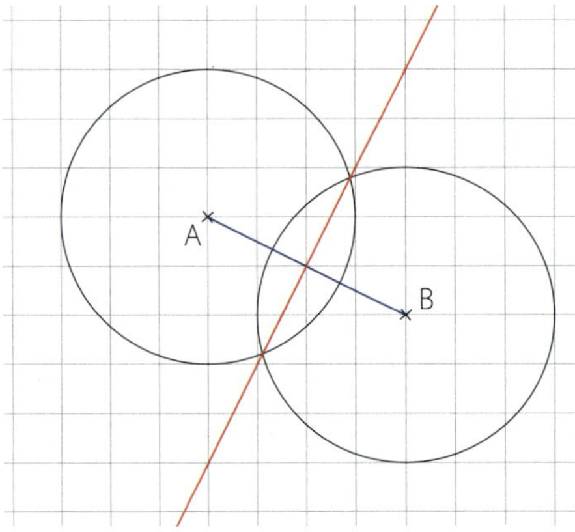

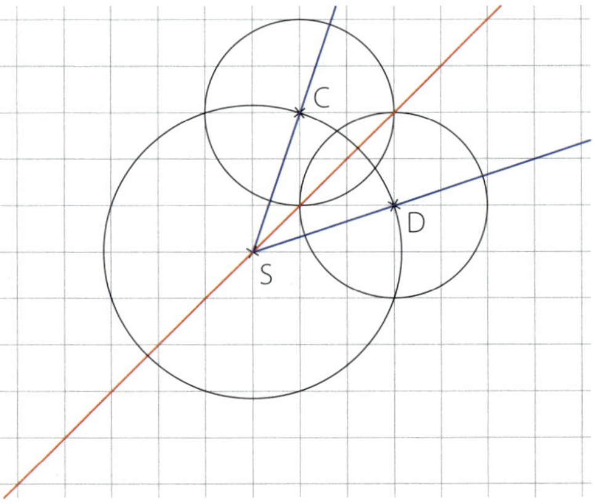

Alternative: Arbeiten mit Zirkel und Lineal

Konstruiere ein symmetrisches Drachenviereck, in dem ein Winkel 45° sowie zwei Winkel 90° betragen. Dazu darfst du nur den Zirkel und das Lineal verwenden. Messungen sind nicht erlaubt.
Gib an, wie du der Reihe nach bei den Konstruktionen vorgehst und begründe dein Vorgehen.

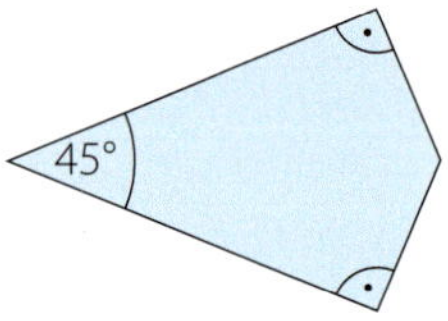

Wissen

Achsenspiegelung mit dem Geodreieck

Bisher wurden Achsenspiegelungen mit dem Geodreieck durchgeführt.

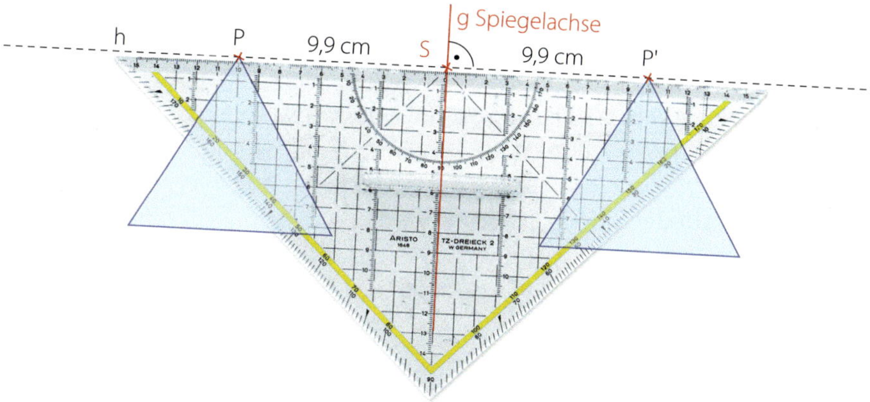

Achsenspiegelung mit dem Zirkel

Der Bildpunkt von A bei der Achsenspiegelung an der Geraden g lässt sich auch nur mit dem Zirkel konstruieren.

1. **Zeichne einen Kreis um den Punkt A, der die Gerade g in zwei Punkten (P und Q) schneidet.**
2. **Zeichne mit dem gleichen Radius jeweils um P und Q einen Kreis.**
3. **Diese beiden Kreise schneiden sich in A und dem Bildpunkt A'.**

Tipp

Wenn du beim Konstruieren mit Zirkel und Lineal den Radius der Kreise größer wählst, kannst du genauer zeichnen. Aber natürlich muss deine Zeichnung noch auf dein Blatt passen.

Häufig reicht es, wenn du statt der kompletten Kreise nur Kreisbögen zeichnest.

Eine solche Folge von Konstruktionsanweisungen wird als **Konstruktionsbeschreibung** bezeichnet.

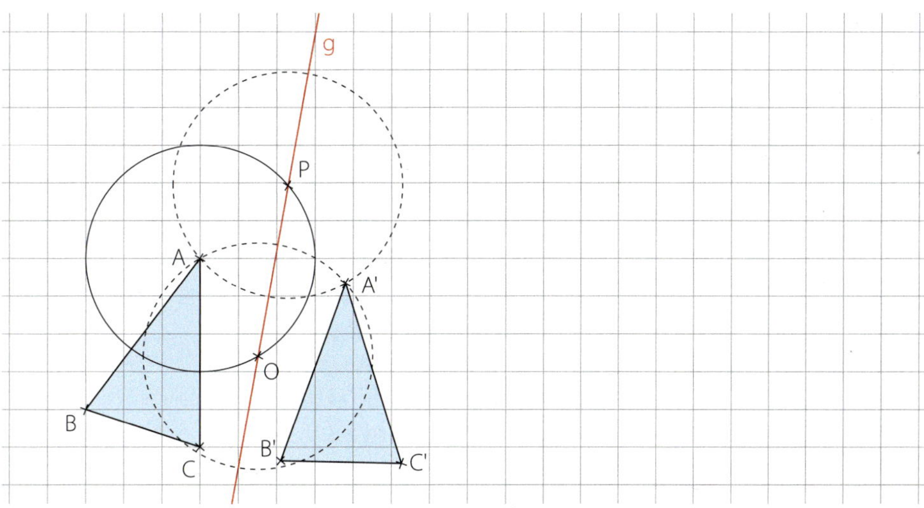

Fixpunkte, Fixgerade und Fixpunktgerade

Bei der Achsenspiegelung gibt es verschiedene Objekte, die auf sich selbst abgebildet werden – also fix bleiben.

1. Verläuft eine Gerade f senkrecht zur Spiegelachse, liegt der Bildpunkt A' eines Punktes A der Geraden wieder auf der Geraden. Die Gerade wird als **Fixgerade** auf sich selbst abgebildet (auch wenn ihre Punkte natürlich nicht alle fest bleiben).
2. Liegt ein Punkt B auf der Spiegelachse, so wird er auf sich selbst abgebildet – er ist ein **Fixpunkt** der Abbildung.
3. Alle Punkte der Spiegelachse sind Fixpunkte. Sie ist daher eine Fixpunktgerade.

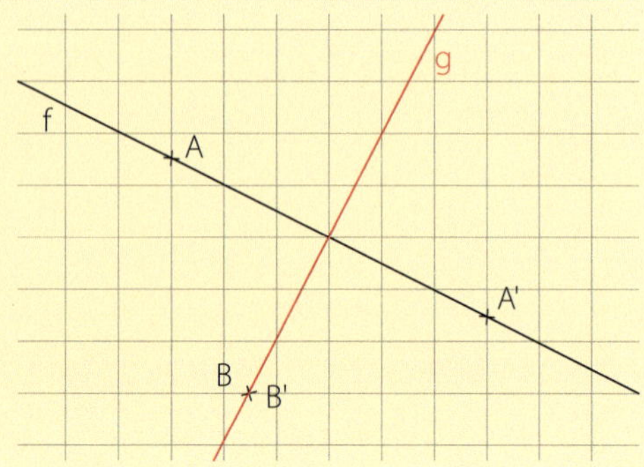

Grundkonstruktionen rund um die Achsenspiegelung

Die Achsenspiegelung ist eine Grundkonstruktion, die beim Zeichnen mit Zirkel und Lineal immer verwendet wird.

1. Zeichne um die Endpunkte A und B der Strecke jeweils einen Kreis mit gleichem Radius. Der Radius muss groß genug sein, damit sich die beiden Kreise in zwei Punkten P und Q schneiden.
2. Zeichne durch P und Q eine Gerade – dies ist die Mittelsenkrechte m und damit die Symmetrieachse von A und B.
3. Der Schnittpunkt M der Mittelsenkrechten mit der Strecke $\overline{AB}$ ist der gesuchte Mittelpunkt.

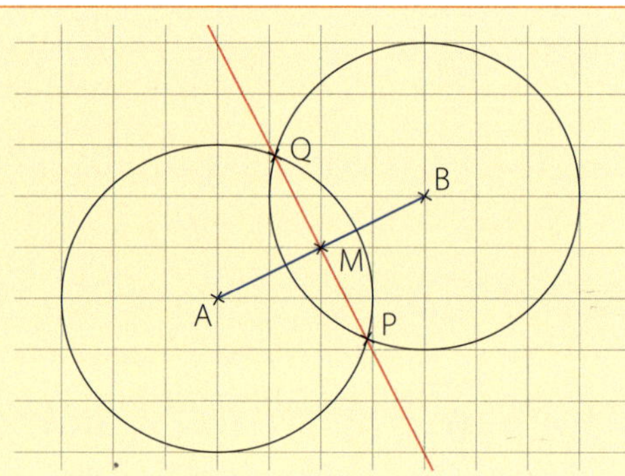

1. Symmetrieachse finden – Halbieren einer Strecke

Hier wird die Spiegelachse gesucht, zu der die beiden Endpunkte der Strecke achsensymmetrisch liegen. Diese Achse ist die **Mittelsenkrechte m** der Strecke.

2. Symmetrieachse finden – Halbieren eines Winkels

Es wird eine Gerade gesucht, die die Symmetrieachse der beiden Schenkel des Winkels darstellt.

1. Zeichne einen Kreis um den Scheitelpunkt S. Dieser schneidet die beiden Schenkel in den Punkten A und B.
2. Konstruiere die Mittelsenkrechte zur Strecke $\overline{AB}$. Dies ist die gesuchte Symmetrieachse – sie wird als **Winkelhalbierende w** bezeichnet.

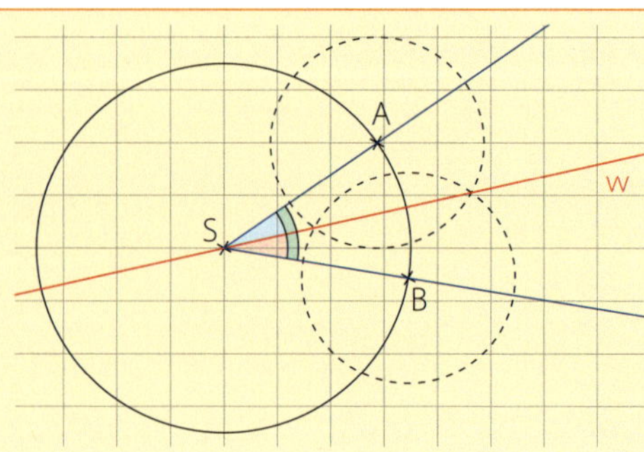

Tipp
Eine Gerade, die zu einer anderen Geraden oder Strecke senkrecht verläuft, wird **Lot** oder **Lotgerade** genannt.
Im Handwerk wird das Lot beispielsweise benutzt, um zu prüfen, ob eine Mauer senkrecht steht. Dazu wird ein Gewicht an eine Schnur gehängt – die Erdanziehung spannt die Schnur dann senkrecht nach unten.

3. In einem Punkt S einer Geraden das Lot errichten
Liegt der Punkt S auf der Geraden, kann er als Scheitelpunkt eines gestreckten Winkels (180°) betrachtet werden. Das gesuchte Lot ist dann die Winkelhalbierende und kann genauso wie oben konstruiert werden.

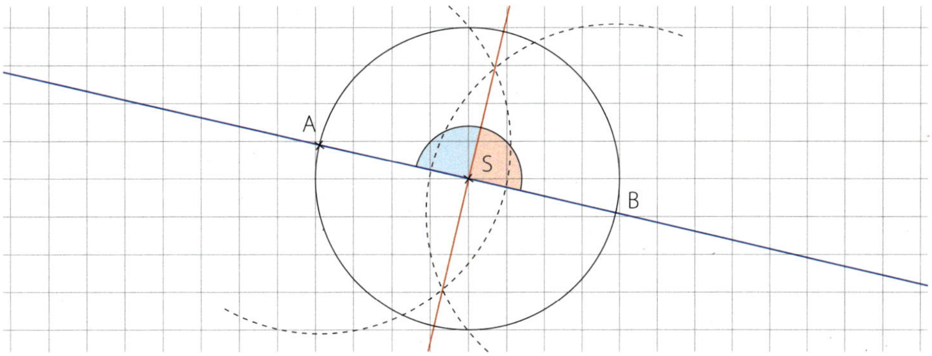

4. Von einem Punkt P auf eine Gerade das Lot fällen
Liegt der Punkt P außerhalb der Geraden, findet man über eine beliebige, ausreichend große Kreislinie zwei Punkte A und B auf g, die zu P den gleichen Abstand haben. Dann konstruiert man die Mittelsenkrechte zu A und B, die durch P geht und das Lot auf die Gerade darstellt. Die Lotgerade ist die Verbindung von P und P'.

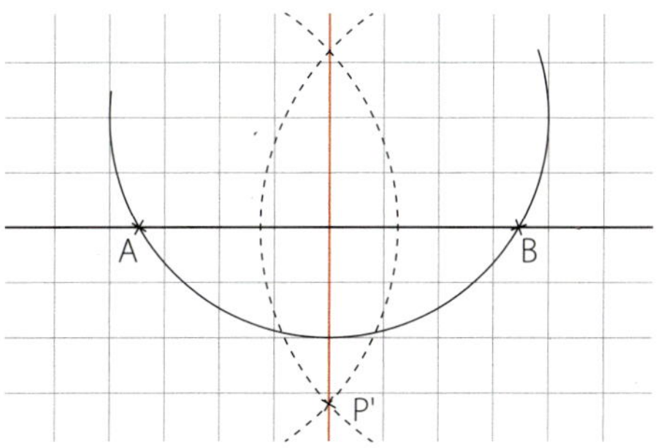

Aufgaben

Trainieren | Anwenden | Vernetzen

1 Zeichne eine 7 cm lange Strecke und konstruiere ihren Mittelpunkt. Gib eine Konstruktionsbeschreibung an.

2 Konstruiere einen Winkel von 90° und seine Winkelhalbierende. Gib eine Konstruktionsbeschreibung an.

3 Zeichne eine Gerade g und einen Punkt P im Abstand 4 cm. Konstruiere das Lot von P auf g. Gib eine Konstruktionsbeschreibung an.

4 Die Gerade g verläuft durch die Punkte A(2|2) und B(3|6). Konstruiere die zu g symmetrische Gerade bezüglich der Spiegelachse $\overline{ST}$ mit S(4|1) und T(5|7).

5 Tobias wollte die Mittelsenkrechte der Strecke $\overline{CD}$ konstruieren. Erkläre, was er im Bild rechts falsch gemacht hat.

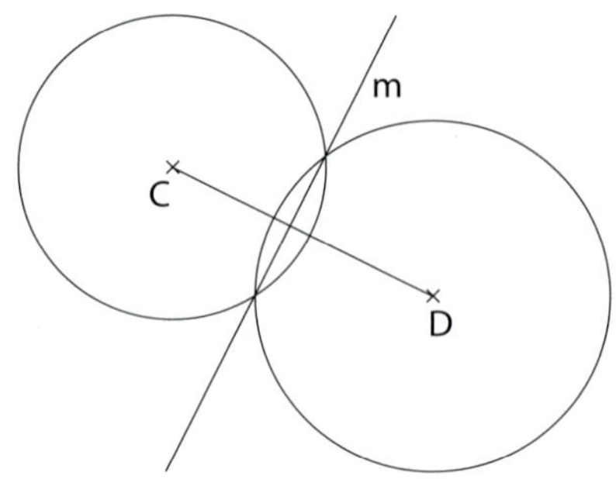

6 Konstruiere zu den Punkten A(2,5|4) und B(4|2,5) die Symmetrieachse. Beschreibe ihre Lage im Koordinatensystem.

7 Trage die Punkte M(−2|1) und P(2|−2) in ein Koordinatensystem ein, zeichne den Kreis um M mit Radius 5 cm und konstruiere das Lot auf MP in P. Welche besondere Lage hat das Lot?

8 Trage A(−4|−5), B(3,5|−1) und C(−4,5|1) in ein Koordinatensystem ein.
a) Konstruiere den Mittelpunkt der Strecke $\overline{AB}$.
b) Konstruiere das Lot von A auf BC.
c) Konstruiere die Winkelhalbierende für den Winkel ∢ CBA.
d) Konstruiere die Winkelhalbierende für den Winkel ∢ ABC.

9 Überprüfe im Bild rechts, ob die rote Linie die Winkelhalbierende ist. Beschreibe verschiedene Möglichkeiten der Überprüfung.

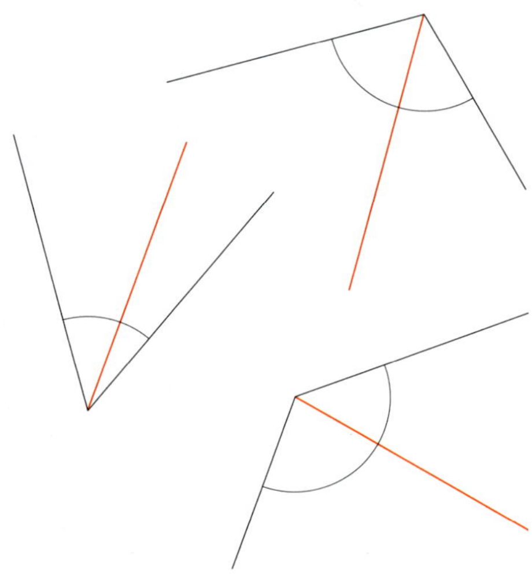

10 Übertrage die Punkte A(−3|4) und B(7|0) in ein Koordinatensystem.
a) Konstruiere die Mittelsenkrechte zu $\overline{AB}$.
b) Gib die Koordinaten des Mittelpunktes M der Strecke $\overline{AB}$ an und die Koordinaten von drei weiteren Punkten auf der Mittelsenkrechten, deren Koordinaten ganzzahlig sind.

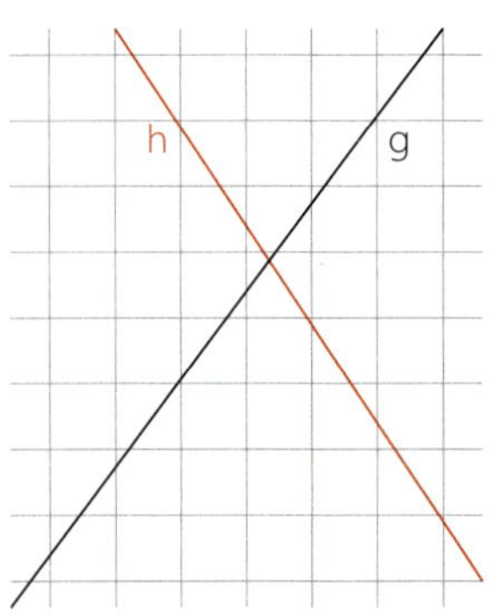

11 Zeichne zwei sich schneidende Geraden g und h. Konstruiere das Spiegelbild von g bei der Spiegelung an h mithilfe einer einzigen Punktabbildung.

12 Die Punkte A(1|−1), B(3|−3), C(4,5|−0,5), D(4,5|1) und E(2|1) bilden ein Fünfeck. Konstruiere das Bild des Fünfecks, das bei der Spiegelung an der Geraden durch C und D entsteht. Gib die Koordinaten der Bildpunkte an.

13 Die Punkte ABC bilden ein Dreieck, dessen Seiten die Längen $\overline{AB} = \overline{AC} = 5\,\text{cm}$ und $\overline{BC} = 4\,\text{cm}$ haben. Erkläre, warum die Symmetrieachse zu B und C durch A verläuft.

14 Konstruiere zu einem Halbkreis mit 6 cm Durchmesser eine Symmetrieachse. Besitzt ein Halbkreis mehrere Symmetrieachsen?

Noch fit?

I Berechne und Kürze das Ergebnis vollständig.

a) $\frac{29}{35} + \frac{9}{10}$ c) $\frac{2}{3} \cdot \frac{18}{5}$ e) $\frac{3}{4} : \frac{3}{5}$

b) $\frac{5}{8} + \frac{1}{4} - \frac{2}{3}$ d) $\frac{16}{27} \cdot \frac{36}{24}$ f) $\frac{5}{9} : \frac{6}{10}$

II Überprüfe die Richtigkeit der vorliegenden Rechnungen. Markiere die Stellen, an denen Fehler passiert sind. Mache gegebenenfalls auch Vorschläge, wie geschickter gerechnet werden kann.

a) $\frac{3}{5} + \frac{2}{7} + \frac{1}{12} = \frac{5}{12} + \frac{1}{12} = \frac{6}{12} = \frac{1}{2}$ b) $\frac{3}{5} \cdot \frac{2}{7} = \frac{21}{35} \cdot \frac{10}{35} = \frac{210}{1225} = \frac{6}{35}$

Trainieren Anwenden Vernetzen

15 Konstruiere ohne Geodreieck oder Winkelmesser einen 90° (45°; 22,5°) Winkel mithilfe von Symmetrieachsen.

16 Konstruiere die Symmetrieachsen zu zwei Kreisen mit Radius 4 cm für den Fall,
a) dass sich die Kreise in zwei Punkten schneiden.
b) dass sich die Kreise nicht schneiden.
c) dass die Kreise sich in genau einem Punkt berühren.

17 Verbessere die Konstruktionsbeschreibungen.
a) Ich nehme den Zirkel und steche im einen Endpunkt der Strecke ein und zeichne einen Kreis. Dann steche ich im anderen Endpunkt der Strecke ein und zeichne wieder einen Kreis. Dabei muss ich aufpassen, dass beide Kreise groß genug sind und dass sie auch gleich groß sind. Dann schneiden sich nämlich die zwei Kreise in zwei Punkten. Durch diese zwei Punkte zeichne ich mit dem Bleistift und dem Lineal eine gerade Linie. Dort, wo diese Linie die Strecke trifft, ist ihr Mittelpunkt.
b) Kreis um Scheitel schneidet Schenkel in zwei Punkten. Gleiche Kreise um diese haben zwei Schnittpunkte, die die Winkelhalbierende ergeben.
c) Der Kreis um Q schneidet die Gerade h in den Punkten X und Y. Ein Kreis um X und ein Kreis um Y schneiden sich in zwei Punkten des Lotes auf h durch Q.

18 Begründe die folgenden Aussagen.
a) Bei einem Drachenviereck verläuft das Lot von einer Ecke auf die Diagonale durch eine zweite Ecke.
b) Bei einer Raute verläuft die Winkelhalbierende eines Innenwinkels durch eine zweite Ecke.

19 Konstruiere folgende Vierecke.
a) Ein Quadrat mit der Seitenlänge 3 cm.
b) Ein Rechteck der Länge 5 cm und der Breite 3,5 cm.
c) Eine Raute mit einer Seitenlänge von 4 cm und einem Winkel von 45°.

20 Liane und Rita bestimmen die Masse eines Körpers mithilfe einer Balkenwaage. Rita sagt: „Denkt man sich den Balken als Strecke $\overline{AB}$, dann befindet sich der Zeiger genau auf der Mittelsenkrechten der Strecke $\overline{AB}$."
Liane schränkt ein: „Das gilt aber nur dann, wenn sich die Waage im Gleichgewicht befindet."
Was meinst du zu den Aussagen der beiden Mädchen?

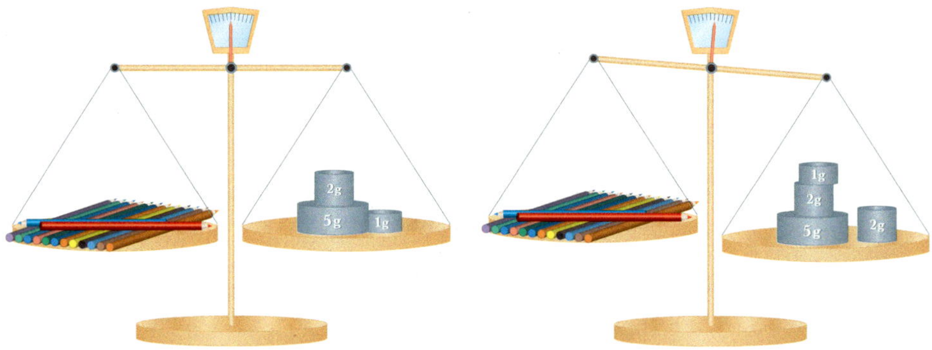

21 Teile mit Zirkel und Lineal eine Strecke von 7,5 cm in vier gleiche Teile.

22 Teile einen Winkel von 130° mit Zirkel und Lineal in vier gleiche Teile.

23 Teile einen Winkel von 130° mit Zirkel und Lineal in acht gleiche Teile.

24 Welche Bruchteile von Strecken und Winkeln kannst du leicht konstruieren?

25 Zeichne mit dem Geodreieck einen Winkel von 83° und teile ihn mit Zirkel und Lineal in vier gleiche Teile. Überlege dir, ob du den Winkel auch in drei gleiche Teile mit dieser Methode zerlegen kannst.
Begründe deine Überlegungen.

26 Mit DGS
Zeichne die Dreiecke ABC und DEF mit A (1|2), B (2|5) und C (3|3) bzw. D (5|8), E (6|10) und F (7|7) mit einer dynamischen Geometriesoftware. Überprüfe, ob es möglich ist, das Dreieck ABC mit einer einzelnen Achsenspiegelung auf das Dreieck DEF abzubilden.

27 Trage A (−4,5|−3,5), B (3,5|2,5) und C (−1,5|7,5) in ein Koordinatensystem ein.
a) Konstruiere die Mittelpunkte M_1, M_2 und M_3 der Strecken $\overline{AB}$, $\overline{BC}$ und $\overline{CA}$.
b) M_1, M_2 und M_3 bestimmen ein Dreieck. Vergleiche dieses Dreieck mit dem Dreieck ABC.
c) Berechne den Flächeninhalt beider Dreiecke und vergleiche.

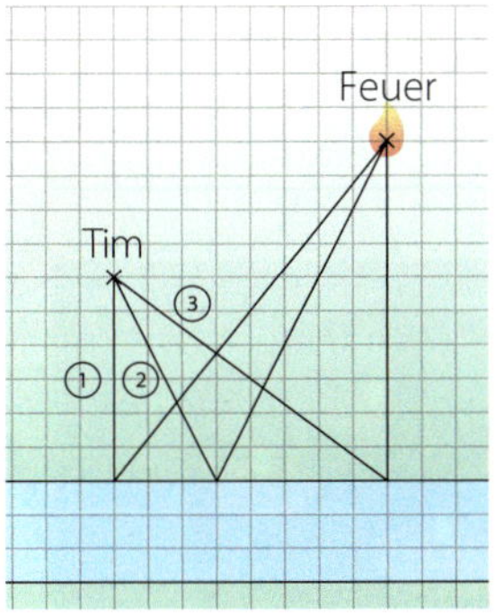

28 Tim hat einen Eimer in der Hand. Er möchte den Eimer am Fluss mit Wasser füllen und dann den Brand löschen. Welcher Weg ist der kürzeste?

a) Wie kannst du das Problem durch eine Konstruktion lösen? Begründe dein Vorgehen.

b) Löse das Problem mit Dynamischer Geometriesoftware.

Tipp: Lass dir Streckenlängen anzeigen.

Trainieren | Anwenden | **Vernetzen**

29 Zeichne weitere Kreise durch A und B. Wo liegen die Mittelpunkte aller Kreise, die durch A und B verlaufen?

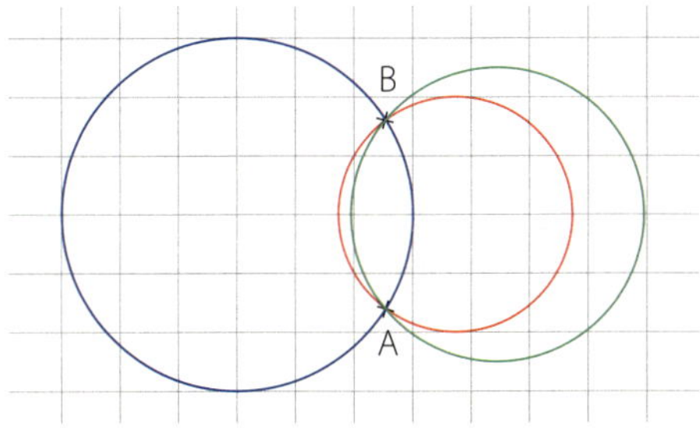

30 Spiegelungskonstruktionen mit beschränkten Hilfsmitteln I (nur mit dem Lineal)

a) Die Gerade g ist die Symmetrieachse zu den Punkten A und A'. Konstruiere zu Punkt B den passenden Bildpunkt B', der durch Spiegelung an g entsteht. Führe die Konstruktion nur mit einem Lineal und ohne zu messen durch.

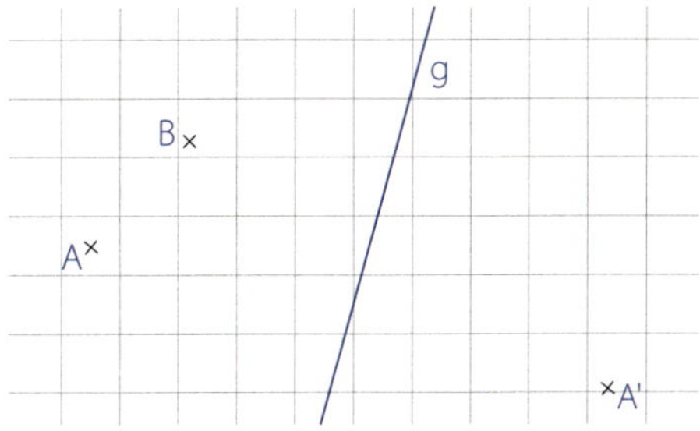

b) Die Punkte A' und B' sind Bildpunkte von A und B, die durch eine Achsenspiegelung entstanden sind. Konstruiere die Spiegelachse g nur mit dem Lineal und ohne zu messen.

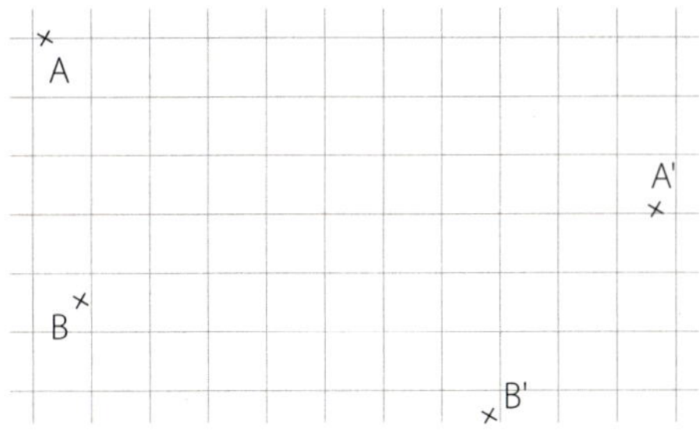

31 Spiegelungskonstruktionen mit beschränkten Hilfsmitteln II (nur mit dem Zirkel)

Die Punkte ABC bilden ein Dreieck, das an einer Geraden g gespiegelt wird, so dass A' der Bildpunkt von A ist. Konstruiere die Bildpunkte B' und C' von B und C ohne Verwendung eines Lineals.

Tipp: Konstruiere einige Punkte, die auf der Spiegelgeraden g liegen.

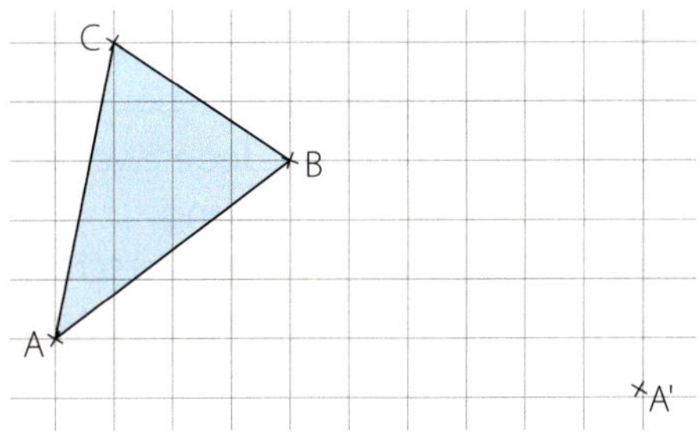

Zu kongruenten Figuren eine passende Kongruenzabbildung finden

Die Dreiecke ABC und EDF sind kongruent und können durch eine passende Verkettung von Achsenspiegelungen aufeinander abgebildet werden:

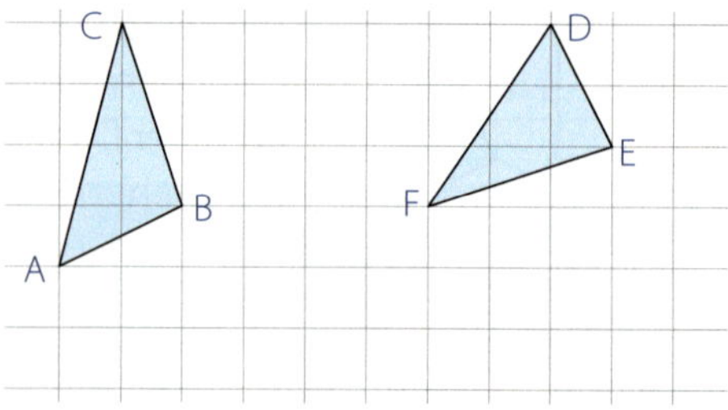

Die Punkte C und F entsprechen einander. Es wird zunächst die Mittelsenkrechte zu C und F konstruiert und das Dreieck ABC an dieser Achse gespiegelt.

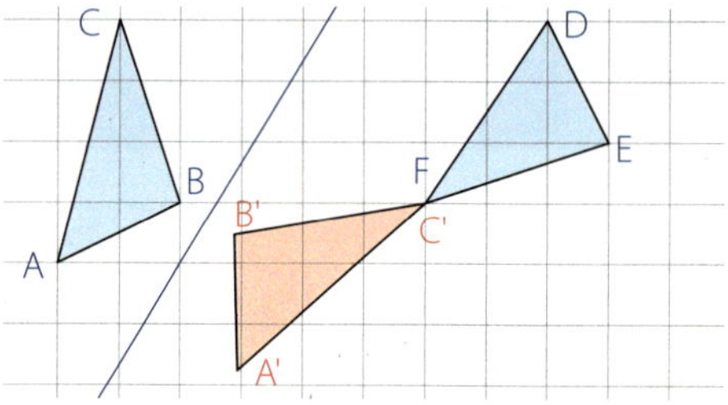

Weiterhin entsprechen sich die Punkte B' und E. Das Bilddreieck A'B'C' wird daher an der Mittelsenkrechten zu B' und E gespiegelt.

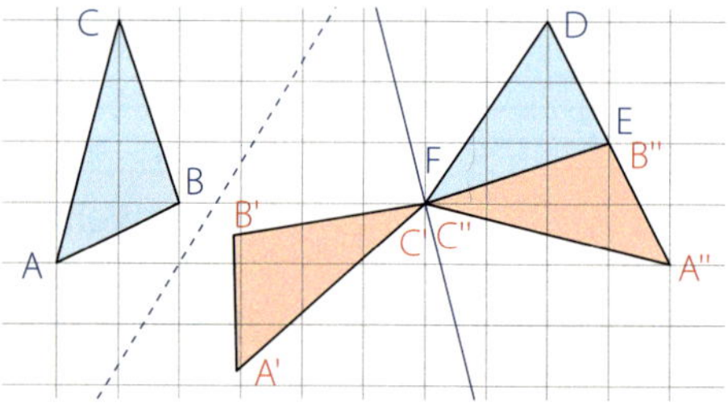

Abschließend muss das Dreieck A''B''C'' noch an der Mittelsenkrechten von A'' und D (also an der Dreiecksseite EF) gespiegelt werden.

Aufgaben

Trainieren Anwenden Vernetzen

1 Zeichne die Punkte P(−1|3), Q(3|−1), A(3|4), B(5|3) und C(2|1,5) in das Koordinatensystem ein und spiegle das Dreieck ABC an der Geraden $\overline{PQ}$.
Gib die Koordinaten der Bildpunkte A'B'C' an.

2 Gegeben ist das Viereck ABCD mit den Koordinaten A(3|1), B(4|2), C(2|5) und D(1|2). Spiegele das Viereck an der Geraden g, die durch die Punkte E(7|2) und F(1|8) geht.
Gib die Koordinaten der Bildpunkte A'B'C' an.

3 Zeichne die Punkte P(1|1), A(3|4), B(5|0) und C(3|−2,5) in das Koordinatensystem ein und spiegle das Dreieck ABC an P.
Gib die Koordinaten der Bildpunkte A'B'C' an.

4 Zeichne die Punkte Z(−1|−1), A(2|2), B(4|0) und C(2|−2) in das Koordinatensystem ein und drehe das Dreieck ABC um 45° um das Drehzentrum Z.
Gib die Koordinaten der Bildpunkte A'B'C' an.

5 Trage die Punkte A(–4,5|1,5), B(–2|1), C(–2,5|4) und Z(–1|–1) in ein Koordinatensystem ein. Konstruiere das Bilddreieck A′B′C′, das bei einer Drehung um 285° um Z entsteht.

6 Die Punkte ABCD bilden einen Drachen.
a) Drehe die Figur um 80° um den Punkt A.
b) Spiegle die Figur an Z.

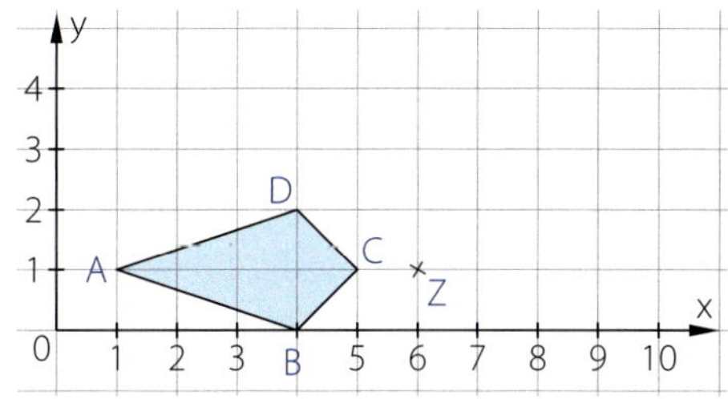

7 Zeichne die Punkte P(0|4), P'(4|1), A(–3|2), B(0|3) und C(–1|–1) in das Koordinatensystem ein und verschiebe das Dreieck ABC, wie es der Verschiebungspfeil von P zu P' angibt.
Gib die Koordinaten der Bildpunkte A'B'C' an.

8 Das gefärbte Rechteck soll durch eine Drehung um einen Punkt Z auf das blau umrandete Rechteck abgebildet werden. Bestimme Z und den Drehwinkel.

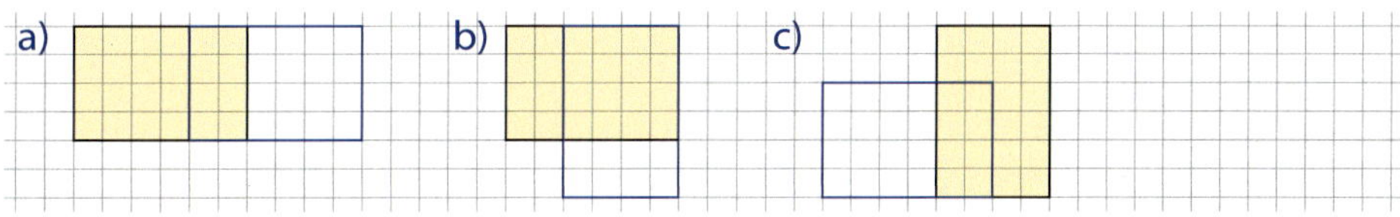

9 Das blau gefärbte F wird um P gedreht, zuerst um 125°, dann das Bild nochmals um 55°.
Wo liegt die Bildfigur?
Anna-Lena entscheidet sich nach kurzem Nachdenken ohne zu zeichnen.
Was hat sie überlegt?

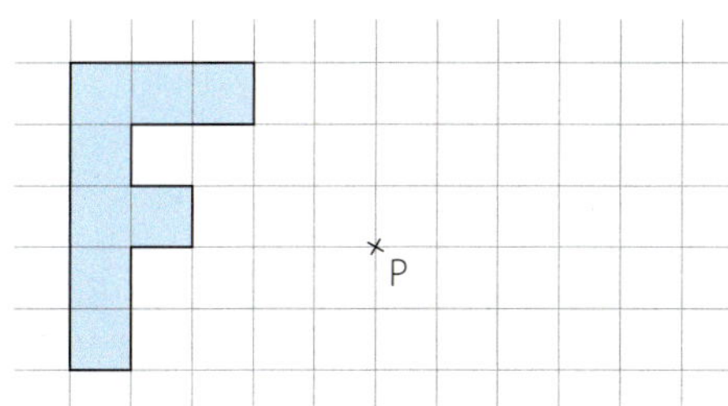

10 Drehe das blau gefärbte F zuerst um P um 125° und dann das Bild um R um 55°.
Kannst du im Kopf entscheiden wo die Bildfigur liegt?

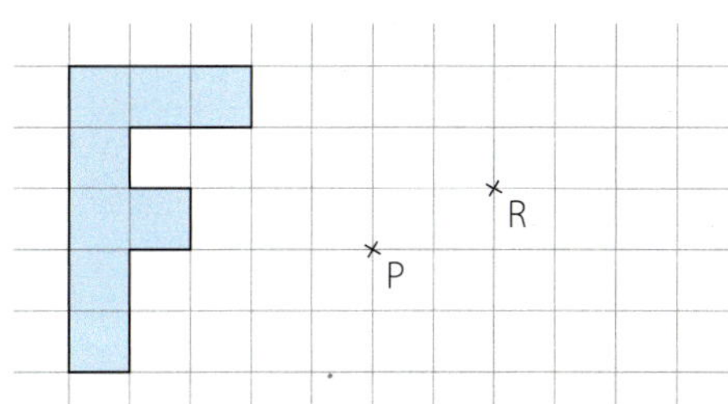

Noch fit?

I Setze in den Term $x^2 + x + 41$ nacheinander die Zahlen von 1 bis 10 ein und berechne jeweils den Wert des Terms.

II Für welches x nimmt der Term jeweils den Wert 17 an? Schreibe zunächst die entsprechende Gleichung auf.
a) $2x + 5$ b) $x - 7$ c) $19 + 2x$

III Welche der folgenden Gleichungen hat die Zahl 7 als Lösung?
a) $9 - 3x = 7$ b) $3 \cdot (x + 3) - 6 = 32$ c) $3x - 7 = 14$ d) $19 - x = 26 - 2x$

IV Löse die folgenden Gleichungen durch systematisches Probieren.
a) $10 \cdot x - 2 = 4$ b) $3 \cdot x - 12 = 15$ c) $4 \cdot x + 1{,}2 = 2{,}2$ d) $3 \cdot x + \frac{3}{4} = \frac{3}{2}$

Trainieren | Anwenden | Vernetzen

11 Finde eine Achsenspiegelung, die die Strecke a auf die Strecke b abbildet.

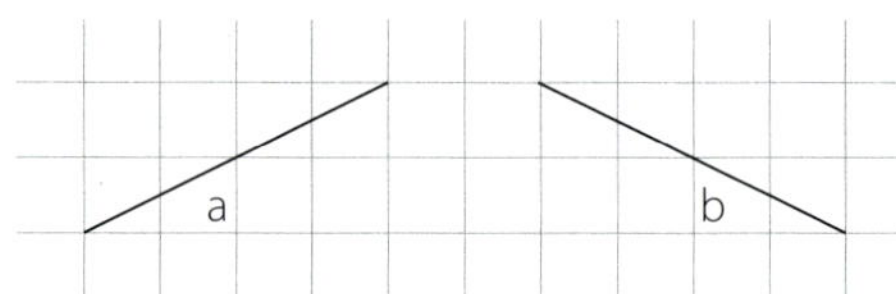

12 Finde zwei Spiegelachsen, sodass die Strecke a auf die Strecke b abgebildet wird.

13 Bestimme zu der Drehung aus Aufgabe 6 das Drehzentrum und gib den Drehwinkel an.

14 Zeichne jeweils zwei gleich lange Strecken ähnlich wie in den Abbildungen und finde die Verkettung von Achsenspiegelungen, die sie aufeinander abbildet.

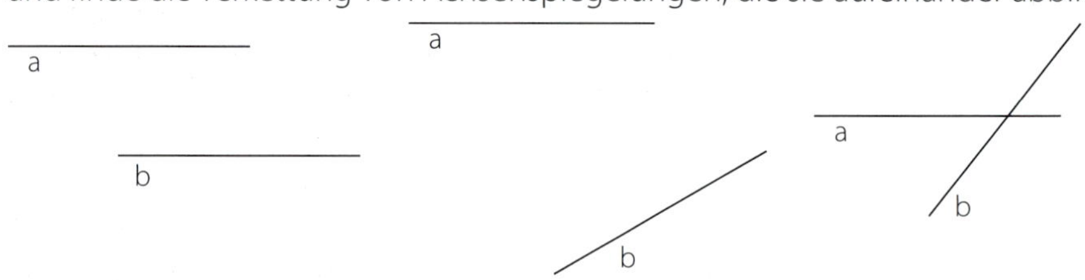

15 Übertrage die Figuren in dein Heft. Bilde die kongruenten Figuren aufeinander ab.

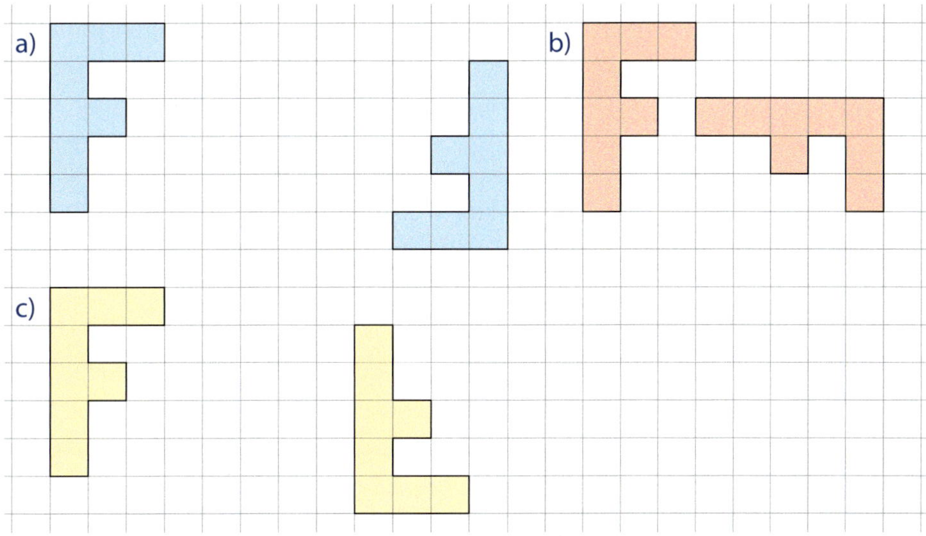

16 Die linke Figur wurde durch Drehung auf die rechte Figur abgebildet. Übertrage die Figuren in dein Heft und bestimme mit Zirkel und Geodreieck das Drehzentrum und den Drehwinkel.

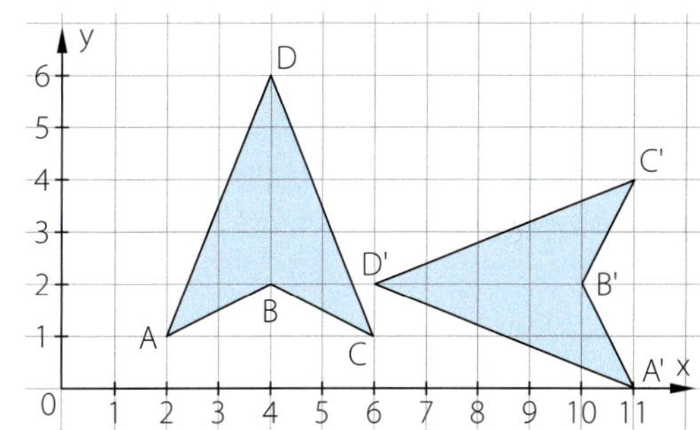

17 Trage die Punkte A(–5|2), B(–3|3), C(–5|5), P(–3,5|0) und Q(0|3,5) in ein Koordinatensystem ein. Zeichne eine geeignete Gerade g in das Koordinatensystem, sodass das Dreieck ABC durch Achsenspiegelung an $\overline{PQ}$ und danach an g um 5 Einheiten verschoben wird und führe diese Achsenspiegelungen aus.

18 Überprüfe den Umlaufsinn bei Mehrfachspiegelungen.
a) Zeichne ein Dreieck ABC und drei parallele Geraden g_1, g_2, g_3. Spiegle das Dreieck an g_1, danach das Bild an g_2 und schließlich das neue Bild an g_3. Was kannst du über den Umlaufsinn von letztem Bild und Urbild bei dieser Mehrfachspiegelung aussagen?
b) Zeichne ein Dreieck ABC und drei Geraden g_1, g_2, g_3, die sich alle in einem Punkt schneiden. Spiegle das Dreieck an g_1, danach das Bild an g_2 und schließlich das neue Bild an g_3. Was kannst du über den Umlaufsinn von letztem Bild und Urbild bei dieser Mehrfachspiegelung aussagen?

Trainieren | Anwenden | **Vernetzen**

19 Zeige, dass bei einer zweifachen Achsenspiegelung an parallelen Geraden der Verschiebungspfeil der entsprechenden Parallelverschiebung doppelt so lang ist wie der Abstand zwischen den beiden Spiegelachsen. Erläutere deine Argumentation an einem geeigneten selbst gewählten Beispiel.

20 Zeige, dass bei einer zweifachen Achsenspiegelung an sich schneidenden Geraden der Drehwinkel der entsprechenden Drehung doppelt so groß ist wie der Winkel zwischen den Geraden. Erläutere deine Argumentation an einem geeigneten selbst gewählten Beispiel.

21 Wähle einen beliebigen Punkt Z. Zeichne ein Dreieck ABC, das aus möglichst vielen Fixelementen der Punktspiegelung an Z besteht. (Fasse dazu die Seiten des Dreiecks jeweils als Geraden durch die zwei Eckpunkte auf).

22 Begründe oder widerlege folgende Aussagen.
a) Es gibt genau ein Paar paralleler Spiegelachsen, die zu einer gegebenen Parallelverschiebung passen.
b) Der Schnittpunkt zweier Spiegelachsen ist das Drehzentrum der entsprechenden Drehung.
c) Eine Drehung lässt sich auch durch drei Achsenspiegelungen ersetzen.

23 Was ändert sich, wenn man bei einer zweifachen Achsenspiegelung die Reihenfolge der Achsenspiegelungen vertauscht?

24 Winkelspiegel
a) Erkläre, wieso bei dem dargestellten Winkelspiegel der Winkel zwischen dem einfallenden und dem ausfallenden Strahl 90° beträgt.

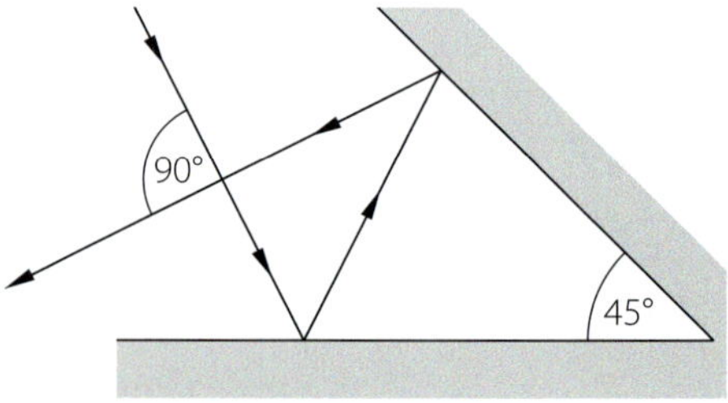

b) Was ändert sich, wenn der Winkel zwischen den beiden Spiegeln nicht 45° beträgt?
c) Erstelle eine Skizze mit einem Winkelspiegel, dessen beide Spiegel im 90°-Winkel aufeinander stehen. Wie verlaufen der einfallende und der ausfallende Strahl?

Check up

Was kannst du? Was musst du noch üben?
Mit diesen Aufgaben kannst du deinen Lernfortschritt überprüfen.
Lösungen findest du im Anhang.

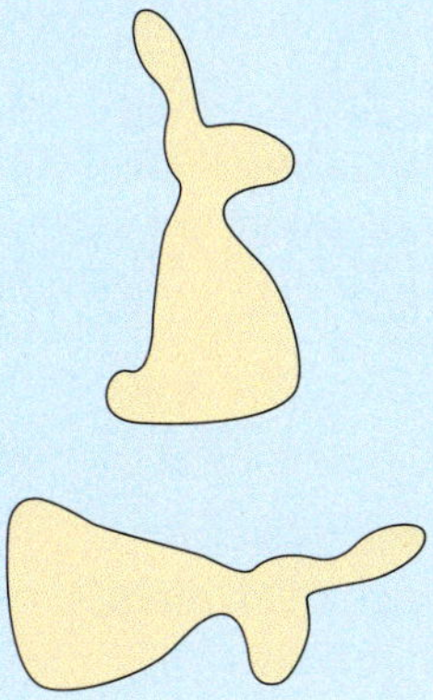

1 Sind die abgebildeten Hasen kongruent?

2 Bestimme alle Figurenpaare, die zueinander kongruent sind.

3 Übe auf das Dreieck ABC mit A (1|0), B (3|2), C (0|5) folgende Abbildungen aus:
a) Achsenspiegelung an der Achse ST mit S (−1|0) und T (−6|5)
b) Verschiebung mit Verschiebungspfeil $\overrightarrow{ST}$
c) Drehung mit Drehzentrum T und Drehwinkel $\delta = 81°$
d) Punktspiegelung an Z (3|0)

4 Ersetze die Abbildungen aus 3 b) – c) durch geeignete Doppelspiegelungen.

5 Begründe die Kongruenz der Vierecke ABCD mit A (0|0), B (3|0), C 4/3, D (0|4) und EFGH durch geeignete Kongruenzabbildungen
a) E (0|0), F (0|3), G (−3|4), H (−4|0)
b) E (−5|9), F (−6|13), G (−9|12), H (−9|9)
c) E (8|−5), F (12|−6), G (12|−2), H (9|−2)
d) E (5|5), F (8|5), G (9|8), H (5|9)
e) E (2|8), F (6|8), G (5|12), H (2|11)

6 Trage die Punkte A (−2|−2), B (3|−2) und C (1,5|1,5) in ein Koordinatensystem ein.
a) Konstruiere den zu A (B, C) achsensymmetrischen Punkt A' (B', C') bezüglich der Symmetrieachse BC (AC, AB).
b) Vergleiche den Umfang des Dreiecks ABC mit dem Umfang des Sechsecks AC'BA'CB'.

7 Zeichne eine Gerade g und einen Punkt P.
a) Konstruiere eine Symmetrieachse so, dass die zu g achsensymmetrische Gerade g' senkrecht zu g ist und durch den Punkt P verläuft.
b) Wie viele Symmetrieachsen solcher Art gibt es und wie liegen sie zueinander?

Auf einen Blick

Kongruente Figuren

Kongruente (deckungsgleiche) Figuren stimmen in den Längen gleichliegender Seiten und den Größen gleichliegender Winkel überein. Sie können durch **Kongruenzabbildungen** (Achsenspiegelungen, Drehungen, Punktspiegelungen, Parallelverschiebungen oder deren Verkettung) aufeinander abgebildet werden.

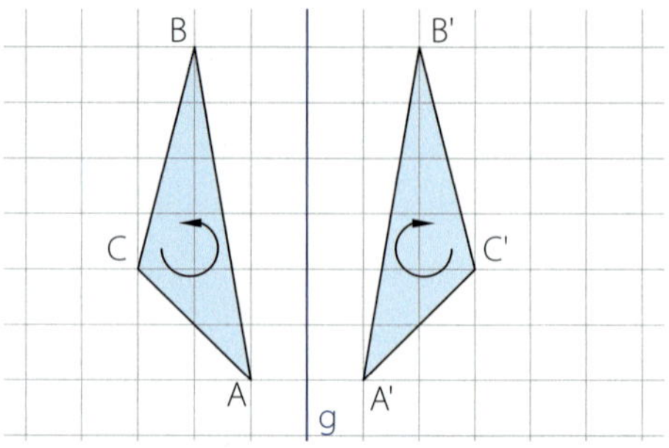

Dabei werden insbesondere Strecken auf gleich lange Strecken und Winkel auf gleich große Winkel abgebildet. Bei Achsenspiegelungen ändert sich der **Umlaufsinn**, bei Drehungen, Punktspiegelungen und Parallelverschiebungen bleibt er erhalten.

Parallelverschiebung

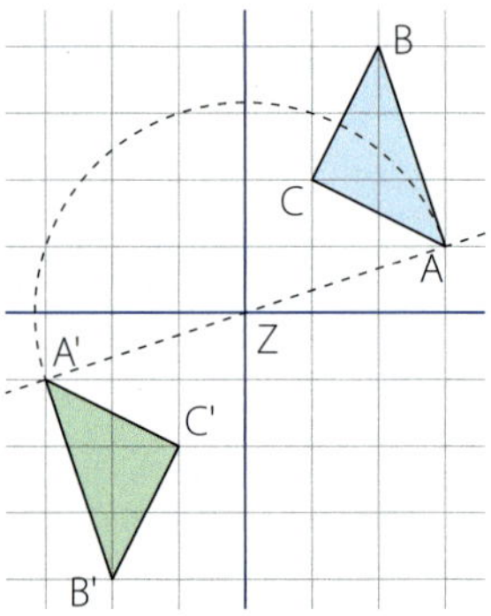

Bei einer Parallelverschiebung wird jeder Punkt der Figur parallel zum Verschiebungspfeil genau um die Länge des Verschiebungspfeils verschoben.

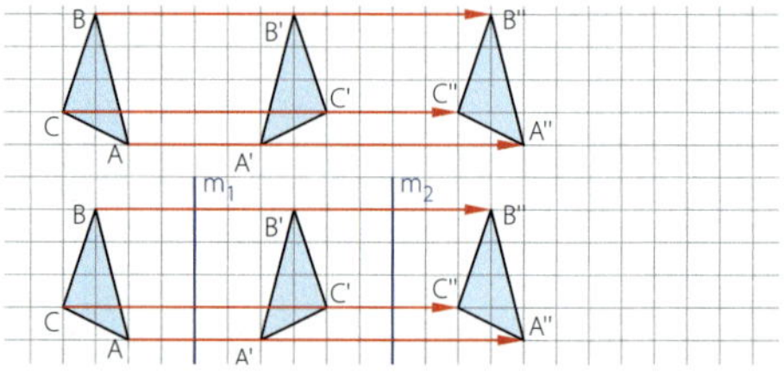

Eine Parallelverschiebung ergibt sich auch durch eine **zweifache Achsenspiegelung** an parallelen Spiegelachsen. Der entsprechende Verschiebungspfeil verläuft orthogonal zu den Spiegelachsen und seine Länge entspricht dem doppelten Achsenabstand.

Eine zweifache Achsenspiegelung an sich schneidenden Spiegelachsen ergibt eine Drehung um den Schnittpunkt der Achsen. Der Drehwinkel ist dabei doppelt so groß wie der Winkel zwischen den Achsen.

Grundkonstruktionen

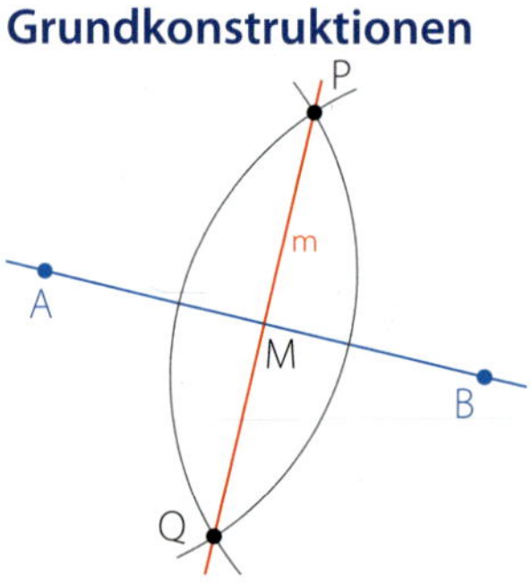

Mittelsenkrechte

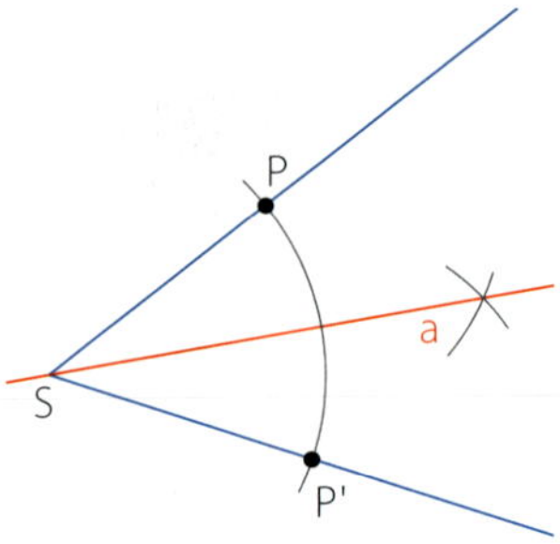

Winkelhalbierende

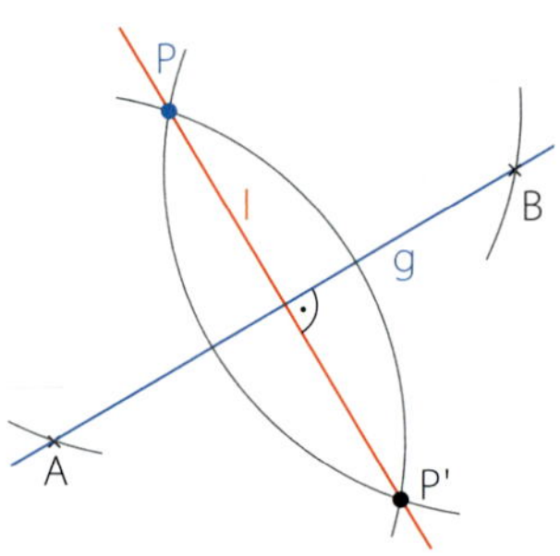

Lot fällen

Im Buch werden gegebene Stücke blau gezeichnet und die gesuchten und konstlruierten Stücke rot. Zur Konstruktion gibt man in der Regel Konstruktionsbeschreibungen und Begründungen an.

Kapitel 5

Zufall erforschen

Gehörst du auch zu denen, die beim Würfeln scheinbar ewig auf die passende Zahl warten? Die beim Kartenspielen immer die schlechtesten Karten ausgeteilt bekommen? Doch ganz so unberechenbar ist der Zufall nicht. Hier kannst du seinen Gesetzmäßigkeiten auf die Spur kommen.
Dabei wirst du selbst viel schätzen und zählen, experimentieren und mit den merkwürdigsten Dingen würfeln.

Projekt Über Wahrscheinlichkeiten sprechen

Zugfahren?

Der Dichter Charles Dickens sagte im Dezember eines Jahres, er könne nun in diesem Jahr nicht mehr mit dem Zug fahren. Er begründete dies damit, dass „die durchschnittliche Anzahl für Eisenbahnunfälle in Großbritannien in diesem Jahr noch nicht erreicht ist und daher offensichtlich in allernächster Zeit weitere Unglücke drohen".

Treffen in der Straßenbahn

„Steige ich vorne oder hinten ein? Gestern saß er vorne in der Straßenbahn. Da konnte ich mich sogar auf den freien Platz hinter ihm setzen. Ich glaube, in den letzten beiden Wochen saß er sechsmal hinten und viermal vorne. In dieser Woche saß er schon zweimal vorne …"

Regenwahrscheinlichkeit

Fußball

„Nun hat der SC schon dreimal hintereinander gewonnen, da müsste er doch an diesem Wochenende wieder gewinnen."

„Ganz im Gegenteil; nach so vielen Siegen muss doch wieder mal eine Niederlage kommen."

Pünktlichkeit?

„Fünf Minuten vor dem Bimmeln und Max ist noch nicht da. Ich wette, der kommt heute wieder eine Sekunde vorher rein."

„Na ja, das sind wir ja gewohnt. Das ist doch ziemlich oft so."

„Ich schätze, dass er an 80 % aller Schultage so knapp kommt." „Also jede Woche viermal?"

„Nicht immer, mal mehr, mal weniger, aber über die Wochen kommt das etwa so hin. Er muss immer seine kleine Schwester in den Kindergarten bringen. Das geht mal langsam oder mal schneller." „Meine Mutter hat gesagt, statt 80 % kann man auch sagen, die Wahrscheinlichkeit beträgt 0,8. Weil Wahrscheinlichkeit auf Englisch ‚probability' heißt, schreibt man kurz $p = 0{,}8$."

„Für Ines gilt $p = 0$, denn die kommt immer sehr früh in die Schule. Bei Gregor, schätze ich mal, beträgt dieser Wert etwa 0,2."

„Du meinst, dass er an 20 % aller Tage kurz vor dem Bimmeln kommt? Wirklich $\frac{1}{5}$? Das wäre ja nur einmal in der Woche. Ich tippe eher auf 30 % oder $p = 0{,}3$."

„Bei wem du sicher sein kannst, dass er super knapp vor dem Bimmeln in das Klassenzimmer gestürzt kommt, ist Imad. Der wohnt gerade um die Ecke. Cool, wie er ist, schlappt er gemütlich zur Schule."

„Also $p = 1$, eine sichere Sache."

„Echte 100 %!"

„Wir sollten mal für die ganze Klasse eine Strichliste aufstellen."

„Na, dann musst du aber selbst immer pünktlich da sein …"

In diesem Moment kommt Max herein, 5 Sekunden vor dem Bimmeln.

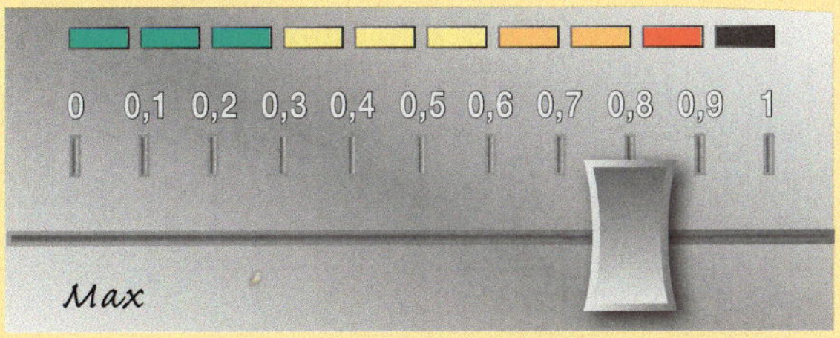

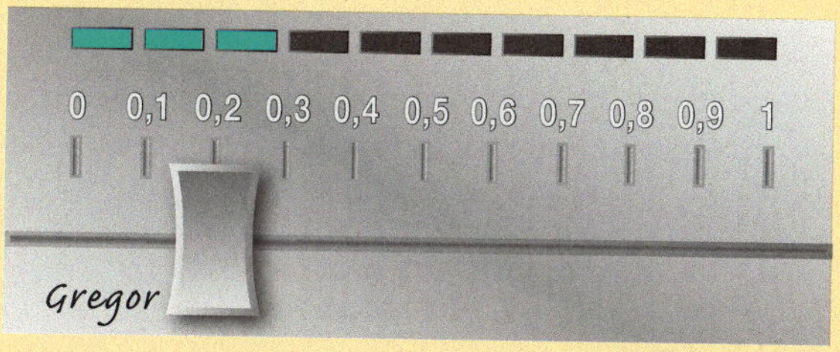

Aufgaben

1 Nimm Stellung zu den Ansichten, die in den einzelnen Ausschnitten geäußert werden.

2 Stelle für deine Klasse eine Tabelle mit den Wahrscheinlichkeiten für die Pünktlichkeit deiner Mitschülerinnen und Mitschüler auf.
Vergleicht die Tabellen untereinander.

3 **Sprachliche Spuren:** Sammle Wörter aus verschiedenen Sprachen, welche mit Zufall, (Un-)Glück, Chance etc. zu tun haben. Grenze die unterschiedlichen Bedeutungen gegeneinander ab. Zum Beispiel bedeutet im Französischen *chance* glücklicher Zufall oder auch Glück, während *fortune* das (zufällige?) Schicksal oder sogar das Vermögen (Geld) meint.

5.1 Zufallsexperimente und Wahrscheinlichkeit

Aufträge

Seitenwahl

Bei einem Fußballspiel dürfen die Spielführer vor Beginn des Spiels die Seiten wählen. Dazu wird meist eine Münze in die Luft geworfen und geschaut, welche Seite beim Fangen oben liegt. Beim letzten Spiel meinte Jens mit einem breiten Grinsen: „Wollen wir nicht einmal eine Reißzwecke nehmen statt der langweiligen Münze?“ Diskutiert den Vorschlag von Jens!

Werft mehrmals mit einer Reißzwecke und legt eine geeignete Strichliste an. Fasst die Ergebnisse eurer Klasse übersichtlich in einer Tabelle zusammen und stellt die relativen Häufigkeiten in einem Diagramm dar.

Wie schätzt ihr die Wahrscheinlichkeiten für die beiden Mannschaften ein, die Seitenwahl mit der Münze oder der Reißzwecke zu gewinnen? Welche Gegenstände könnte man noch für eine Seitenwahl verwenden? Ist die Seitenwahl dann fair?

Tipp
Beim Werfen der Reißzwecke könnt ihr Zeit sparen, wenn ihr mehrere Reißzwecken (z. B. 10) gleichzeitig werft.

Alternative: Texte entschlüsseln

Kannst du den Satz „Strc prst skrz krk!“ aussprechen? Er ist tschechisch und enthält keine Vokale. Wie ist das in der deutschen Sprache oder in anderen Fremdsprachen mit der Häufigkeit von Vokalen? Besorgt euch eine deutsche und eine fremdsprachige Zeitung. Teilt sie auf und zählt die Buchstaben und Vokale in kurzen Artikeln (ca. 100 Buchstaben).

Vergleicht die relativen Häufigkeiten der Vokale in beiden Zeitungen. Fasst die relativen Häufigkeiten der ganzen Klasse in einer Tabelle zusammen und stellt sie in einem Diagramm dar. Schätzt die Wahrscheinlichkeiten der einzelnen Vokale.

Wie könnte euch das Ergebnis dabei helfen, einen mit einem Geheimcode verschlüsselten deutschen Text zu entschlüsseln?

Tipp
Arbeitest du mit einem Textverarbeitungsprogramm, so kannst du mithilfe der Suchen-Ersetzen-Funktion die Anzahl bestimmter Buchstaben zählen.

Alternative: Blind schätzen

Auf dem Schulfest hat die Klasse 6 a ein Gefäß mit 24 Kugeln aufgebaut, von denen eine unbekannte Anzahl weiß und die restlichen schwarz sind. Jeder kann für 1 € jeweils 6-mal nacheinander eine Kugel entnehmen, die Farbe prüfen und wieder zurück legen. Dann muss er eine Schätzung abgeben, wie viele Kugeln in dem Gefäß weiß sind. Wer richtig geschätzt hat, erhält einen Preis.

Um dieses Experiment in der Klasse nachzustellen, bastelt selbst mehrere solcher Gefäße. Eine Person legt, ohne dass die anderen zuschauen können, in jedes Gefäß 24 Kugeln, wobei sie den Anteil der weißen Kugeln jeweils gleich lässt. Nun führt jede Schülerin und jeder Schüler das Experiment mehrfach durch. Bei jeder Ziehung von 6 Kugeln wird die Anzahl der weißen Kugeln pro Ziehung notiert.

Fasst die Ergebnisse aller Ziehungen in einer Tabelle zusammen und stellt sie in einem Diagramm dar. Gebt zum Schluss eine neue Schätzung ab. Vergleicht die Schätzwerte der einzelnen Ziehungen mit diesem neuen Schätzwert.

Wissen

Zufallsexperimente

Beim Werfen einer Münze entscheidet der Zufall, ob Kopf oder Zahl oben liegen. Der Zufall bestimmt, welche Zahl man mit einem Spielwürfel wirft. Genauso ist das blinde Ziehen einer Kugel aus einem Gefäß, das Kugeln verschiedener Farben enthält, zufällig. Das einzelne Ergebnis lässt sich nicht vorhersagen.

Ein Experiment, dessen **Ergebnis** nicht vorhergesagt werden kann, weil es vom Zufall bestimmt ist, heißt **Zufallsexperiment**. Das Ergebnis eines Zufallsexperiments wird auch **Ausgang** genannt.

Info
In der Wahrscheinlichkeitsrechnung bezeichnet man Gefäße, aus denen etwas herausgenommen („gezogen") wird, oft als **Urnen**. Urnen, Würfel und andere Gegenstände, mit denen man Zufallsexperimente durchführen kann, werden **Zufallsgeräte** genannt.

Beispiel: Kugeln aus einer Urne ziehen

▸ In einer Urne befinden sich weiße und schwarze Kugeln, insgesamt 100 000. Die Anzahl der weißen Kugeln soll abgeschätzt werden.
Dazu wird folgendes Zufallsexperiment mehrmals durchgeführt: Nacheinander werden 10 Kugeln mit geschlossenen Augen gezogen, die Farbe der Kugel wird notiert und sie wieder zurückgelegt. Sind zum Beispiel unter den 10 Kugeln 3 weiße, so ist der Anteil der weißen Kugeln $\frac{3}{10}$. Da es insgesamt 100 000 Kugeln sind, wird man also schätzen, dass sich 30 000 weiße Kugeln in dem Gefäß befinden.
Bei jeder Durchführung kann man zu einem anderen Schätzwert kommen.

Ziehung Nummer	1	2	3	…
Anzahl der weißen Kugeln	3	6	4	
Relative Häufigkeit der weißen Kugeln pro Ziehung	$\frac{3}{10}$	$\frac{6}{10}$	$\frac{4}{10}$	
Schätzwert für die Anzahl der weißen Kugeln	30 000	60 000	40 000	

Die relativen Häufigkeiten können als Bruchzahl $\left(\frac{4}{10}\right)$, Dezimalzahl (0,4) oder in Prozent (40 %) angegeben werden. Wenn du die relativen Häufigkeiten der einzelnen Ziehungen vergleichst, dann stellst du fest, dass sie voneinander abweichen.
Fasst man jedoch die Resultate aller Ziehungen zusammen, kann der Schätzwert verbessert werden, da so die Stichprobe größer wird.
Bei 7 Durchführungen ergibt sich z. B. folgende Tabelle:

Ziehungen	1	1 und 2	1 bis 3	1 bis 4	1 bis 5	1 bis 6	1 bis 7	…
Gesamtzahl gezogener Kugeln	10	20	30	40	50	60	70	
Gesamtzahl der weißen Kugeln	3	9	13	17	21	23	27	
Relative Häufigkeit der weißen Kugeln	$\frac{3}{10} = 0{,}30$	$\frac{9}{20} = 0{,}45$	$\frac{13}{30} \approx 0{,}43$	$\frac{14}{40} = 0{,}35$	$\frac{21}{5} = 0{,}42$	$\frac{23}{60} \approx 0{,}38$	$\frac{27}{70} \approx 0{,}39$	

Info
Beim Erstellen des Diagramms kann ein Tabellenkalkulationsprogramm helfen.

Die Werte der Tabelle können in einem Diagramm veranschaulicht werden.
Bei 200 Ziehungen ergibt sich z. B. folgendes Diagramm:

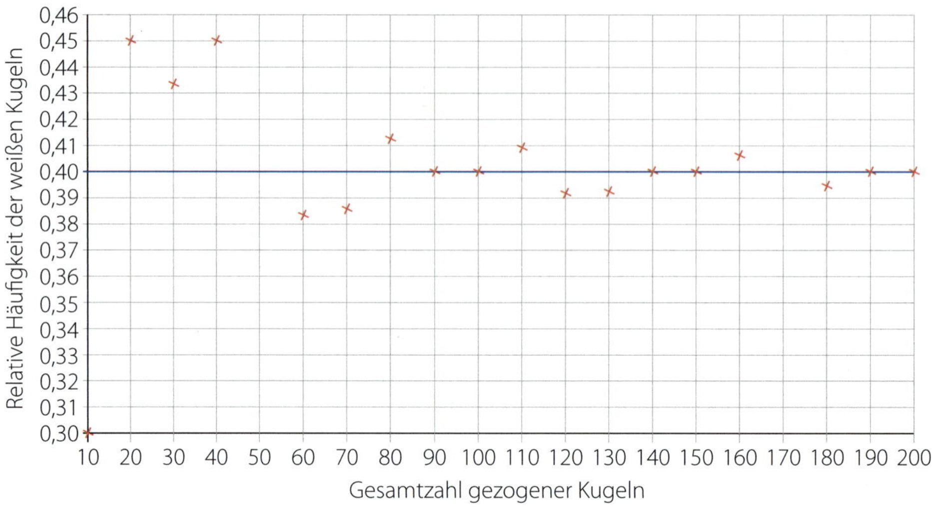

Empirisches Gesetz der großen Zahlen

Wenn die Anzahl der gezogenen Kugeln groß wird, d. h. wenn das Zufallsexperiment sehr oft wiederholt wird, stabilisieren sich die relativen Häufigkeiten und man erhält einen „guten" Schätzwert. Diese Aussage heißt empirisches Gesetz der großen Zahlen.
Das Diagramm zeigt deutlich, dass sich die relativen Häufigkeiten mit wachsender Anzahl von gezogenen Kugeln um den Wert 0,4 stabilisieren.

Achtung
Es hängt dabei von der Art des Zufallsexperiments ab, welche Anzahl von Wiederholungen als „groß" anzusehen ist.

Wahrscheinlichkeit

Mit diesem Wert für den Anteil der weißen Kugeln kann abgeschätzt werden, mit welcher Wahrscheinlichkeit eine weiße Kugel aus der Urne gezogen wird. Sie beträgt bei diesem Urnenexperiment 0,4.
Jede weitere Stichprobe ist ebenso vom Zufall bestimmt, aber auf Dauer werden wir nun erwarten, dass bei immer weiterer Fortsetzung des Experiments durchschnittlich 40 % weiße Kugeln gezogen würden.

Für ein Zufallsexperiment, das sehr oft unter gleichen Bedingungen wiederholt wird, gilt: Die **Wahrscheinlichkeit** eines Ausgangs kann mithilfe der relativen Häufigkeiten geschätzt werden. Sie wird
- als Bruchzahl oder Dezimalzahl zwischen 0 und 1 oder
- als Prozentsatz zwischen 0 % und 100 % angegeben.

Die Wahrscheinlichkeit ermöglicht es vorauszusagen, welche relativen Häufigkeiten zu erwarten sind.

Die Wahrscheinlichkeit 0 bedeutet, dass ein Ausgang unmöglich ist. In unserem Beispiel ist die Wahrscheinlichkeit, eine rote Kugel zu ziehen, gleich 0.
Die Wahrscheinlichkeit 1 oder 100 % bedeutet, dass ein Ausgang mit Sicherheit eintritt. In unserem Beispiel ist die Wahrscheinlichkeit, eine (weiße oder schwarze) Kugel zu ziehen, gleich 1.

Aufgaben

Trainieren | Anwenden | Vernetzen

1 Welche Vorgänge sind Zufallsexperimente? Welche Ausgänge gibt es jeweils?
a) Geschlecht eines Neugeborenen
b) Verhalten des Eises bei Temperaturen über 0 °C
c) Addieren zweier Zahlen
d) Werfen eines sechsseitigen Spielwürfels
e) Ziehen einer Karte eines Skatspiels

2 Es wird mit dem abgebildeten Körper geworfen. Nach 250 Wiederholungen ergibt sich folgende Tabelle:

Ausgang	1	2	3	4	5	6
Anzahl	13	47	53	84	43	10

a) Schätze die Wahrscheinlichkeiten für die einzelnen Ausgänge. Überlege, welche Augenzahlen gegenüberliegender Flächen gleich wahrscheinlich sein müssen. (Die Augenzahlen gegenüberliegender Flächen ergeben zusammen 7.)
b) Wie viele Zweien erwartest du beim 500-maligen Werfen?

3 Auch Holzquader eignen sich als Würfel. Ein Experiment ergab diese Werte:

	1	2	3	4	5	6
absolute Häufigkeit	9	18	61	70	28	14

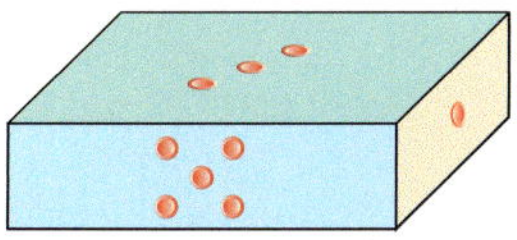

a) Gegenüberliegende Seiten des Quaders sollen die gleiche Farbe haben. Gib die Wahrscheinlichkeiten für jede der drei Farben an.
b) Schätze begründet die Wahrscheinlichkeiten der Wurfzahlen.

4 Schätze, wie viele Würfe du mit einem normalen Spielwürfel brauchst, um eine 6 zu erhalten. Überprüfe deine Schätzung experimentell.

5 Es gibt Menschen, die meinen, dass die Sechs mit einem üblicherweise beim *Mensch-ärgere-dich-nicht*-Spiel verwendeten Würfel ziemlich selten fällt. Schreibe die Anleitung für ein Experiment, durch das du diese Vermutung untersuchen kannst.

6 Maxim soll als Hausaufgabe mit einem Legostein 300-mal würfeln. Nach 50 Würfen wird es ihm zu langweilig. Er multipliziert die bis dahin ermittelten absoluten Häufigkeiten mit 6 und rechnet damit relative Häufigkeiten aus. Was meinst du dazu?

7 Du kannst mit vielen Alltagsgegenständen Zufallsexperimente durchführen. Überlege dir dazu, in welcher Lage der jeweilige Gegenstand nach dem Werfen liegen bleibt. Bestimme bei einem Gegenstand experimentell die Wahrscheinlichkeiten für die Endlagen.

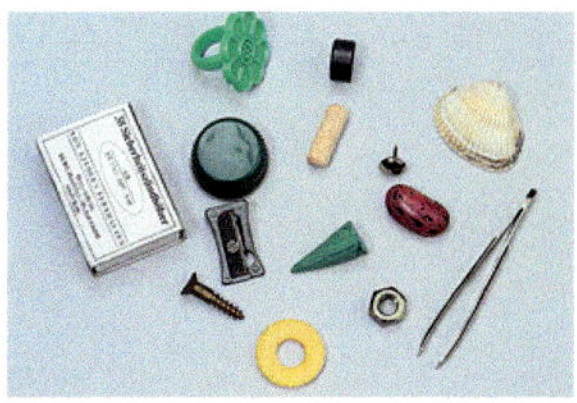

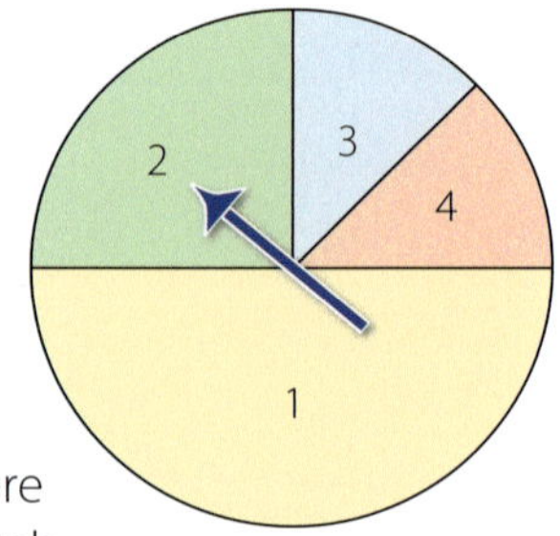

8 Schätze, mit welcher Wahrscheinlichkeit der Pfeil bei „rot", „grün" , „blau" oder „gelb" stehen bleibt. Bastele dir solch ein „Glücksrad" und überprüfe deine Schätzung experimentell. Von welcher Eigenschaft der Felder hängt die Wahrscheinlichkeit vermutlich ab?

9 Wie groß schätzt du die Wahrscheinlichkeit, dass dein Lieblingsverein das nächste Spiel gewinnt? Informiere dich im Internet über die bisherigen Ergebnisse deines Lieblingsvereins gegen den nächsten Gegner. Erstelle eine eigene Prognose für die Ergebnisse des nächsten Spieltags, vergleiche sie mit anderen Prognosen und mit den tatsächlichen Resultaten.

10 Beschreibe mit Wahrscheinlichkeit in Prozent die umgangssprachlichen Formulierungen:
- „mit an Sicherheit grenzender Wahrscheinlichkeit"
- „zufällig"
- „wahrscheinlicher"
- „eher unwahrscheinlich"
- „mit Sicherheit"
- „unmöglich"

Noch fit?

I Bestimme die Teilermengen von
a) 18, b) 60, c) 256, d) 73.

II „Je größer eine Zahl ist, desto mehr Teiler hat sie."
Was meinst du zu dieser Aussage?

III Bestimme jeweils den ggT und das kgV.
a) 12 und 9 b) 21 und 6 c) 140 und 105 d) 8, 24 und 36

Trainieren Anwenden Vernetzen

11 Hier kannst du überprüfen, wie gut du verstanden hast, was die Aussage bedeutet: Die Wahrscheinlichkeit, mit einem gewöhnlichen Spielwürfel eine Sechs zu würfeln, beträgt $\frac{1}{6}$.
Begründe, ob die Aussagen richtig oder falsch sind. Korrigiere, wenn möglich.
1. Bei 100 Würfen erscheint 17-mal die Sechs.
2. Wenn du 16-mal geworfen hast, dann ist die Wahrscheinlichkeit sehr hoch, dass beim nächsten Mal eine Sechs fällt.
3. Die Sechs kann beim Würfeln 17-mal hintereinander fallen.
4. Bei 17 Würfen fällt mindestens eine Sechs.
5. Die relative Häufigkeit für eine Sechs kann nach 100 Würfen kleiner als $\frac{1}{6}$ sein.
6. Wenn die relative Häufigkeit für eine Sechs bei 100 Würfen kleiner als $\frac{1}{6}$ war, dann muss sie bei den nächsten 100 Würfen größer als $\frac{1}{6}$ sein.

12 Jemand bietet dir ein Würfelspiel an, bei dem mit zwei gewöhnlichen Spielwürfeln geworfen und die Augensumme bestimmt wird. Du darfst dir aussuchen, ob du bei den Augensummen 5, 6, 7, 8 oder bei allen übrigen Augensummen gewinnen möchtest. Welche der beiden Gewinnmöglichkeiten würdest du wählen? Überprüfe deine Wahl im Experiment.

13 Tim überlegt, wie er seinem Bruder klar machen könnte, dass von den Würfelzahlen die 6 auf lange Sicht genauso häufig vorkommt wie jede andere Zahl.
Er nimmt unbeschriftete Holzwürfel und ...
Schreibe auf, wie er möglicherweise vorgegangen ist.

14 Stell dir vor, beim *Mensch-ärgere-dich-nicht*-Spiel kannst du vor dem Spiel wählen, welches Zufallsgerät (normaler Spielwürfel, Quader oder einen der Legosteine) du benutzen willst. Welches Zufallsgerät würdest du wählen? Begründe.

15 In Zeitungen stehen viele Zahlen. Untersuche jeweils die erste Ziffer solcher Zahlen. Kommen als erste Ziffer 1, 2, 3, ..., 9 gleich häufig vor? Gib eine Schätzung an und begründe sie.
Überprüfe deine Schätzungen experimentell. Untersuche dazu eine Seite einer Zeitung. Welche relativen Häufigkeiten ergeben sich, wenn du die Ergebnisse deiner Mitschüler mit einbeziehst? Vergleiche die Ergebnisse mit deinen Schätzungen. Stelle die Ergebnisse in einer Tabelle und in einem Diagramm dar.

16 Anna ist kurzsichtig. Sie möchte wissen, mit welcher Wahrscheinlichkeit Kurzsichtigkeit in der Bevölkerung auftritt, und befragt dazu alle ihre Verwandten, um die relative Häufigkeit festzustellen. Damit will sie die Wahrscheinlichkeit schätzen. Was meinst du dazu? Mache einen besseren Vorschlag und führe ihn durch.

17 Manche Menschen meinen, dass mehr Kinder geboren werden, wenn es Vollmond ist. Überprüfe diese Vermutung anhand der Geburtsstatistik einer Klinik in deiner Nähe. Werden am Wochenende mehr oder weniger Kinder geboren als an Arbeitstagen? Erkläre!

18 Ein Legostein mit 6 Noppen ist mit Punkten beschriftet wie in der Abbildung. Dabei ist die Augensumme gegenüberliegender Seiten 7.
Anne, Eva und Florian haben geschätzt, mit welcher Wahrscheinlichkeit die Augenzahlen beim Werfen mit dem Legostein oben liegen.

Augenzahl	1	2	3	4	5	6
Anne	25%	5%	10%	10%	5%	45%
Eva	30%	7,5%	15%	15%	7,5%	25%
Florian	30%	4%	8%	12%	6%	40%

Welche Schätzung hältst du für die beste? Begründe deine Antwort. Gib selbst eine Schätzung ab und überprüfe sie experimentell. Jochen behauptet, dass die Wahrscheinlichkeit der Augenzahl umso höher ist, je größer der Flächeninhalt der Seite ist, auf der sie steht. Überprüfe seine Behauptung.

19 Hast du dir schon mal überlegt, wie viele Menschen in Deutschland deinen Nachnamen tragen? Mit dem Programm „Geogen" (geographische Genealogie) kannst du Schätzwerte ermitteln.

a) Ermittle, wie oft etwa dein Nachname vorkommt.

b) Versuche die – nach diesem Programm – fünf häufigsten Nachnamen in Deutschland herauszufinden.

c) Untersuche, wie der Autor des Programms die Hochrechnung der Anzahl der Menschen mit einem bestimmten Nachnamen durchführt.

d) Erfinde selbst weitere Aufgaben hierzu.

e) Informiere dich, auf welcher Datengrundlage das Programm diese Häufigkeiten ermittelt.

Trainieren | Anwenden | **Vernetzen**

20 Wenn bei zwei Zufallsgeräten die gleichen Ausgänge mit der gleichen Wahrscheinlichkeit auftreten, kann man eines durch das andere ersetzen. Dies nennt man eine Simulation. Wie könntest du einen gewöhnlichen Spielwürfel oder eine Münze durch ein Glücksrad simulieren? Wie könnte man das Werfen zweier Würfel mit einem Gefäß und Kugeln simulieren?

Info
Der Steinkrebs, die kleinste europäische Flusskrebsart, gilt als vom Aussterben bedroht.

21 Zur Abschätzung der Zahl der Steinkrebse in einem Gewässer kann man folgendermaßen vorgehen: Man fängt Krebse, zählt und markiert sie (z. B. mit einem wasserfesten Stift oder Nagelack) und lässt sie wieder frei. Einige Tage später fängt man wieder Krebse auf dieselbe Weise und bestimmt davon den Anteil der markierten Krebse.

a) Bei einer Zählung fing man 18 Krebse und markierte sie. Unter den 23 Krebsen, die man später fing, waren 2 Markierte zu finden. Schätze damit die vermutliche Anzahl von Krebsen in diesem Gewässer ab.

b) Überlege dir, wie man mit verschiedenfarbigen Kugeln eine derartige Untersuchung simulieren kann.

Tipp
Gib jedem Floh eine Nummer zwischen 1 und 6 und verwende einen üblichen Spielwürfel.

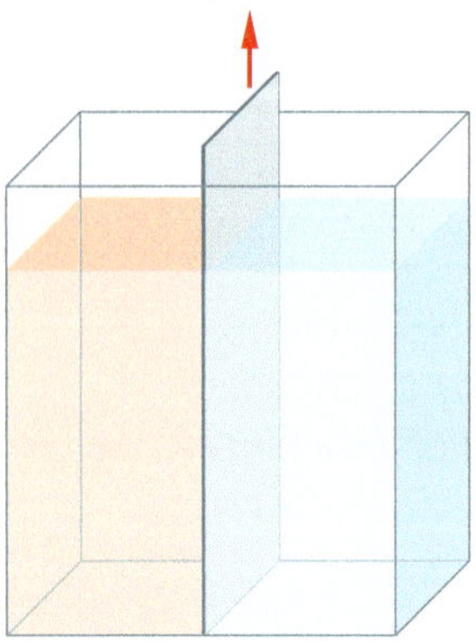

22 In den Naturwissenschaften verwendet man oft Simulationsmodelle, um sich Abläufe besser vorstellen zu können oder Einblicke in Vorgänge zu gewinnen. Ein Beispiel dafür ist das *Hund-Floh-Modell*.

a) Die Hunde Bella und Bello gehen nebeneinander spazieren. Bella ist gepflegt, Bello hat sechs Flöhe. Bei jedem Schritt der beiden springt zufällig einer der Flöhe zum anderen Hund. Überlege zuerst, wie sich die Anzahl der Flöhe z. B. auf Bello mit der Zahl der Schritte verändert. Überprüfe deine Vermutung durch ein Experiment.

b) Ein Glasbehälter ist durch eine senkrechte Platte in zwei Teile geteilt. In der rechten Hälfte befindet sich Wasser, in der linken ist das Wasser mit roter Tinte eingefärbt. Nun wird die Platte vorsichtig nach oben gezogen. Was erwartest du? Erläutere, warum das *Hund-Floh-Modell* diesen Vorgang modellhaft beschreibt. Suche nach weiteren Beispielen, welche durch das *Hund-Floh-Modell* beschrieben werden können.

5.2 Wahrscheinlichkeiten berechnen

Aufträge

Doppelkopfspiel

Wie bei vielen Kartenspielen gibt es auch beim Doppelkopf mehrere Varianten. Bei der ersten Variante werden aus zwei Skatspielen mit je 32 Karten alle 7er und 8er entfernt, bei der zweiten Variante werden zusätzlich die 9er herausgenommen. Unten siehst du die Trümpfe des Spiels in aufsteigender Reihenfolge. Alle anderen Karten nennt man Fehlfarben.

Karo 9, Karo König, Karo 10, Karo Ass, Karo Bube, Herz Bube, Pik Bube, Kreuz Bube, Karo Dame, Herz Dame, Pik Dame, Kreuz Dame, Herz 10

Bei welcher Variante ist es wahrscheinlicher, als erste Karte eines gut gemischten Kartenstapels eine Trumpfkarte zu ziehen?
Besonders wichtige Trumpfkarten sind die Kreuz Damen. Wie groß ist die Wahrscheinlichkeit, dass die oberste Karte des Stapels keine Kreuz Dame ist?

Alternative: Roulette

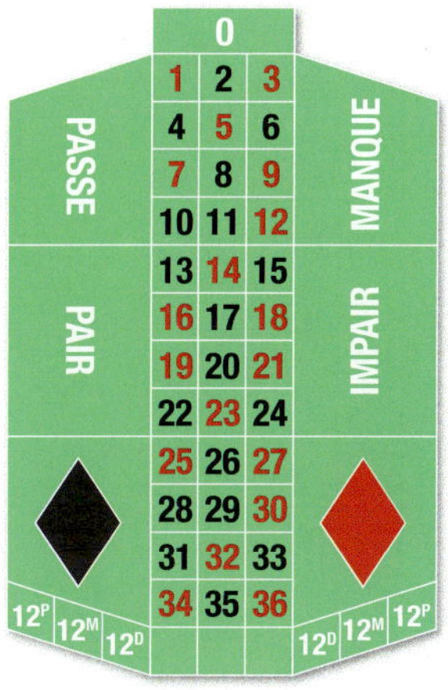

Beim Spiel „Roulette" werden Jetons (Chips) auf die Felder des Spielplans gesetzt. Anschließend wird im Drehteller mit den Zahlen 0 bis 36 eine Kugel gerollt, die dann in einem der Felder zu liegen kommt. Wie groß ist deine Gewinnwahrscheinlichkeit, wenn du

- auf eine bestimmte Zahl (z. B. 11) setzt,
- auf eine Querreihe wie 13-14-15 setzt,
- auf eine Farbe (Rot oder Schwarz) setzt?

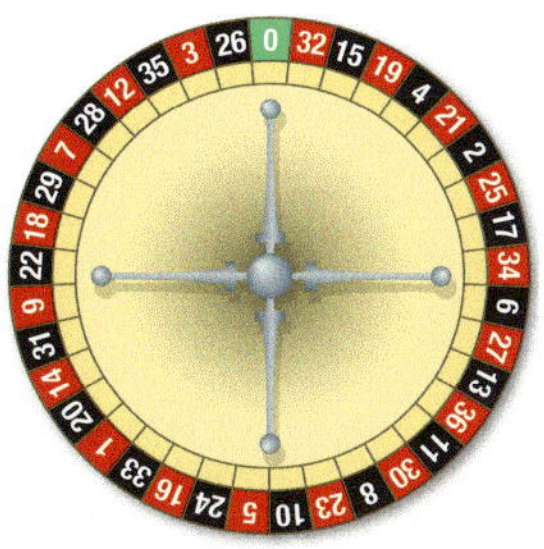

Im Kasino bekommt ein Spieler, wenn er Jetons auf eine der 37 Zahlen setzt, das 36-Fache seines Einsatzes zurück, falls die Kugel auf diese Zahl fällt. Beim erfolgreichen Setzen auf eine Querreihe bekommt er das 12-Fache seines Einsatzes. Beim Setzen auf eine Farbe kann er das Doppelte des Einsatzes gewinnen.
Wieso sind diese Gewinnmöglichkeiten so festgelegt?
Berechne die Wahrscheinlichkeit, dass die Kugel nicht auf die Null fällt.

Wissen

Ereignisse und ihre Wahrscheinlichkeiten: Summenregel

Im letzten Abschnitt hast du Wahrscheinlichkeiten experimentell bestimmt: Du hast ein Zufallsexperiment sehr oft wiederholt, die relativen Häufigkeiten beobachtet und damit die Wahrscheinlichkeit geschätzt.
Manche Wahrscheinlichkeiten lassen sich auch durch Überlegung bestimmen.

Beispiel 1

▶ Beim Wurf mit dem abgebildeten Quader wurden experimentell die in der Tabelle angegebenen Wahrscheinlichkeiten bestimmt.

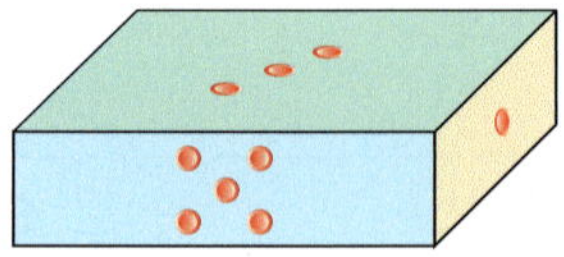

	1	2	3	4	5	6
Wahrscheinlichkeit	6 %	11,5 %	32,5 %	32,5 %	11,5 %	6 %

Wie groß ist die Wahrscheinlichkeit für das Ereignis „Der Quader fällt flach", d. h. kommt auf eine seiner beiden größten Flächen zu liegen?
Um diese Wahrscheinlichkeit zu bestimmen, musst du kein neues Experiment durchführen. Du kannst überlegen: Der Quader fällt „flach", wenn eine 3 *oder* eine 4 gewürfelt wird. Beim Experiment würdest du einfach die Häufigkeiten für 3 und 4 addieren. Die Wahrscheinlichkeiten wurden über relative Häufigkeiten bestimmt bei einer großen Zahl von Wiederholungen des Experiments. Daher kannst du auch die Wahrscheinlichkeiten addieren:
Die Wahrscheinlichkeit für das Ereignis „Der Quader fällt flach" ist die Summe der Wahrscheinlichkeiten der Ausgänge 3 und 4.
Sie beträgt 32,5 % + 32,5 % = 65 %

Achtung
Die Worte **Ergebnis** und **Ereignis** werden leicht verwechselt, da sie ähnlich klingen, daher bietet sich die Verwendung des Wortes **Ausgang** an.
Im Englischen ist dies einfacher: *outcome* heißt Ergebnis, Ausgang, *event* heißt Ereignis.

Die Wahrscheinlichkeit für ein Ereignis, welches aus mehreren Ausgängen besteht, erhältst du, indem du die Wahrscheinlichkeiten der einzelnen Ausgänge addierst (Summenregel).

Gegenereignisse

Zur Berechnung der Wahrscheinlichkeit des Ereignisses „Der Quader fällt hochkant", mit dem oben abgebildeten Quader könntest du die Wahrscheinlichkeiten der Ausgänge 1, 2, 5 und 6 addieren.
Einfacher ist es, wenn du die bereits berechnete Wahrscheinlichkeit für das **Gegenereignis** „Der Quader fällt flach" betrachtest.
Die Wahrscheinlichkeiten von „Der Quader fällt flach" und „Der Quader fällt hochkant" müssen sich zu 1 addieren, denn alle Ausgänge gehören entweder zum einen oder zum anderen dieser Ereignisse. Daraus folgt:
Die Wahrscheinlichkeit für „Der Quader fällt hochkant" beträgt 1 – 65 % = 35 %.

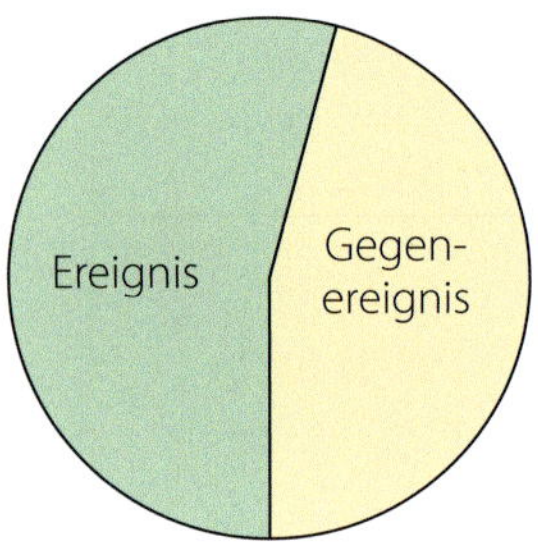

Alle Ausgänge, die nicht zu einem bestimmten Ereignis gehören, bilden das dazugehörende Gegenereignis. Die Summe der Wahrscheinlichkeiten von Ereignis und Gegenereignis ergibt 1.

Laplace-Experimente

Wenn aus einem gut gemischten Stapel ungezinkter Karten eine Karte zufällig gezogen wird, hat jede Karte die gleiche Chance. Beim zufälligen Ziehen ist die **Wahrscheinlichkeit** für jede Karte gleich.

Info

Pierre Simon Laplace, französischer Mathematiker (1749–1827).

Zufallsexperimente, bei denen alle Ausgänge gleich wahrscheinlich sind, werden Laplace-Experimente genannt.
Bei einem Laplace-Experiment mit n verschiedenen Ausgängen ist die Wahrscheinlichkeit für einen Ausgang gleich $\frac{1}{n}$.

Beispiel 2

- Ein Skatblatt besteht aus 32 Karten. Die Wahrscheinlichkeit, beim zufälligen Ziehen einer Karte die Pik Dame zu bekommen, ist $\frac{1}{32}$.
- Beim Würfeln mit einem regelmäßigen Spielwürfel erscheint jede der 6 möglichen Augenzahlen mit der Wahrscheinlichkeit $\frac{1}{6}$.
- Beim Roulette gibt es 37 Felder, nummeriert von 0 bis 36. Die Wahrscheinlichkeit, dass die Kugel auf dem Feld 0 liegen bleibt, beträgt $\frac{1}{37}$.

Wahrscheinlichkeiten bei Laplace-Experimenten berechnen

Wie groß ist die Wahrscheinlichkeit, aus dem rechts abgebildeten Kasten zufällig eine blaue Kugel zu ziehen? *Welche* blaue Kugel, spielt keine Rolle.
Daher fasst man alle „günstigen" Ausgänge zu einem **Ereignis** zusammen. Das Ereignis „Ziehen einer blauen Kugel" besteht aus den 7 für dieses Ereignis „günstigen" Kugeln.
Die Wahrscheinlichkeit, beim einmaligen blinden Ziehen aus dem Kasten eine *bestimmte* Kugel zu greifen, ist $\frac{1}{13}$. Die Wahrscheinlichkeit $\frac{1}{13}$ besteht für jede der sieben blauen Kugeln.
Nach der Summenregel kannst du die Wahrscheinlichkeiten addieren:

$$\underbrace{\frac{1}{13}+\frac{1}{13}+\frac{1}{13}+\frac{1}{13}+\frac{1}{13}+\frac{1}{13}+\frac{1}{13}}_{\text{7-mal}}=\frac{7}{13}\approx 0{,}54.$$

Die Wahrscheinlichkeit für das Ereignis „Ziehen einer blauen Kugel" ist der Quotient aus der Anzahl der „günstigen" Kugeln und der Anzahl der „möglichen" Kugeln.

Die Wahrscheinlichkeit für ein Ereignis bei Laplace-Experimenten berechnet sich als:

$$\text{Wahrscheinlichkeit} = \frac{\text{Anzahl der für das Ereignis günstigen Ausgänge}}{\text{Anzahl aller möglichen Ausgänge}}$$

Beispiel 3: Summenregel

- Die Wahrscheinlichkeit, aus dem oben abgebildeten Kasten eine rote oder eine grüne Kugel zu ziehen, lässt sich berechnen als Summe der Wahrscheinlichkeiten, eine rote bzw. eine grüne Kugel zu ziehen: $\frac{3}{13}+\frac{2}{13}=\frac{5}{13}$

Beispiel 4: Wahrscheinlichkeit und Gegenwahrscheinlichkeit

- Beim zufälligen Ziehen einer Karte aus einem Skatblatt gibt es 32 mögliche Ausgänge. Für das Ereignis „Farbe Herz" sind günstige Ausgänge die 8 Herzkarten. Daraus ergibt sich die Wahrscheinlichkeit, eine Herzkarte zu ziehen, als $\frac{8}{32}=\frac{1}{4}$. Die Wahrscheinlichkeit für das Gegenereignis, *keine* Herzkarte zu ziehen beträgt $1-\frac{1}{4}=\frac{3}{4}$.

Aufgaben

Trainieren | Anwenden | Vernetzen

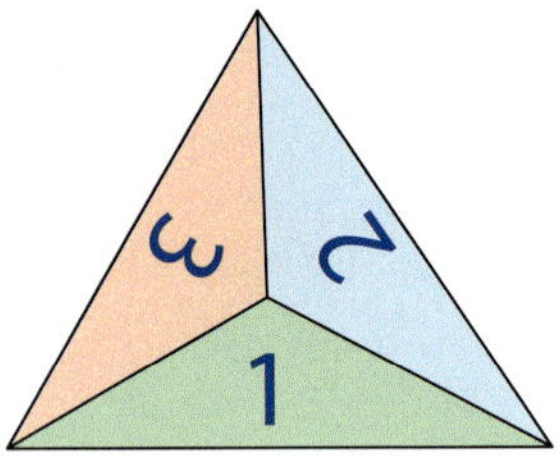

1 Wobei handelt es sich um ein Laplace-Experiment? Begründe deine Antwort.
a) Eine Reißzwecke wird geworfen.
b) Eine Münze wird geworfen.
c) Zwei Würfel werden geworfen und die Augensumme notiert.
d) Ein Tetraeder wird geworfen; er hat auf seinen Flächen die Ziffern 1 bis 4. Ausgang ist die Ziffer der Seite, auf der er zu liegen kommt.
e) Ein Elfmeter wird geschossen.
f) Ein Dartpfeil wird auf eine Scheibe geworfen.

2 In einem großen Glas befinden sich 30 gleich große Kugeln. Auf zehn dieser Kugeln wurde mit einem Filzstift ein roter Punkt gemalt, die übrigen 20 Kugeln sind nicht markiert. Melina zieht mit verbundenen Augen eine Kugel aus dem Glas. Bestimme die Wahrscheinlichkeit dafür, dass Melinas Kugel einen roten Punkt hat.

3 Aus nebenstehendem Kasten wird blind eine Kugel gezogen. Wie groß ist die Wahrscheinlichkeit dafür,
a) eine rote Kugel zu erhalten,
b) eine schwarze Kugel zu erhalten,
c) eine weiße Kugel zu erhalten,
d) keine schwarze Kugel zu erhalten?

Lösungswort: 12,5 % (r); 0,375 (u); 0,5 (w); $\frac{5}{8}$ (f)

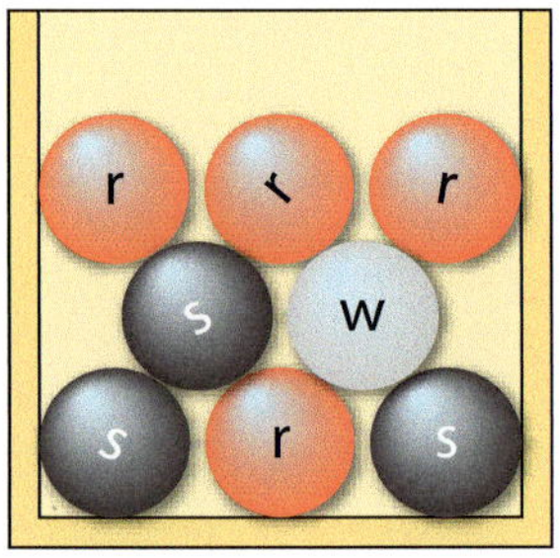

4 Du ziehst eine Kugel aus einer Urne mit verschiedenfarbigen Kugeln. Wie groß ist die Wahrscheinlichkeit, dass du eine weiße erwischst, wenn die Urne
a) 4 weiße und 36 schwarze,
b) 25 weiße und 75 schwarze,
c) 18 weiße und 36 schwarze,
d) 16 weiße und 64 schwarze
Kugeln enthält?

5 Ein Behälter enthält 6 blaue, 3 rote und 4 grüne Kugeln. Eine Kugel wird gezogen.
a) Mit welcher Wahrscheinlichkeit zieht man eine rote bzw. eine blaue bzw. eine grüne Kugel?
b) Durch Hinzufügen weiterer roter Kugeln soll die Wahrscheinlichkeit, eine rote Kugel zu ziehen, auf $\frac{1}{3}$ erhöht werden. Wie viele rote Kugeln müssen dafür zusätzlich in den Behälter?

6 Was hältst du davon?
An einer Lotterie steht:
7 % der Lose sind ein Hauptgewinn, 15 % ein Gewinn der Klasse I, 25 % ein Gewinn der Klasse II und 40 % sind Trostpreise. Hier sind nur 10 % Nieten.

7 Wie wahrscheinlich sind die Ereignisse? Gib für jedes Rad zunächst die Ausgänge an, die zu dem Ereignis gehören: Das Rad bleibt liegen

a) auf einem Feld mit einer 3,
b) auf einem Feld mit einer Zahl größer 4,
c) auf einem Feld, das eine Primzahl zeigt,
d) auf einem roten Feld,
e) auf keinem grünen Feld.

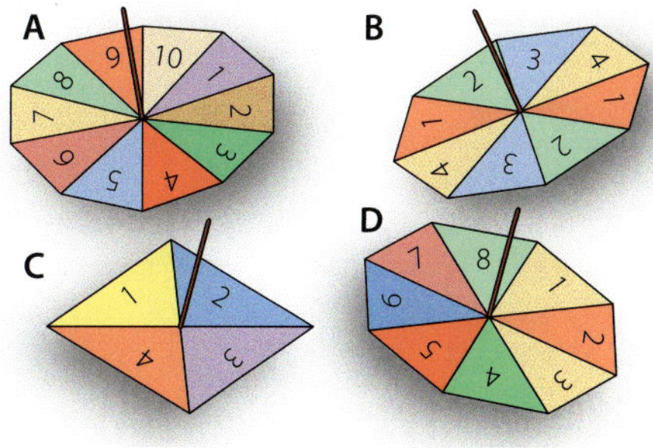

8 Schätze bei dem rechts abgebildeten Glücksrad die Wahrscheinlichkeit der folgenden Ereignisse.

a) rot, d. h. der Pfeil bleibt auf „rot" stehen
b) grün
c) blau
d) gelb
e) blau oder gelb
f) nicht blau
g) weder gelb noch blau

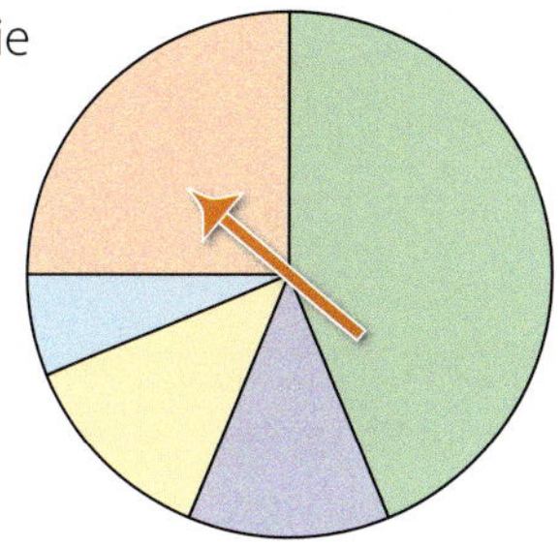

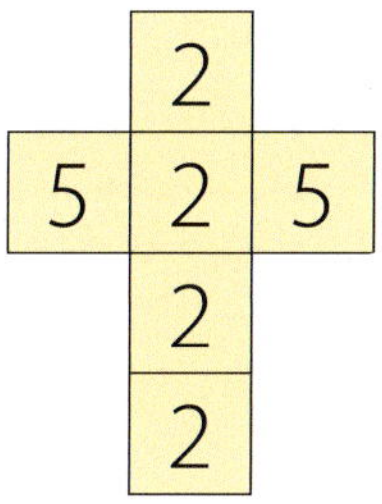

9 Ein Würfel mit einem Würfelnetz wie in der Abbildung am Rand wird geworfen. Bestimme die Wahrscheinlichkeit für den Ausgang

a) „2",
b) „5",
c) „Primzahl".

10 Gib die Wahrscheinlichkeiten der Ereignisse beim Roulette an.

a) „17"
b) „ungerade"
c) „1, 2 oder 3"
d) „3, 6, 9, …, 36"
e) „rot"
f) „keine Primzahl"

Lösungswort: $\frac{18}{37}$ (e); $\frac{1}{37}$ (j); $\frac{18}{37}$ (n); $\frac{12}{37}$ (o); $\frac{26}{37}$ (s); $\frac{3}{37}$ (t)

Tipp
Zähle die zugehörigen Ausgänge auf.

11 Wie wahrscheinlich sind die Ereignisse beim Werfen eines blauen und eines gelben Würfels?

a) „Pasch"
b) „Augenzahl des blauen Würfels ist größer."
c) „Augenzahl des gelben Würfels ist 5."
d) „Beide Augenzahlen sind ungerade."
e) „Eine Augenzahl ist um 4 größer als die andere."
f) „Die Summe der Augenzahlen ist eine Primzahl."

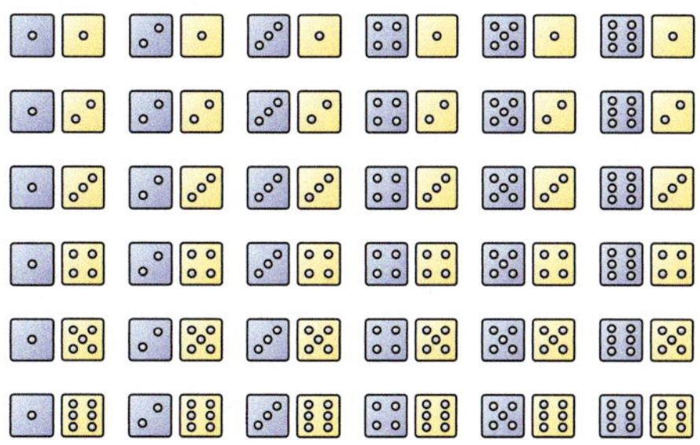

12 Berechne für einen Würfel mit den angegebenen Wahrscheinlichkeiten für die Ausgänge 1 bis 6 jeweils die Wahrscheinlichkeiten folgender Ereignisse:

a) gerade Zahl,
b) kleiner als 4,
c) keine 6,
d) keine ungerade Zahl.

1	2	3	4	5	6
10,8 %	5,9 %	33,3 %	33,3 %	5,9 %	10,8 %

13 Welches Ereignis hat eine größere Wahrscheinlichkeit?

a) Das Werfen einer Sechs mit einem Würfel oder das Werfen eines Paschs mit zwei Würfeln.

b) Das Werfen einer geraden Zahl mit einem Würfel oder das Werfen von zwei geraden Zahlen mit zwei Würfeln.

Info
Skat wird mit 32 Karten gespielt. Ein Skatblatt besteht aus den vier Farben Kreuz, Pik, Herz und Karo, jeweils mit den Karten Sieben, Acht, Neun, Zehn, Bube, Dame, König und Ass.

14 Berechne die Wahrscheinlichkeit dafür, dass beim Ziehen einer Karte aus einem Skatblatt

a) eine Dame,
b) eine Pik-Karte,
c) keine Herz-Karte,
d) ein Bube oder ein Ass

gezogen wird. Stelle drei weitere ähnliche Fragen.

15 Zeichne ein Glücksrad mit den Wahrscheinlichkeiten

gelb	blau	rot
$\frac{1}{16}$	$\frac{5}{16}$	$\frac{10}{16}$

16 Entwirf ein Glücksrad,

a) bei dem jedes Feld dieselben Chancen hat wie bei einem üblichen Würfel,
b) bei dem die Chancen im Verhältnis 4 : 3 : 2 : 1 verteilt sind.

Noch fit?

I Was stimmt hier nicht? Berichtige den Fehler.

Um zwanzig nach elf stand das Rathaus plötzlich kopf

Sie dürfen Ihren Augen ruhig trauen, das Bild ist nicht verkehrt herum auf diese Seite gelangt. Unser Rathaus steht kopf, genauer: Es spiegelt sich im von keinerlei Windhauch gekräuselten Wasser des Teiches. Zwanzig nach elf war es, als der Fotograf auf den Auslöser drückte, und fünf vor zwölf ist es, wenn der Rat heute über den Haushalt berät und Beschlüsse fassen muss.

Trainieren | **Anwenden** | Vernetzen

17 Alle Scrabble-Buchstaben liegen mit dem Rücken nach oben auf dem Tisch.
Die Tabelle zeigt, wie häufig die Buchstaben beim Scrabble vorkommen.
Wie wahrscheinlich ist es, dass du
a) ein E ziehst
b) ein F ziehst
c) ein T ziehst, nachdem du bereits ein E und ein F gezogen hast?

1 Punkt	E (15), N (9), S (7), I (6), R (6), T (6), U (6), A (5), D (4)
2 Punkte	H (4), G (3), L (3), O (3)
3 Punkte	M (4), B (2), W (1), Z (1)
4 Punkte	C (2), F (2), K (2), P (1)
6 Punkte	Ä (1), J (1), Ü (1), V (1)
8 Punkte	Ö (1), X (1)
10 Punkte	Q (1), Y (1)
0 Punkte	Joker/Blanko (2)

18 Beim Spiel Stadt-Land-Fluss kann der Anfangsbuchstabe so bestimmt werden: Ein Mitspieler zielt mit einem Bleistift blind auf einen gedruckten Text. Der Buchstabe, den er oder sie trifft, ist der Anfangsbuchstabe. Auswahltext soll jetzt der Auftrag *Seitenwahl* von Kapitel 5.1 sein. Der Text hat 678 Buchstaben.
a) Gib an, mit welcher Wahrscheinlichkeit bei rein zufälligem Tippen der Buchstabe A getroffen wird.
b) Maria hofft auf den Buchstaben H. Mit welcher Wahrscheinlichkeit hat sie Glück?

19 Denke dir Zufallsexperimente aus, die für die genannten Ausgänge die angegebenen Wahrscheinlichkeiten haben.
Welche von ihnen sind Laplace-Experimente?

a)

1	2	3
$\frac{1}{6}$	$\frac{2}{6}$	$\frac{3}{6}$

b)

rot	gelb	blau
20 %	30 %	50 %

c)

1	2	3	4
0,25	0,25	0,25	0,25

d)

4	5	6
$\frac{1}{2}$	$\frac{1}{3}$	$\frac{1}{6}$

20 Ein Gefäß enthält Kugeln mit verschiedenen Farben. Die Wahrscheinlichkeiten, die Farben zu ziehen, sind in der Tabelle angegeben.

blau	gelb	rot	schwarz
0,1	0,2	0,3	0,4

a) Gib zwei verschieden gefüllte Gefäße hierzu an.
b) Finde möglichst viele Ereignisse mit folgenden Wahrscheinlichkeiten: 0,2; 0,4; 0,5; 0,6; 0,8; 1,0.
c) Finde Ereignisse, deren Gegenereignisse diese Wahrscheinlichkeiten haben: 0,1; 0,3; 0,5; 0,9.

21 Drei Münzen werden gleichzeitig geworfen. Für das Gewinnen werden drei Ereignisse vorgeschlagen. Vergleiche die Gewinnchancen.
A: genau zweimal Zahl
B: genau einmal oder genau dreimal Zahl
C: genau einmal Zahl oder genau einmal Wappen

Auf einen Blick

Beispiel für einen Zufallsversuch: Kugeln werden aus einer Urne gezogen.

Zufallsexperimente: Häufigkeit

Ein Experiment, dessen Ausgang nicht vorhergesagt werden kann, weil es vom Zufall bestimmt ist, heißt Zufallsexperiment. Bei der Auswertung eines Zufallsexperiments wird gezählt, wie häufig die verschiedenen möglichen **Ausgänge** auftreten.

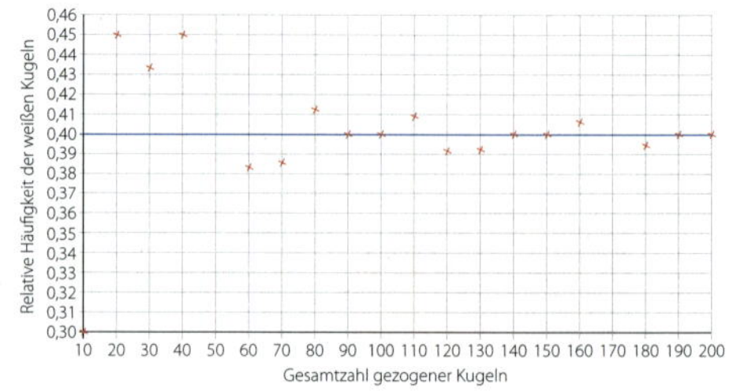

Die Anzahl, mit der ein bestimmter Ausgang auftritt, heißt **absolute Häufigkeit**.

Die **relative Häufigkeit** erhältst du, indem du die absolute Häufigkeit durch die Gesamtanzahl der Versuchsausgänge dividierst.

Das empirische Gesetz der großen Zahlen
Die relativen Häufigkeiten stabilisieren sich mit wachsender Anzahl von Versuchen.

Wahrscheinlichkeit

Mit der **Wahrscheinlichkeit** eines Ausgangs wird die relative Häufigkeit bei vielen Wiederholungen des Experiments abgeschätzt.
Die Wahrscheinlichkeit eines Ausgangs ist eine Zahl zwischen 0 und 1. Sie kann in Prozent, als Bruch oder als Dezimalzahl angegeben werden.

▸ Die Wahrscheinlichkeit, eine 6 zu würfeln, beträgt $\frac{1}{6} \approx 0{,}167 \approx 16{,}7\,\%$

Die Wahrscheinlichkeit für ein Ereignis, welches aus mehreren Ausgängen besteht, erhältst du, indem du die Wahrscheinlichkeiten der einzelnen Ausgänge addierst **(Summenregel)**.

Laplace-Experimente

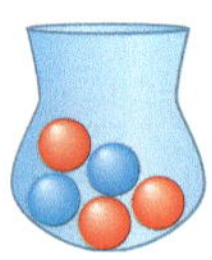

Zufallsexperimente, bei denen alle Ausgänge gleich wahrscheinlich sind, werden **Laplace-Experimente** genannt. Bei einem Laplace-Experiment mit n verschiedenen Ausgängen ist die Wahrscheinlichkeit für einen Ausgang gleich $\frac{1}{n}$.
Die Wahrscheinlichkeit für ein Ereignis bei Laplace-Experimenten berechnet sich als $\text{Wahrscheinlichkeit} = \frac{\text{Anzahl der für das Ereignis günstigen Ausgänge}}{\text{Anzahl aller möglichen Ausgänge}}$.

Alle Ausgänge eines Zufallsversuchs, die nicht zu einem bestimmten Ereignis gehören, bilden das dazu gehörende **Gegenereignis**.
Die Summe der Wahrscheinlichkeiten von Ereignis und Gegenereignis ergibt 1.

▸ Die Wahrscheinlichkeit, aus der abgebildeten Vase eine blaue Kugel zu ziehen, beträgt $\frac{2}{5}$.

▸ Die Wahrscheinlichkeit, keine 6 zu würfeln, beträgt $1 - 0{,}167 = 0{,}833 = 83{,}3\,\%$.

Kapitel 6

Winkel untersuchen

In diesem Kapitel lernst du Zusammenhänge zwischen den Winkeln in verschiedenen geometrischen Figuren kennen. Du wirst erfahren, dass bestimmte Winkelbeziehungen z. B. bei der Städteplanung, in der Technik oder in der Kunst eine wichtige Rolle spielen.

6.1 Entdeckungen an Geradenkreuzungen

Aufträge

Der Stadtplan von Karlsruhe

Die Stadt Karlsruhe wurde auf dem Reißbrett geplant. Deshalb verlaufen viele Straßen geradlinig. Auf dem Stadtplan unten sind vier Straßenkreuzungen hervorgehoben. Die Hirschstraße kreuzt die Amalienstraße und die Sophienstraße (rote Linien). Die Herrenstraße kreuzt die Erbprinzenstraße und die Kaiserstraße (blaue Linien). Beachte, wie die Geraden zueinander liegen, und miss alle Winkel, die sie bilden. Übertrage die vier Straßenkreuzungen genau in dein Heft. Beschreibe, was du über den Zusammenhang zwischen den Winkeln und der Lage der Geraden zueinander vermutest.

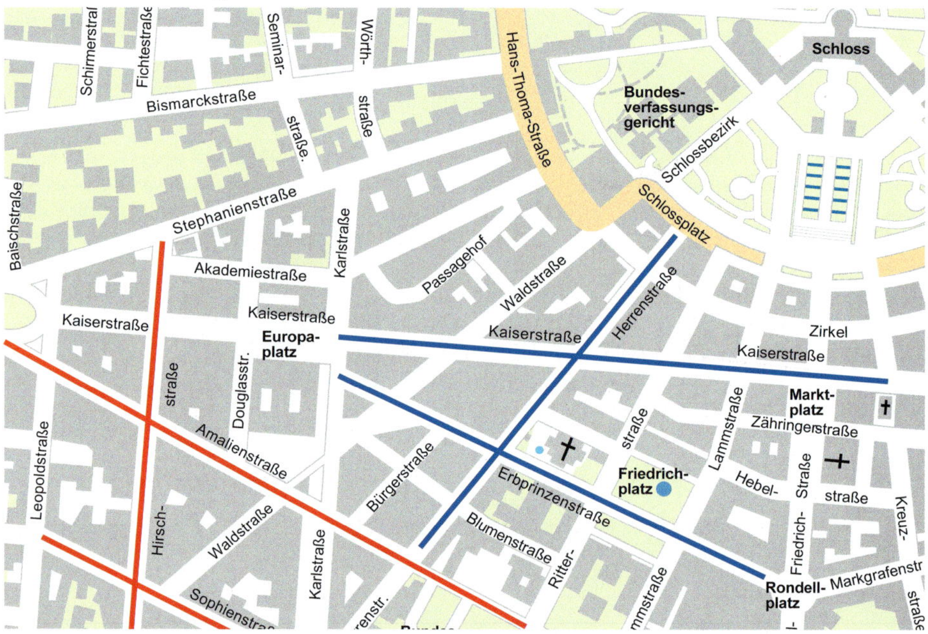

Alternative: Modelleisenbahn

Bernds Vater möchte seine Modelleisenbahnanlage erweitern. Dazu braucht er noch eine Kreuzung. „Schau Bernd, diese Kreuzung 15° brauchen wir", meint der Vater. Bernd wundert sich, warum nur ein Winkel in der Katalogbeschreibung angegeben ist. Es gibt doch ganz viele Winkel bei einer Kreuzung. Er holt ein Geodreieck und misst die Winkel.

Miss ebenfalls die Größen aller Winkel. Welche Vermutung hast du? Welcher Winkel kann im Katalog gemeint sein? Zeichne eine „Kreuzung 30°".

***Alternative:* Dynamische Geometrie**

Zeichne zwei Geraden durch einen Punkt A. Setze auf die Geraden wie in der Skizze die Punkte D und E. Durch Bewegen der Punkte B und C drehen sich die Geraden um den Punkt A. Miss mithilfe der DGS-Software die Winkel an dieser Geradenkreuzung. Beobachte, was beim Drehen der Geraden mit den Winkeln geschieht.

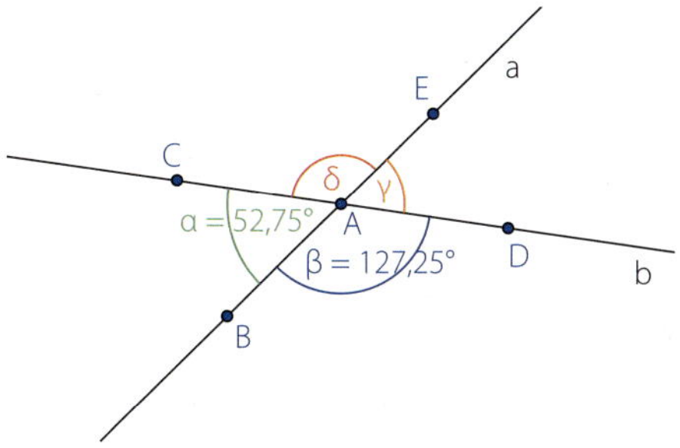

Zeichne eine zu AB parallele Gerade und miss die Winkel an der neuen Geradenkreuzung. Was stellst du fest?

Wissen

Scheitelwinkel und Nebenwinkel

Wenn sich zwei Geraden schneiden, entstehen vier Winkel.

An Geradenkreuzungen gilt:
Gegenüber liegende Winkel sind Scheitelwinkel zueinander.
Nebeneinander liegende Winkel sind Nebenwinkel zueinander.
Scheitelwinkel sind gleich groß, Nebenwinkel ergänzen sich zu 180°.

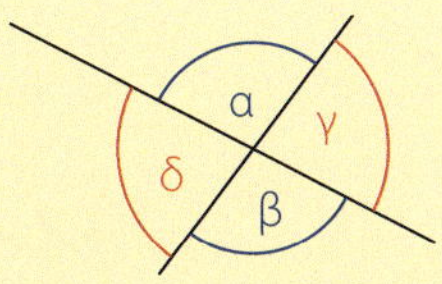

Scheitelwinkel: α und β; γ und δ.
Nebenwinkel: α und γ; α und δ; β und γ; β und δ.

Begründung:

(1) α und δ bilden zusammen einen gestreckten Winkel, daher gilt $\alpha + \delta = 180°$.
(2) β und δ bilden zusammen einen gestreckten Winkel, daher gilt $\beta + \delta = 180°$.
(3) Also folgt, dass α und β gleich groß sind: $\alpha = \beta$.

Erkenntnisse in der Geometrie kannst du durch Hinschauen oder Nachmessen gewinnen. Aber gelten deine Beobachtungen immer, oder nur zufällig für das vorliegende Beispiel?
Wenn du mit deinem Vorwissen begründen kannst, dass eine Eigenschaft unabhängig vom Beispiel gelten muss, dann ist diese Eigenschaft immer gültig.

Die obige Begründung zeigt: Nebenwinkel an Geradenkreuzungen sind zusammen immer 180° groß, da sie zusammen einen gestreckten Winkel bilden. Durch eine kleine Rechnung kann man zeigen, dass dann die Scheitelwinkel gleich groß sein müssen.

Für die Begründung ist es egal, wie groß die Winkel sind.
Deshalb sind die Aussagen im Kasten allgemein gültig.
Sie gelten an allen Geradenkreuzungen.

Stufenwinkel und Wechselwinkel

Wenn eine Gerade zwei andere Geraden schneidet, so entstehen dadurch zwei Geradenkreuzungen.

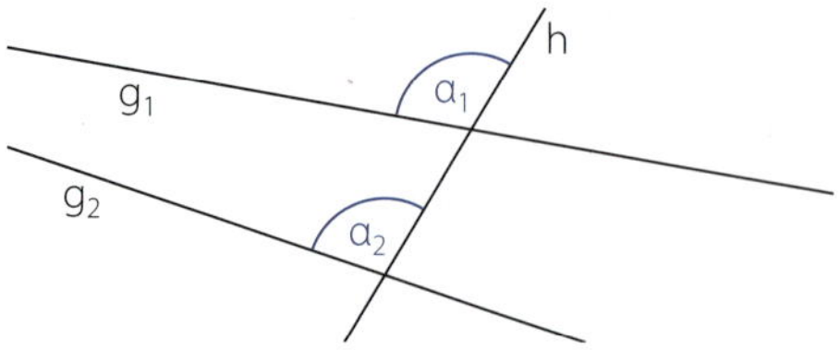

Die Winkel $α_1$ und $α_2$ heißen Stufenwinkel zueinander.
Stufenwinkel liegen auf der gleichen Seite der schneidenden Geraden und auf entsprechenden Seiten der geschnittenen Geraden.

Die Stufenwinkel liegen beide oberhalb der geschnittenen Geraden g_1 und g_2.

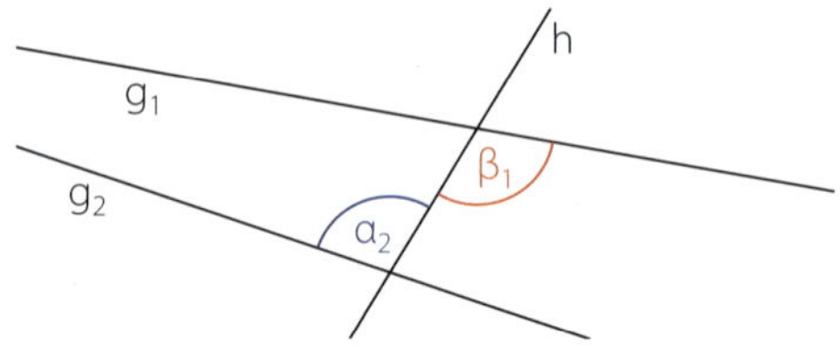

Die Winkel $α_2$ und $β_1$ heißen Wechselwinkel zueinander.
Wechselwinkel liegen auf entgegengesetzten Seiten der schneidenden Geraden und auf entgegengesetzten Seiten der geschnittenen Geraden.

$β_1$ liegt unterhalb von g_1 und $α_2$ liegt oberhalb von g_2.

Info
Du kannst dir Wechselwinkel auch so merken: Der Wechselwinkel eines Winkels ist der Scheitelwinkel vom Stufenwinkel.

Stufen- und Wechselwinkel an parallelen Geraden

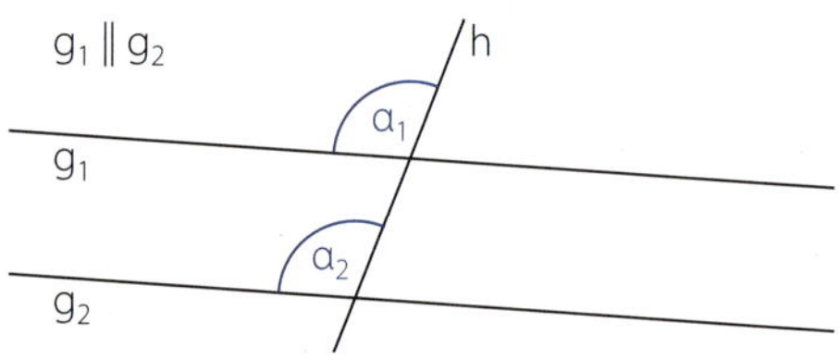

Stufenwinkel an geschnittenen Parallelen sind gleich groß.

Anschauliche Erklärung:
Nach dem Einzeichnen der ersten Geraden wird das Geodreieck nur verschoben, der Winkel zur Geraden h verändert sich dabei nicht.

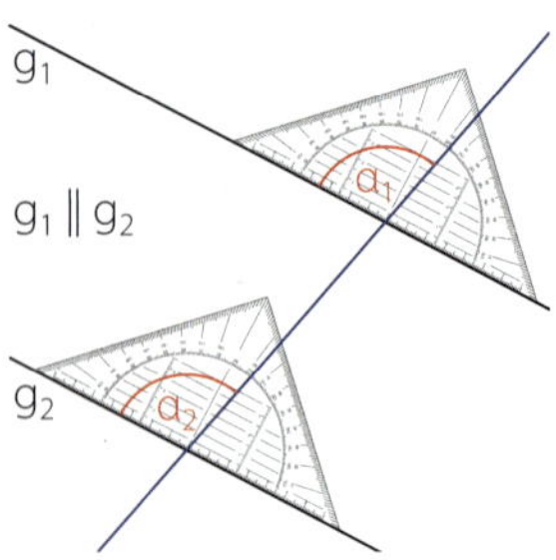

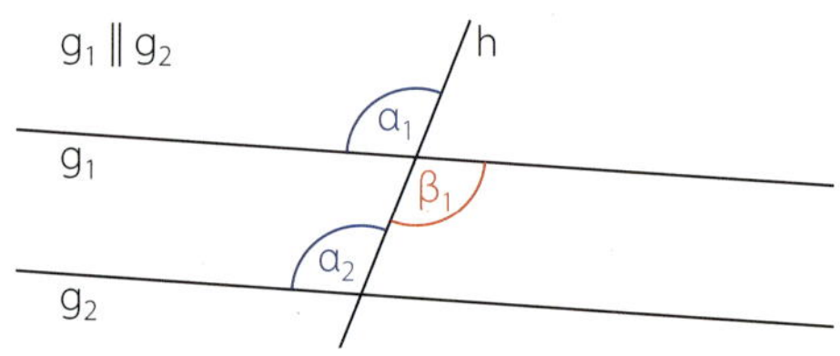

Wechselwinkel an geschnittenen Parallelen sind gleich groß.

Begründung:
(1) Die Winkel $α_1$ und $β_1$ sind Scheitelwinkel zueinander: $α_1 = β_1$.
(2) Die Winkel $α_1$ und $α_2$ sind Stufenwinkel an geschnittenen Parallelen, also gleich groß: $α_1 = α_2$
(3) Wegen (1) und (2) zusammen gilt: $α_1 = α_2 = β_1$. Also sind die Wechselwinkel $β_1$ und $α_2$ an geschnittenen Parallelen gleich groß.

Merke:
Alle roten und alle grünen Winkel sind jeweils gleich groß.

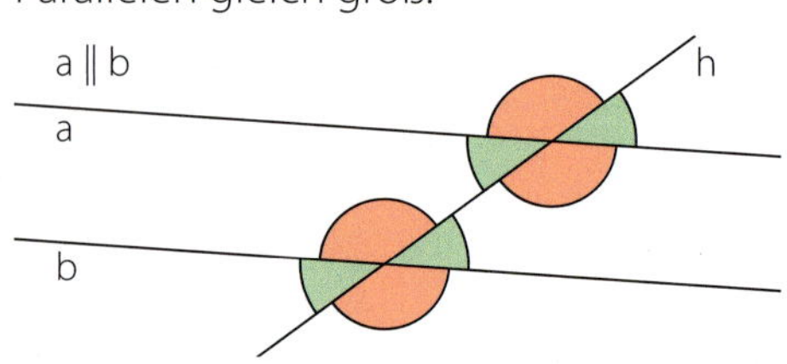

Beispiel 1: Winkelbestimmung mit Hilfslinien

▶ Aufgabe: Ermittle die Größe des Winkels α.

Lösung:
Zeichne eine zu a und b parallele Hilfslinie ein. Dadurch wird α in zwei Teilwinkel α_1 und α_2 geteilt.

$\alpha_1 = 15°$ (Wechselwinkel an Parallelen)
$\alpha_2 = 31°$ (Wechselwinkel an Parallelen)
$\alpha = \alpha_1 + \alpha_2 = 15° + 31° = 46°$

Der Winkel α hat eine Größe von 46°.

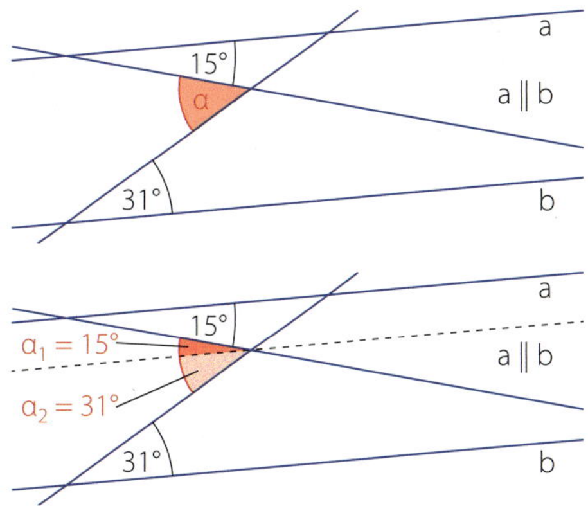

Aufgaben

Trainieren | Anwenden | Vernetzen

1 Zeichne eine Geradenkreuzung mit den Winkeln α, β, γ und δ so, dass gilt:
a) $\alpha = 34°$ **b)** $\gamma = 120°$ **c)** $\beta = 159°$ **d)** $\delta = 178°$
Miss jeweils die Größen der anderen Winkel und überprüfe rechnerisch.

2 Suche in dem Bild zusammengehörende Winkel.
a) Gib alle Paare von Scheitelwinkeln und von Nebenwinkeln an den Geraden g und l an.

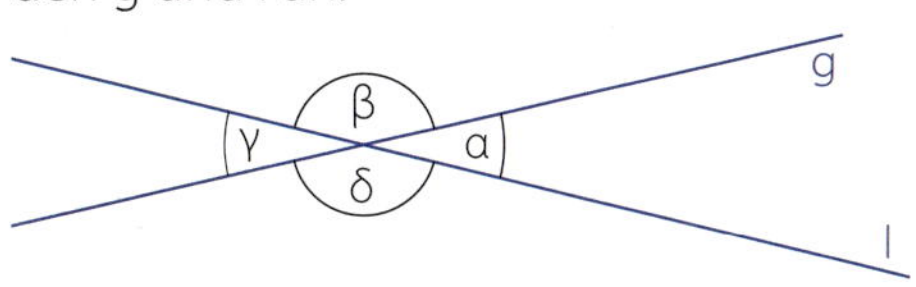

b) Gib alle Paare von Stufenwinkeln an den Geraden g und h an.

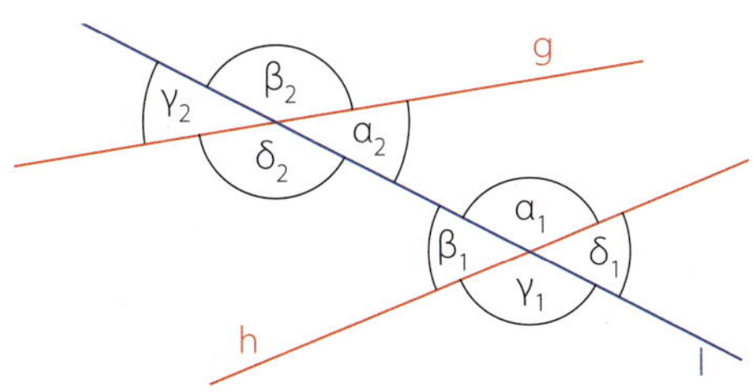

c) Gib alle Paare von Wechselwinkeln an den Geraden l und m an.

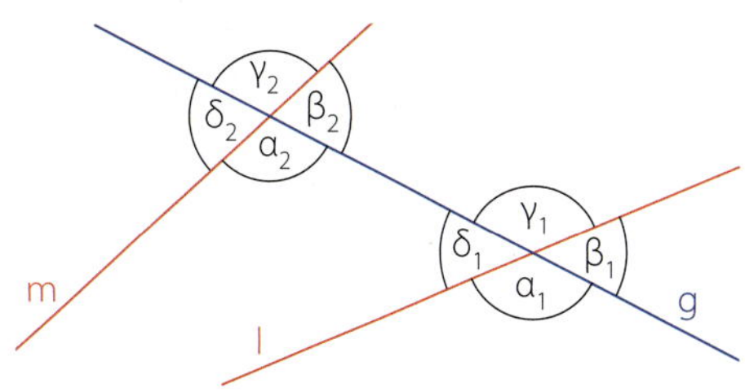

3 α und β sind Nebenwinkel an einer Geradenkreuzung. Fertige eine Skizze an.
a) Berechne die Größe von β für $\alpha = 50°$ (95°; 75,3°; 113°).
b) Bestimme die Größe des Scheitelwinkels von α zu $\beta = 81°$.
c) Erweitere deine Skizze so, dass Stufen- und Wechselwinkel zu α und β auftreten, und miss die Winkelgrößen.

4 Zeichne die Figur in dein Heft und bestimme die Größen aller benannten Winkel, ohne zu messen.

a)

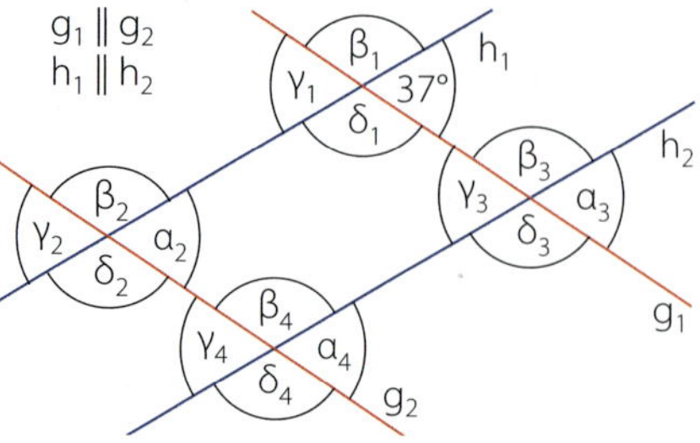

b)

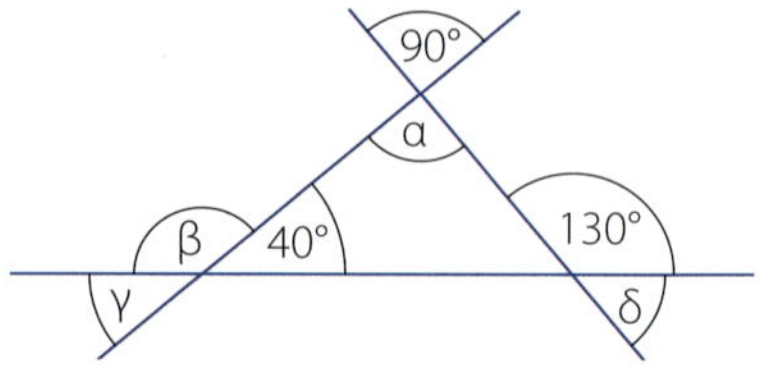

5 Zeichne die Figur in dein Heft.
Benenne alle auftretenden Winkel und bestimme ihre Größe, ohne zu messen.

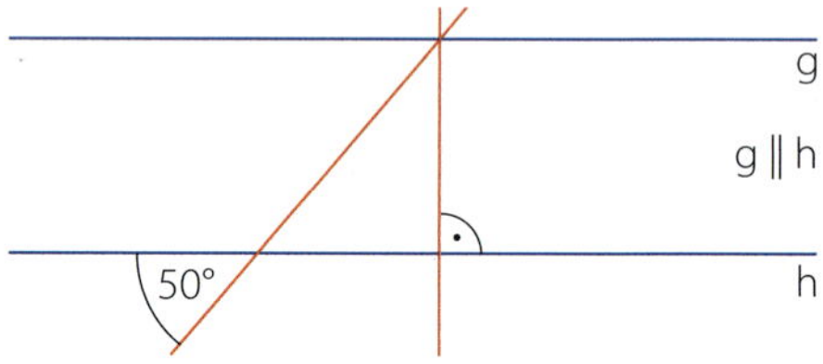

6 Bestimme die fehlenden Winkelgrößen. Achtung, in einer Zeichnung befindet sich ein Fehler! Finde und korrigiere ihn.

a)

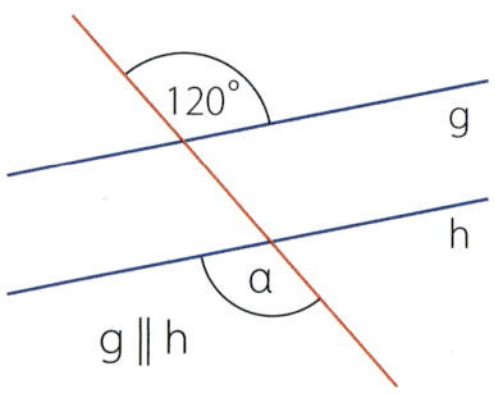

c)

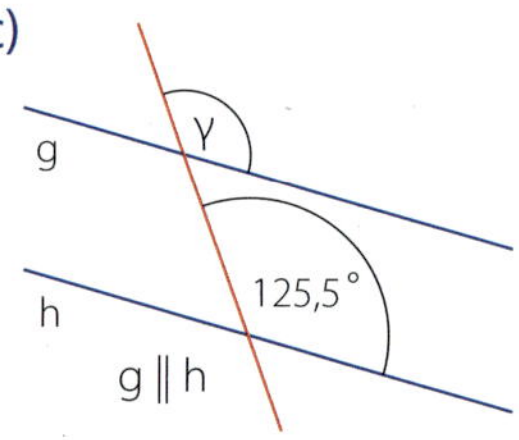

e)

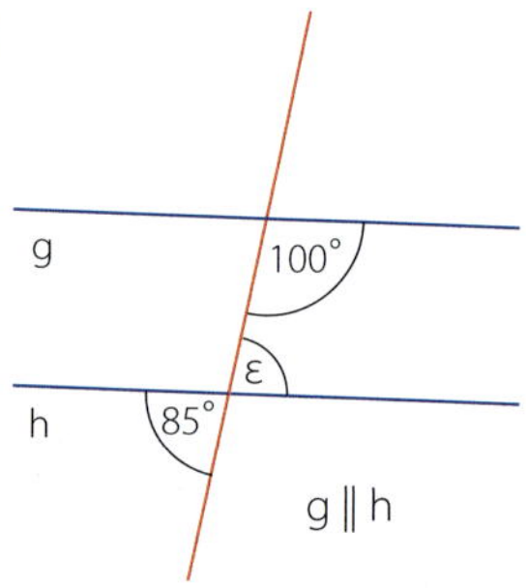

b)

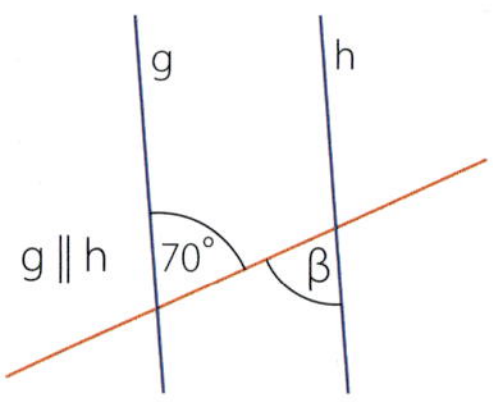

d)

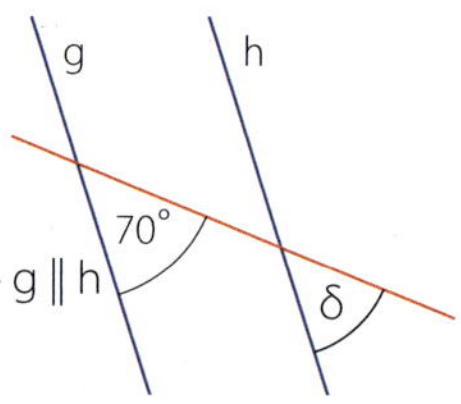

7 Übertrage die Figur in dein Heft und bestimme die fehlenden Winkel an den parallelen Geraden. Benenne die Geraden und die Winkel.

a)

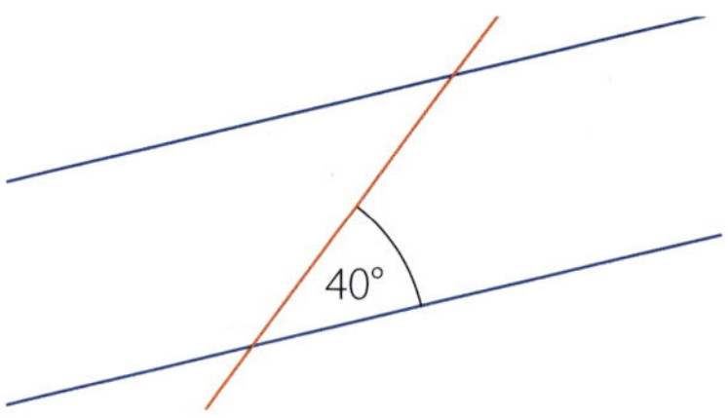

c)

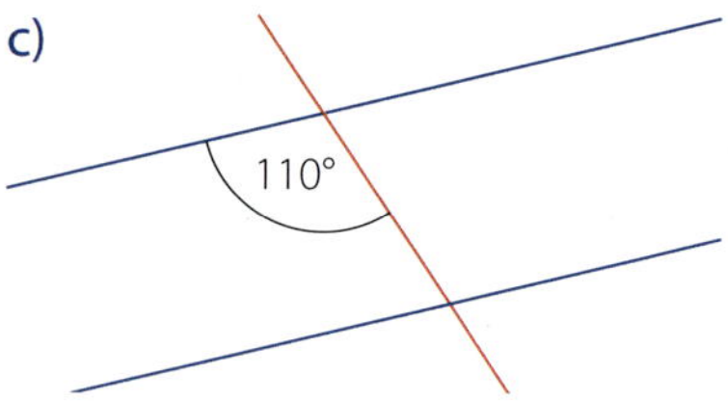

b)

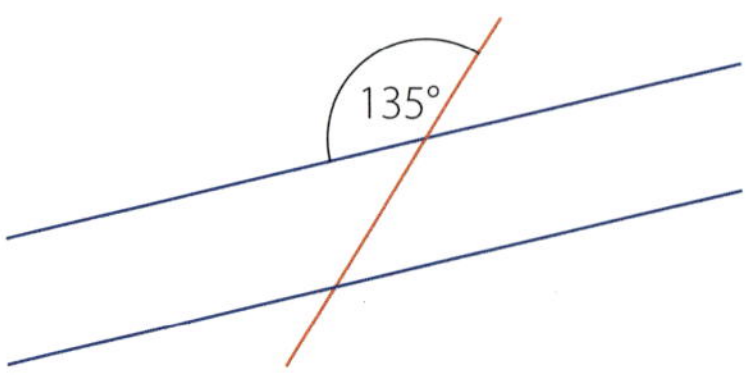

d)

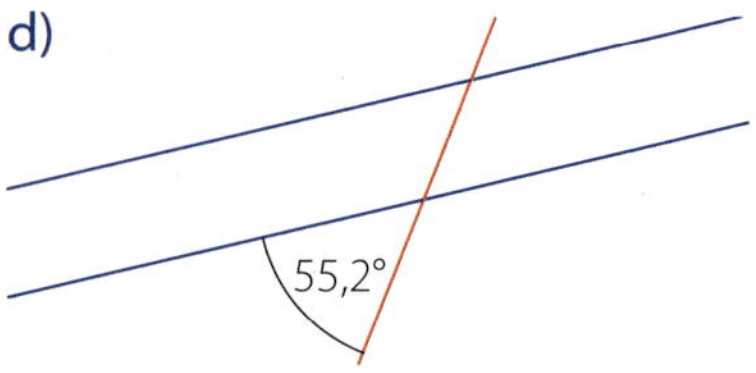

8 Mit der Angabe nur eines Winkels könnten die Winkel an diesen Geradenkreuzungen nicht berechnet werden. Erkläre, woran das liegt, und berechne alle Winkelgrößen.

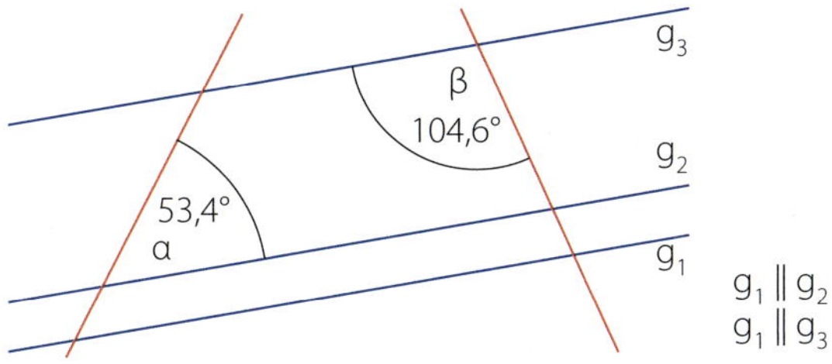

Tipp
Um deine Ergebnisse darzustellen, kannst du auch eine dynamische Geometrie-Software nutzen. Damit kannst du aber nicht *nachweisen*, dass die Ergebnisse stimmen.

9 Berechne die Größe von α und β.

a)

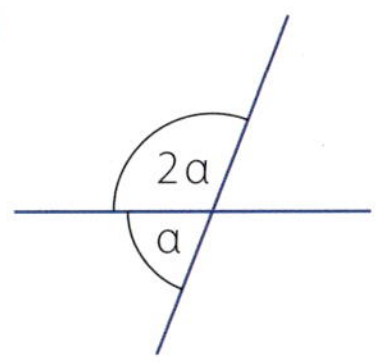

b)

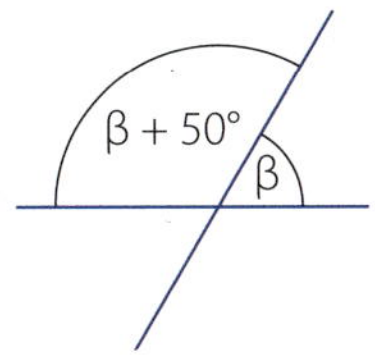

c) Der Winkel β ist fünfmal so groß wie sein Nebenwinkel α an zwei sich schneidenden Geraden.

d) Der Winkel β ist um 10° kleiner als sein Nebenwinkel α.

10 α und β sind zueinander Nebenwinkel.
Überlege dir, wie groß α bzw. β ist, wenn das Folgende gilt:

a) $\alpha = 95{,}5°$
b) $\beta = 105{,}35°$
c) β ist dreimal so groß wie α.
d) α weicht um 3° von einem rechten Winkel ab.

Zur Erinnerung
Spitzer Winkel: zwischen 0° und 90°
Stumpfer Winkel: zwischen 90° und 180°

11 Übertrage ins Heft und ergänze die durch drei Pünktchen gekennzeichneten Stellen so, dass wahre Aussagen entstehen. Begründe.

a) Ein Nebenwinkel eines stumpfen Winkels ist ein … Winkel.
b) Der Scheitelwinkel eines spitzen Winkels ist ein … Winkel.
c) Der Nebenwinkel eines rechten Winkels ist ein … Winkel.

12 α und β sind Nebenwinkel, γ ist Scheitelwinkel zu α. Fertige eine passende Skizze an. Berechne die fehlenden Winkelgrößen.

a) $\beta = 67°$
b) $\gamma = 32°$
c) $\beta + 20° = \gamma$
d) $\alpha = \beta$

Tipp
Häufig hilft es beim Begründen, wenn man Strecken über die Endpunkte hinaus verlängert, sie also zu Geraden macht.

13 Im Rechteck ABCD ist der Winkel ∢ DCA gegeben.

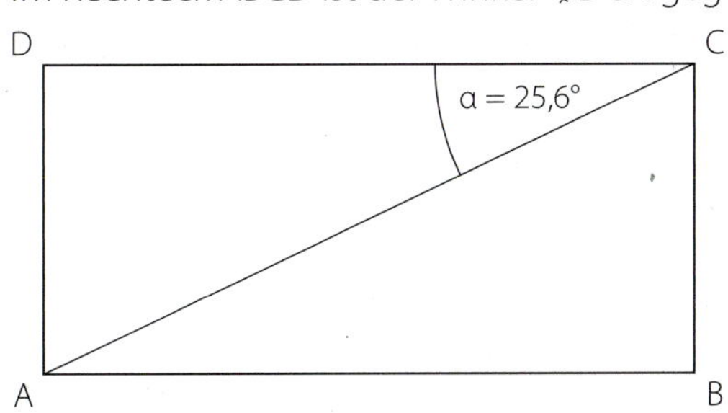

a) Zeichne das Rechteck mit $|\overline{CD}| = 6\,\text{cm}$ in dein Heft.

b) Bestimme die Winkelgrößen der vorkommenden Winkel und bezeichne die Winkel. Begründe deine Antwort.

Noch fit?

I Ordne folgende Zahlen der Größe nach:

a) $\frac{5}{34}$; $\frac{131}{248}$; $\frac{2}{68}$; $\frac{8}{17}$ b) $\frac{8}{7}$; $\frac{8}{21}$; 1,5; $\frac{1}{7}$ c) $\frac{5}{7}$; $2\frac{1}{5}$; $\frac{31}{3}$; 3 %; 2,1; $\frac{45}{63}$

II Gib drei Brüche an, die zwischen den beiden gegebene Zahlen liegen.

a) $\frac{23}{145}$ und $\frac{39}{145}$ c) $\frac{3}{7}$ und $\frac{5}{7}$ e) 20 % und $\frac{27}{100}$

b) $\frac{4}{9}$ und $\frac{7}{9}$ d) $\frac{5}{3}$ und $\frac{5}{2}$

III Gib die Flächeninhalte an.

a) $\frac{1}{3}$ von $60\,m^2$ c) $1\frac{5}{6}$ von $726\,dm^2$

b) $\frac{2}{25}$ von 750 a d) 25 % von $\frac{1}{4}$ ha

IV Welcher Bruchteil des Kreises ist eingefärbt?

a)
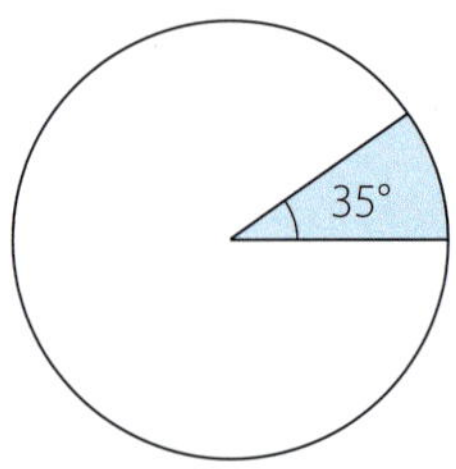

c)
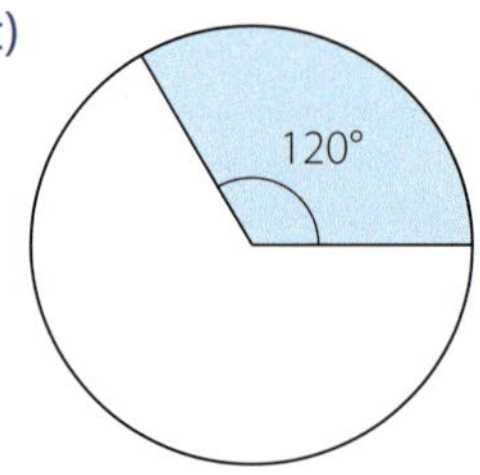

b)
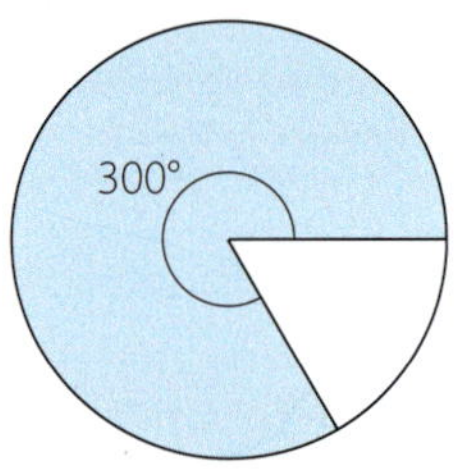

d)
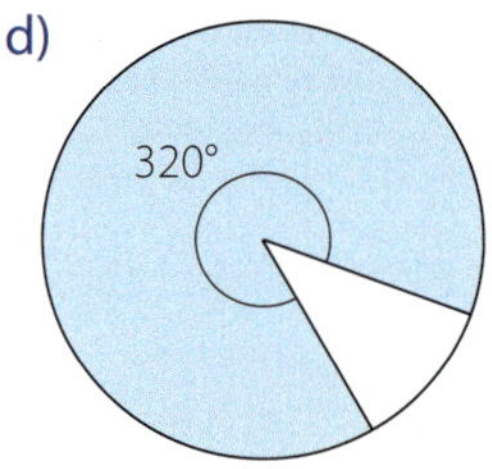

V Maria spart ein Drittel ihres Taschengeldes. Von dem Rest gibt sie zwei Fünftel für Zeitschriften aus. Welchen Anteil hat sie zur freien Verfügung?

Trainieren **Anwenden** Vernetzen

14 In der Zeichnung sind die beiden Geraden h und j parallel. Zeichne die Figur in dein Heft und benenne die fehlenden Winkel mit β_1, β_2 usw.

a) Bestimme für $\alpha = 55°$ die Winkelgrößen aller auftretenden Winkel an den Geradenkreuzungen.

b) Bestimme alle auftretenden Winkelgrößen in Abhängigkeit von α.

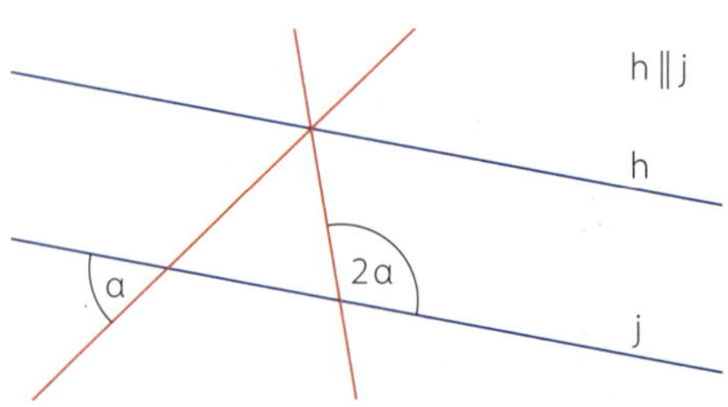

15 Berechne die übrigen Winkel.
a) $\alpha = 55°, \beta = 60°$
b) $\alpha = 55°, \beta = \eta$
c) $\alpha = \gamma, \beta = \delta$

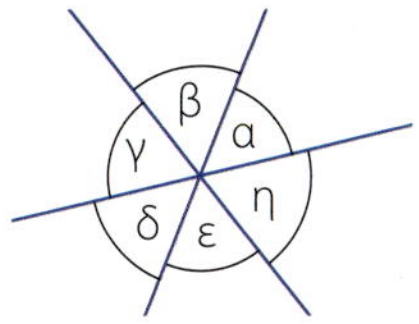

16 Das Trapez ist achsensymmetrisch zur Symmetrieachse g. Bestimme die Winkelgrößen der innen liegenden Trapezwinkel und begründe deine Berechnung.
Hinweis: Zeichne das Trapez in dein Heft. Verlängere seine Seiten über die Eckpunkte hinaus.

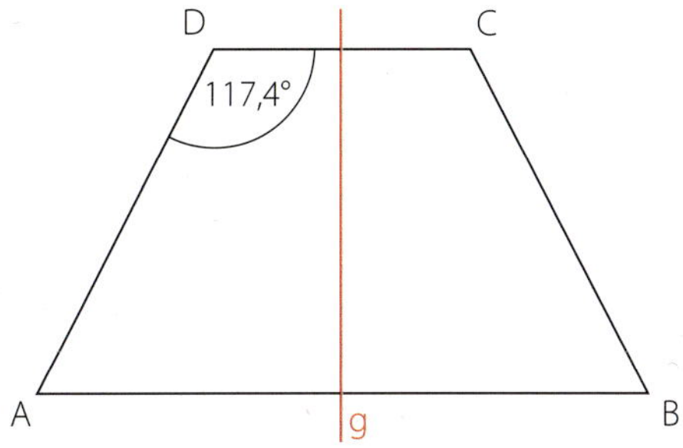

17 Übertrage die Geradenkreuzungen mit gespitztem Bleistift in dein Heft und berechne die Größe der Winkel α bzw. β.

a)

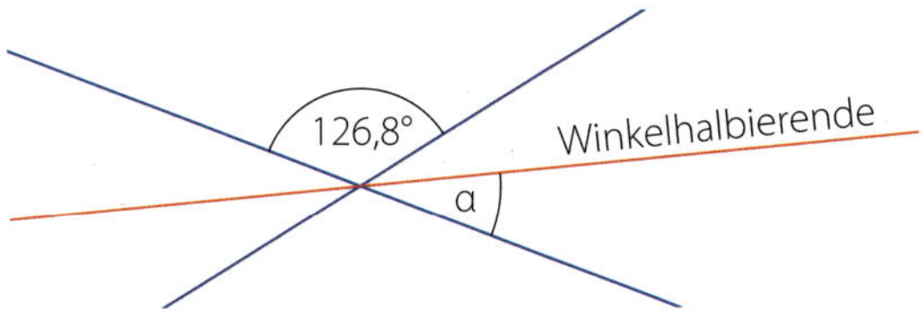

b)

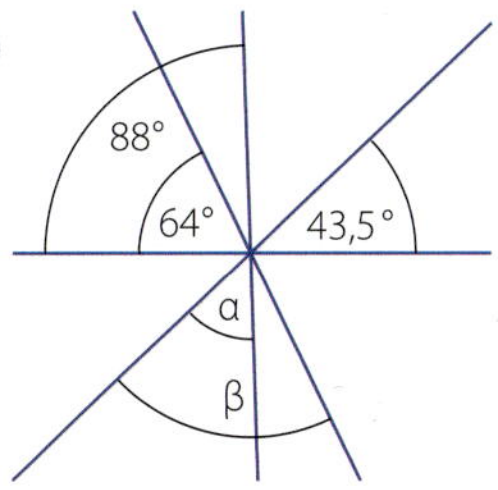

18 Bestimme alle Winkelgrößen, die bei den gezeichneten Buchstaben vorkommen. Überlege, wo dir Hilfslinien die Winkelbestimmung erleichtern können.

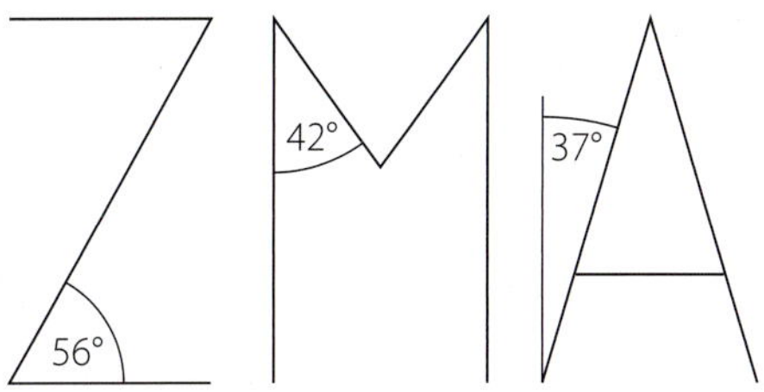

Info
α – alpha
β – beta
γ – gamma
δ – delta
ε – epsilon
η – eta
μ – my
ρ – rho
σ – sigma

19 Welche der folgenden Aussagen trifft auf die nebenstehende Zeichnung zu?
Begründe.
a) $\alpha = \eta$
b) $\beta + \gamma = \rho$
c) $\gamma = \mu$
d) $\gamma + \sigma = 180°$
e) $\alpha + \beta = \mu$
f) $\sigma = \varepsilon + \delta$
g) $\sigma = 180° - \mu$

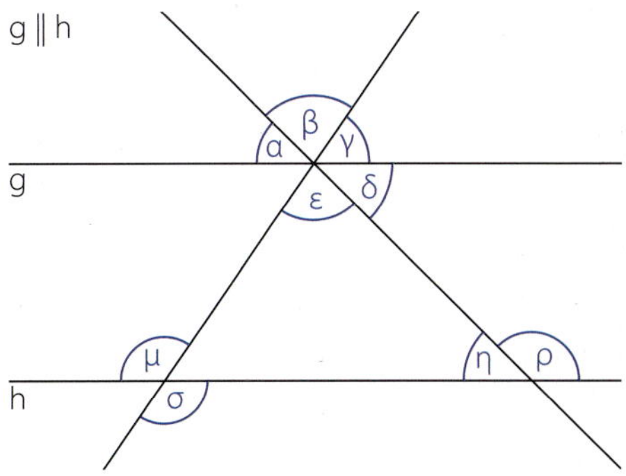

20 Explain what kinds of angles the words „Fangle" and „Zangle" stand for.

Fangles and Zangles are equal in size.

21 In der Figur sind $\overline{BC}$ und $\overline{BD}$ als Winkelhalbierende konstruiert.
a) Wie groß ist der Winkel δ für $\alpha = 30°$?
b) Kannst du α so wählen, dass das Viereck ABCD ein gleichschenkliges Trapez wird? Begründe deine Antwort.

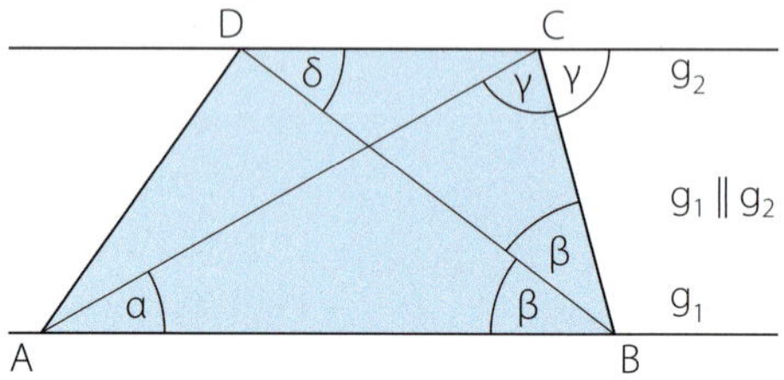

Trainieren | Anwenden | **Vernetzen**

22 Leyla meint: „Wenn die Wechselwinkel α und β die gleiche Größe haben, dann sind die beiden Geraden g und h parallel zueinander."
Überprüfe dies mit dynamischer Geometrie-Software. Bewege die Geraden so, dass die Winkel die gleiche Größe haben.

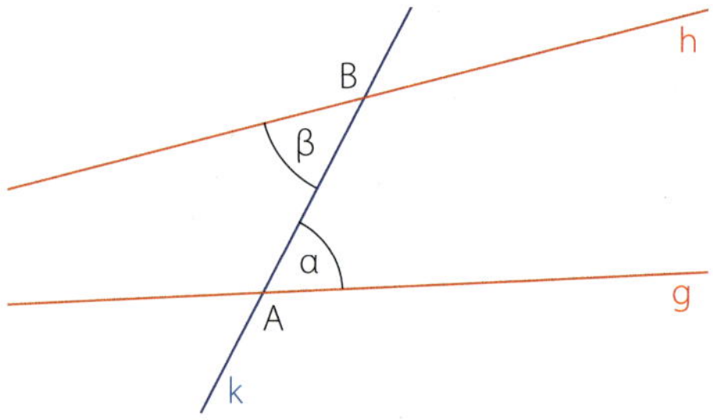

23 Zeichne die Gerade g durch die Punkte $P(-2|-7{,}5)$ und $Q(6|-2)$ in ein Koordinatensystem. Konstruiere mit einem Lineal und einem Winkelmesser eine Paralelle zur x-Achse durch den Punkt P.
Begründe die Richtigkeit deiner Konstruktion.

24 Begründe die folgenden Aussagen oder widerlege sie mithilfe eines Gegenbeispiels.
a) In einem Parallelogramm muss man nur einen Winkel kennen, um alle Innen- und Außenwinkel bestimmen zu können.
b) In einer Raute ergänzen sich benachbarte Winkel zu 180°.
c) Ein Drachenviereck mit einem rechten Winkel ist ein Quadrat.
d) In einem Parallelogramm mit einem Innenwinkel α hat jeder Innenwinkel entweder die gleiche Größe wie α oder wie der Nebenwinkel von α .

25 Begründe, wie und warum du mithilfe eines Lineals und eines Geodreiecks parallele Geraden zeichnen kannst, ohne die parallelen Hilfslinien des Geodreiecks zu benutzen.

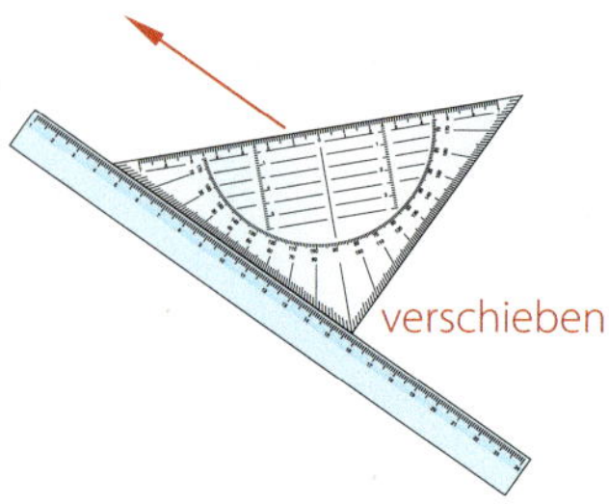

6.2 Winkel in eckigen Figuren

Aufträge

Experimentieren und Entdecken

Zeichne ein Dreieck auf ein Blatt Papier. Beschrifte die Winkel mit α, β und γ. Schneide das Dreieck aus, reiße die Ecken ab und lege sie aneinander. Was beobachtest du?
Zeichne ein zweites Dreieck, beschrifte es wie vorher und schneide es aus. Reiße nun die Ecken α und β ab und lege sie an den Winkel γ an. Was für eine Linie entsteht beim Winkel γ?
Stelle eine Vermutung auf, wie groß die Summe der Innenwinkel in einem Dreieck ist. Begründe einem Mitschüler, warum deine Vermutung für alle Dreiecke gelten muss.

Alternative: Schafe hüten

Ein Schäfer läuft am Rand seiner dreieckigen Schafwiese entlang. An den Eckpunkten des Dreiecks dreht er sich, um in die jeweils neue Richtung weiterzugehen.
Zeichne ein Dreieck in dein Heft und markiere an diesem die Drehwinkel des Schäfers.
Um wie viel Grad hat er sich insgesamt gedreht, wenn er wieder in seiner Ausgangsstellung ankommt?
Du kannst das ausprobieren, indem du auf dem Schulhof selbst ein Dreieck abläufst und deinen Blick immer geradeaus hältst.
Berechne die Summe der Innenwinkel der dreieckigen Wiese.
Gilt deine Berechnung für jedes beliebige Dreieck?

Alternative: Dreiecke zwischen Parallelen

Zeichne ein Dreieck ABC und die Gerade durch die Punkte A und B. Zeichne dann durch den Punkt C die Parallele zu AB. Miss alle entstehenden Winkel und benenne sie.
Welche Zusammenhänge zwischen den Winkeln kannst du entdecken?

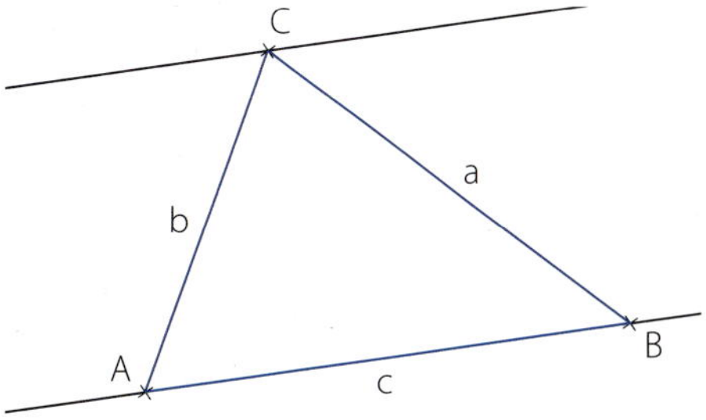

Wissen

Innenwinkelsummen im Dreieck

Durch Messen kannst du leicht herausfinden, dass die Summe der Innenwinkel in einem Dreieck ungefähr 180° beträgt. Aber Messungen können ungenau sein und sind manchmal gar nicht praktisch durchführbar.
Aus deinem Wissen über Winkel ergibt sich ohne jedes Messen:

Die Summe der Innenwinkel beträgt in jedem Dreieck 180°.
$\alpha + \beta + \gamma = 180°$

Begründung:

(1) g_2 ist eine parallele Hilfslinie zu g_1.
(2) Es gilt $\alpha = \alpha'$ und $\beta = \beta'$ (Wechselwinkel an Parallelen).
(3) Es gilt $\alpha' + \gamma + \beta' = 180°$ (gestreckter Winkel).
(4) Also gilt auch $\alpha + \beta + \gamma = 180°$.

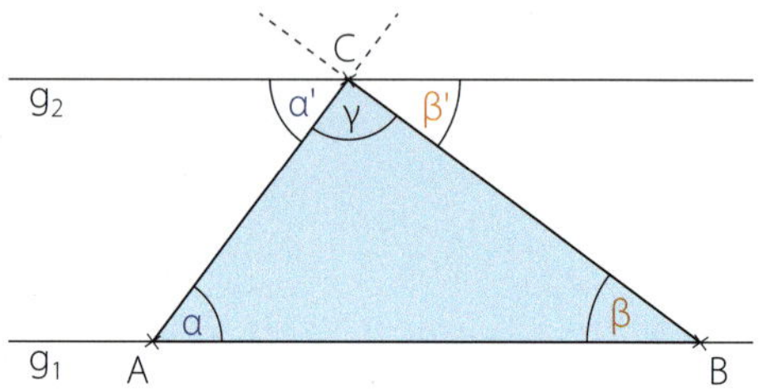

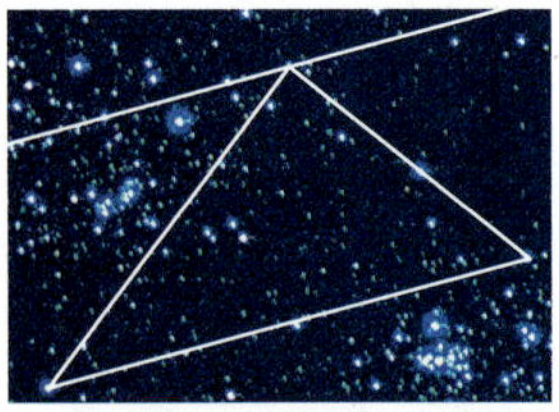

Diese Begründung ist allgemein gültig, sie gilt für jedes Dreieck.
Durch zwei Punkte A und B gibt es genau eine Gerade und durch einen Punkt C, der nicht auf dieser Geraden liegt, genau eine Parallele dazu. Dies gilt auch, wenn die drei Punkte z. B. ein Sternendreieck im Weltall bilden. Auch im Weltall, wo man die Winkel niemals messen könnte, beträgt die Winkelsumme immer 180°.

Beispiel 1

▸ Aufgabe: In einem Dreieck gilt $\alpha = 47°$, $\gamma = 61°$. Bestimme β.
Lösung: $\beta = 180° - \alpha - \gamma = 180° - 47° - 61° = 72°$

Innenwinkelsumme im Viereck

Die Summe der Innenwinkel beträgt in jedem Viereck 360°.
$\alpha + \beta + \gamma + \delta = 360°$

Begründung:

(1) Die Diagonale $\overline{AC}$ teilt das Viereck in zwei Dreiecke.
(2) $\alpha = \alpha_1 + \alpha_2$ und $\gamma = \gamma_1 + \gamma_2$
(3) $\alpha_1 + \beta + \gamma_1 = 180°$ (Dreieck ABC)
(4) $\alpha_2 + \gamma_2 + \delta = 180°$ (Dreieck ACD)
(5) $\alpha + \beta + \gamma + \delta$
$= (\alpha_1 + \alpha_2) + \beta + (\gamma_1 + \gamma_2) + \delta$
$= (\alpha_1 + \beta + \gamma_1) + (\alpha_2 + \gamma_2 + \delta)$
$= 180° + 180° = 360°$ ((3) und (4))

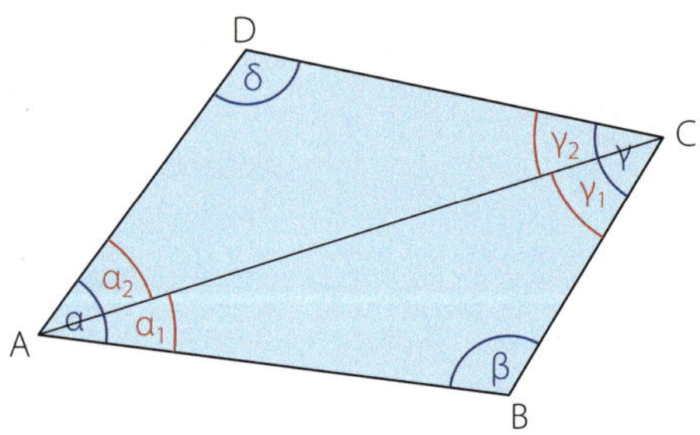

Die Innenwinkelsumme im Viereck entspricht der Innenwinkelsumme von zwei Dreiecken.

Innenwinkel in besonderen Dreiecken

Ein Dreieck mit zwei gleich langen Seiten heißt **gleichschenklig**. Die dritte Seite heißt **Basis**. Es gilt:
1) Die **Basiswinkel** in einem gleichschenkligen Dreieck sind **gleich groß**.
2) Ein Dreieck mit zwei gleich großen Innenwinkeln ist gleichschenklig.

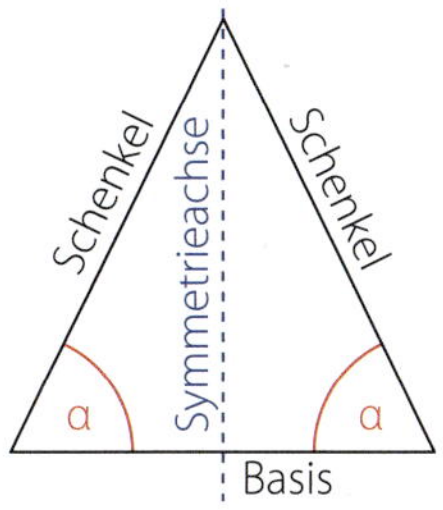

Anschauliche Begründung:
1) Ein gleichschenkliges Dreieck hat eine Symmetrieachse. Sie teilt das Dreieck in zwei identische Dreiecke mit gleich großen Winkeln.
2) Wenn ein Dreieck zwei gleich große Winkel hat, so ist anschaulich klar, dass es zur Winkelhalberenden des Winkels an der Spitze achsensymmetrisch ist. Folglich ist es ein gleichschenkliges Dreieck.

Ein Dreieck mit drei gleich langen Seiten heißt **gleichseitig**. Es gilt:
1) Die **Innenwinkel** in einem gleichseitigen Dreieck sind **gleich groß**, nämlich 60°.
2) Ein Dreieck mit drei gleich großen Innenwinkeln ist gleichseitig.

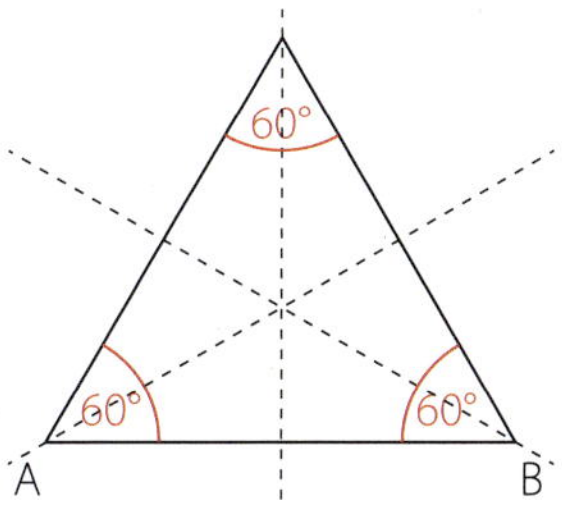

Begründung:
1) Jede Seite eines gleichseitigen Dreiecks ist Basis eines gleichschenkligen Dreiecks. Daher sind je zwei der Winkel als Basiswinkel gleich groß. Also sind alle drei Winkel gleich groß. Weil die Summe der Innenwinkel in jedem Dreieck 180° beträgt, misst jeder Winkel in einem gleichseitigen Dreieck 60°.
2) Sind zwei Winkel gleich, so sind sie Basiswinkel eines gleichschenkligen Dreiecks. Also sind die beiden Seiten auf den nicht gemeinsamen Schenkeln gleich lang. Aus der Gleichheit eines anderen Winkelpaares folgt die Gleichheit zweier anderer Seiten. Also sind alle drei Seiten gleich lang.

Tipp
Benenne die Winkel, die du im Laufe der Rechnung benötigst.

Beispiel 2: Berechnung von fehlenden Winkeln

► Aufgabe: Bestimme die Größe des Winkels γ.
Lösung: Das Dreieck ABC ist gleichschenklig, weil $\overline{AC}$ und $\overline{BC}$ Radien des Kreises um C sind.
Ebenso ist BDC gleichschenklig.
(1) $\beta_1 = 50°$ (Basiswinkel)
(2) $\gamma_1 = 180° - 2 \cdot 50°$
$= 80°$ (Innenwinkel)
(3) $\beta_2 = 130°$ (Nebenwinkel)
(4) $\delta + \gamma_2 = 180° - \beta_2$
$= 70°$ (Innenwinkel)
(5) $\gamma_2 = \delta = 35°$ (Basiswinkel)
(6) $\gamma = \gamma_1 + \gamma_2 = 115°$ ((3) und (5))

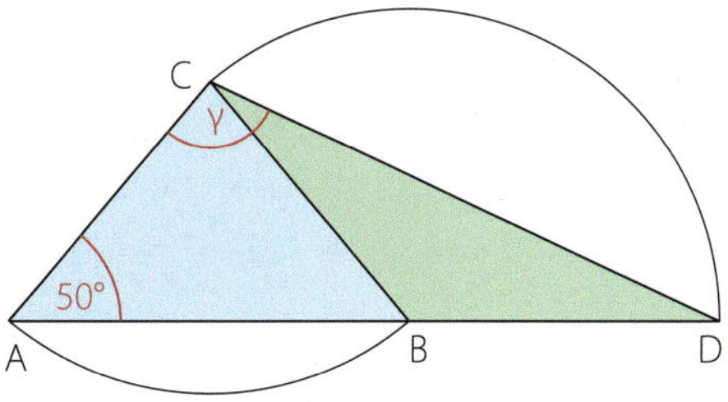

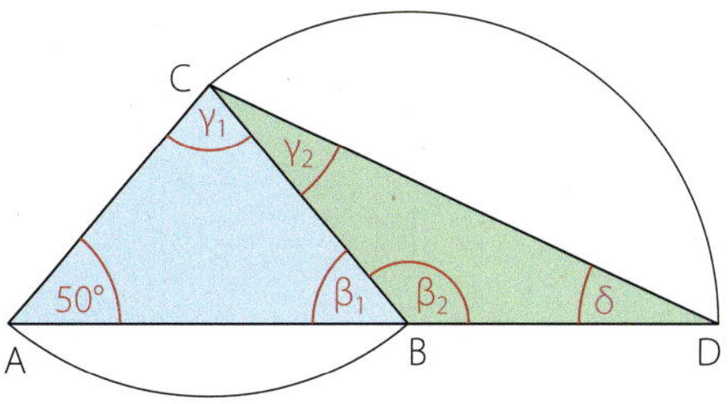

Aufgaben

Trainieren | Anwenden | Vernetzen

1 Berechne die fehlenden Winkel.

a)
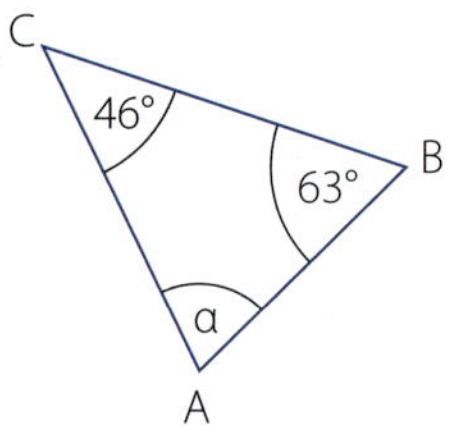

b)
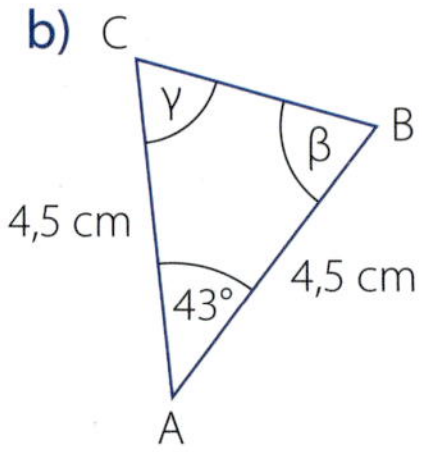

c)
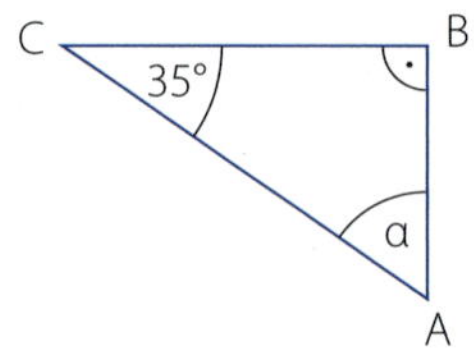

d)
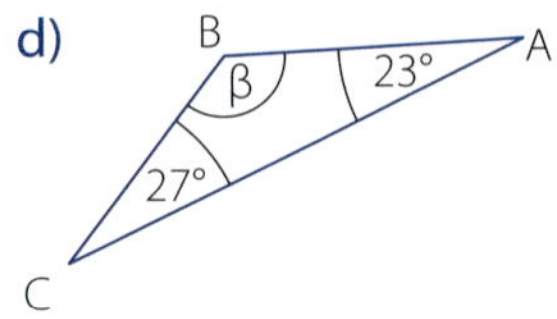

2 Berechne, wenn möglich, die fehlenden Winkelgrößen im Dreieck ABC.

a) $\alpha = 45°$; $\beta = 72°$

b) $\alpha = 37{,}4°$; $\gamma = 49{,}8°$

c) ein Winkel misst 125,5°; ein zweiter 15°

d) ein Winkel misst 130°; ein anderer 90°

e) $\beta = 110{,}3°$; $\gamma = 12{,}25°$

f) ein Winkel misst 51°; die beiden anderen sind 10° bzw. 20° größer

g) $\alpha = 50°$; $\beta = \gamma + 20°$

3 Berechne, wenn möglich, die fehlenden Innenwinkel eines Dreiecks, von dem das Folgende bekannt ist.

a) Alle drei Winkel sind gleich groß.

b) Zwei Winkel sind gleich groß, der dritte Winkel misst 75°.

c) Das Dreieck ist rechtwinklig und gleichschenklig.

d) Ein Winkel ist um 10° kleiner und ein Winkel ist um 10° größer als der dritte Winkel.

e) Alle drei Winkelgrößen sind größer als 45°, einer der Winkel ist ein stumpfer Winkel.

4 Berechne die fehlenden Winkelgrößen im Dreieck ABC.

a) $\alpha = 30°$

b) $\alpha = 24°$

c) $\alpha = 45°$

d) Was kannst du über die Winkel γ_1 und γ_2 aussagen? Begründe deine Aussage.

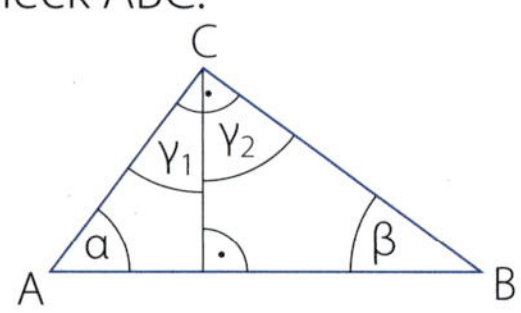

5 Welche Größe haben die benannten Winkel? Begründe.

a)
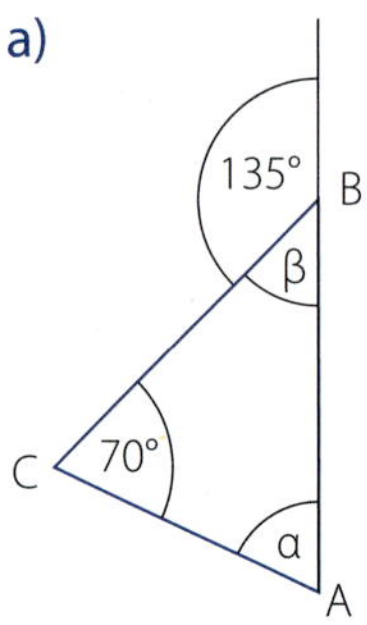

b)
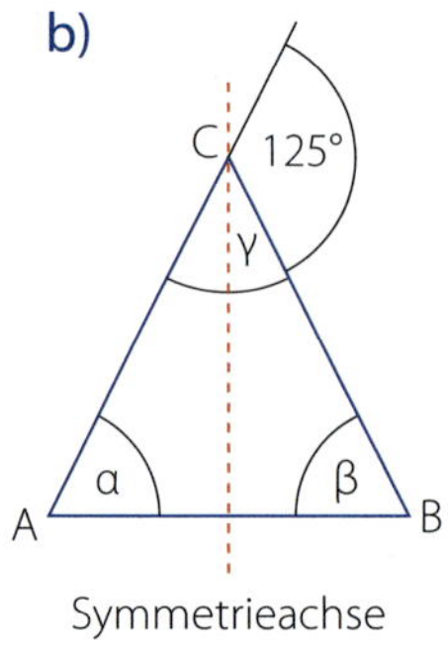

c)
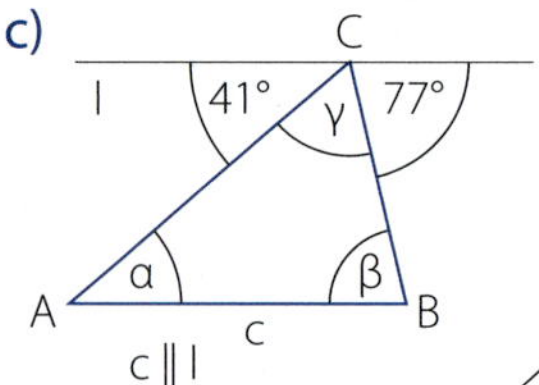

d)
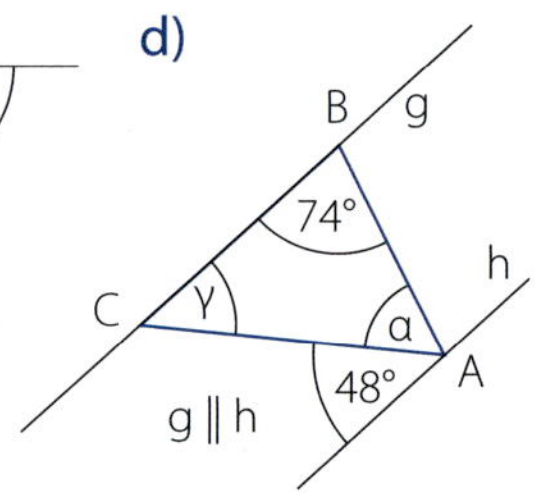

6 Calculate the angles that are named.

a)

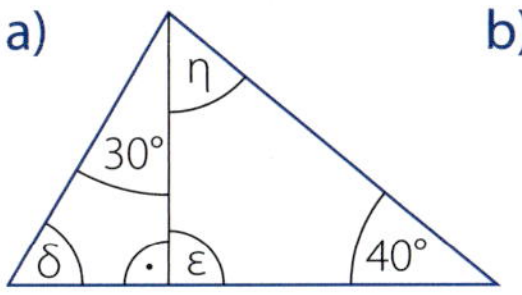

b)

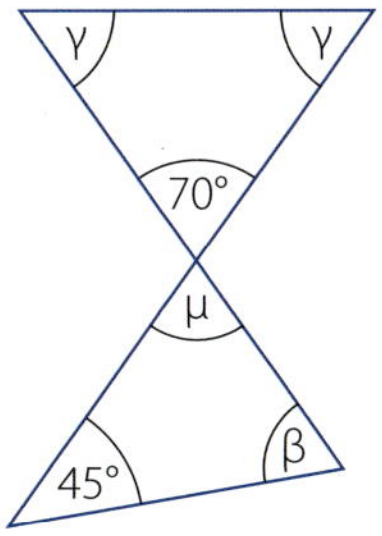

c)

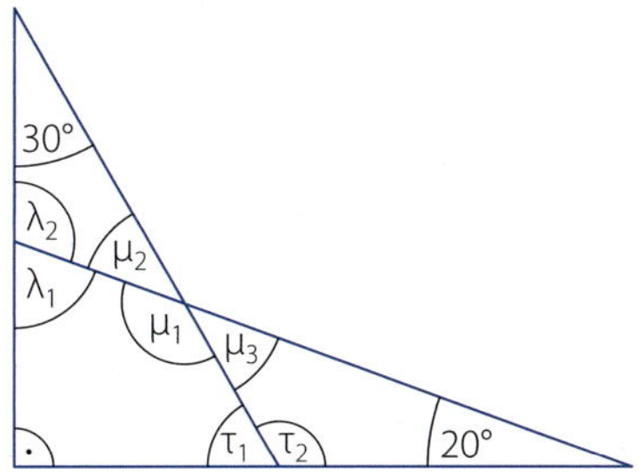

7 Berechne die nicht bekannten Winkelgrößen im Viereck ABCD.

	α	β	γ	δ
a)	×	90°	64°	136°
b)	57,9°	12,5°	×	130°
c)	37,3°	40°	103,7°	×
d)	= β	×	= β	120°

8 Übertrage die Skizzen in dein Heft und bestimme alle fehlenden Winkelgrößen. Benenne die Winkel, welche du im Laufe der Lösung berechnen musst.

a)

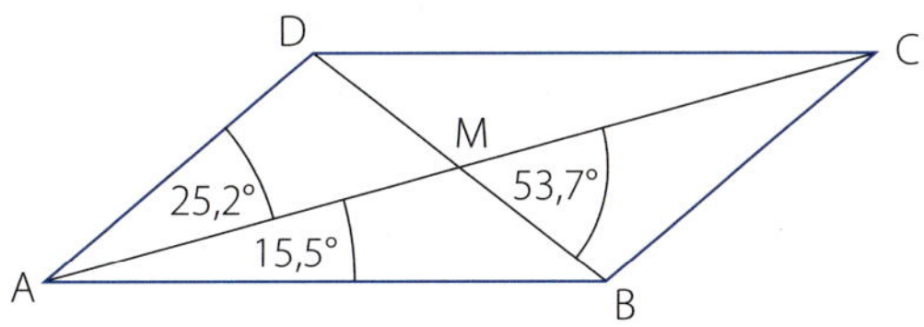

b)

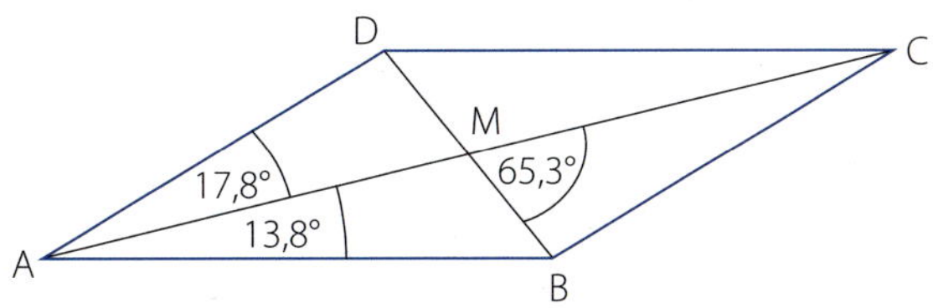

9 Bestimme die Winkelsumme im Achteck (Zwölfeck). Begründe dein Ergebnis mithilfe einer Zeichnung.

10 Das gleichschenklige Dreieck ABC hat die Symmetrieachse CM. Berechne alle Winkelgrößen, wenn folgende Winkelgröße bekannt ist.

a) $\alpha = 37°$

b) $\gamma = 121°$

c) $\gamma_2 = 45°$

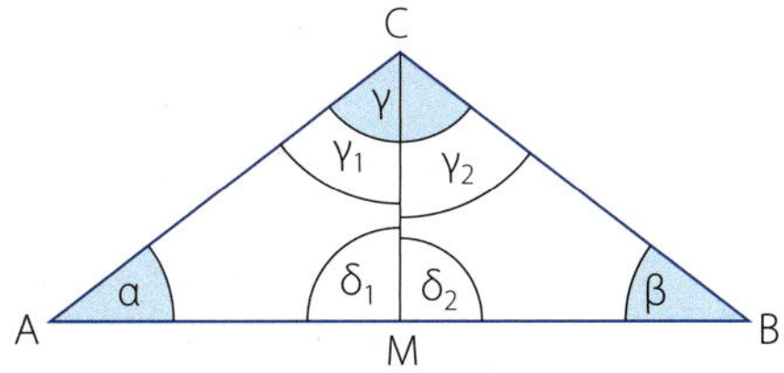

Noch fit?

I Kürze das Ergebnis, falls möglich.

a) $\frac{1}{2}+\frac{1}{4}$ c) $\frac{3}{4}+\frac{1}{8}$ e) $\frac{4}{5}+\frac{3}{2}$

b) $\frac{1}{5}+\frac{5}{6}$ d) $\frac{2}{9}+\frac{1}{2}$ f) $\frac{7}{4}+\frac{5}{6}$

II Kimya liest ein Jugendbuch. Das Buch hat 656 Seiten. Kimya liest am ersten Tag $\frac{1}{8}$, am zweiten $\frac{1}{16}$, am dritten erneut $\frac{1}{8}$ und am vierten sogar $\frac{1}{4}$ des Buches. Wie viele Seiten muss sie noch lesen?

III Berechne.

a) $\frac{10}{7}-\frac{5}{6}$ c) $\frac{11}{17}-\frac{31}{51}$ e) $\frac{2}{3}-\frac{5}{12}$

b) $\frac{5}{6}-\frac{4}{9}$ d) $\frac{7}{12}-\frac{5}{18}$ f) $\frac{27}{40}-\frac{9}{16}$

Trainieren | **Anwenden** | Vernetzen

11 Das Dreieck ABM ist gleichschenklig. Begründe, dass β doppelt so groß ist wie α.

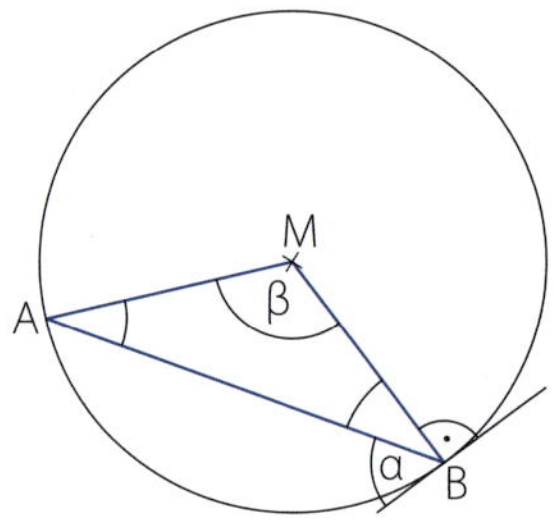

12 Innenwinkel im Parallelogramm

a) In einem Parallelogramm sind Innenwinkel, die sich gegenüber liegen, gleich groß. Begründe diese Aussage. Zeichne dazu ein Parallelogramm in dein Heft und überlege, ob Hilfslinien bei der Begründung hilfreich sein können.

b) Wie groß ist die Summe benachbarter Innenwinkel in einem Parallelogramm? Begründe.

13 Berechne die restlichen Winkelgrößen.

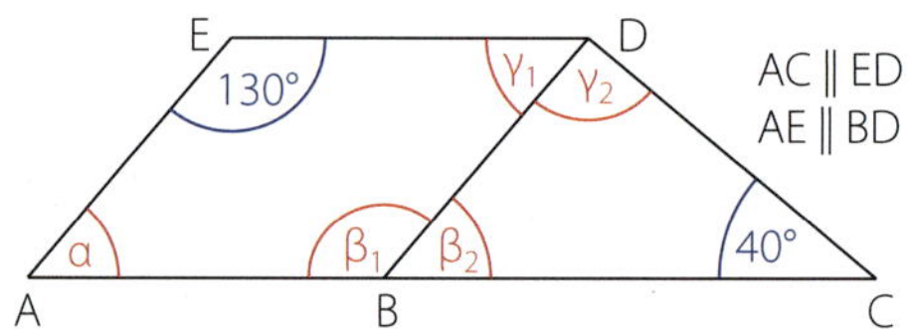

14 In den folgenden Vierecken ABCD ist A der Scheitel von α, B der Scheitel von β usw. Berechne, wenn möglich, die restlichen Winkel.

a) Parallelogramm mit β = 120°

b) Rechteck mit α = 50°

c) Trapez mit a || c, α = 65°, β = 130°

d) Raute mit δ = 70°

15 Hexerei im Wasser:
Lege eine 1-Cent-Münze in die Mitte auf den Boden einer Tasse. Stelle dich nun so hin, dass die Münze gerade vom Rand der Tasse verdeckt wird, wenn du in die Tasse blickst. Bitte nun jemanden, vorsichtig Wasser in die Tasse zu gießen, sodass die Münze an ihrem Ort liegenbleibt.
Du kannst nun die Münze wieder sehen, ohne dass du deine Position geändert hast. Wenn der Lichtstrahl auf die Wasseroberfläche trifft, wird er gebrochen.
Dabei ändert sich der Winkel zwischen Lichtstrahl und Wasseroberfläche. Berechne, wie groß der Winkel ist, um den der „Blickstrahl" an der Wasseroberfläche „abgeknickt" wird, wenn die Blickwinkel, unter denen man die Münze am Tassenboden sieht, bekannt sind.

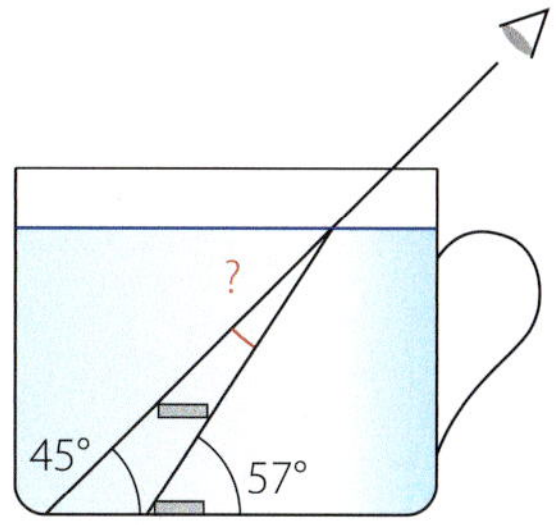

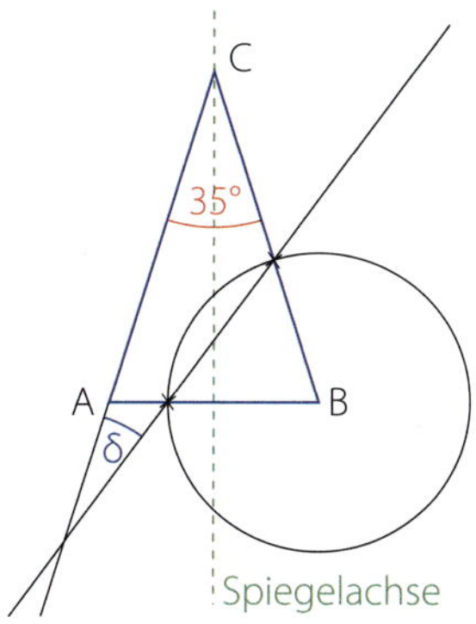

16 Betrachte die Zeichnung am linken Rand.
Bestimme die Winkelgröße von δ.

17 Bestimme die bezeichneten Winkel.
Gehe davon aus, dass der Winkel δ viermal so groß ist wie α.
Begründe deine Überlegungen.

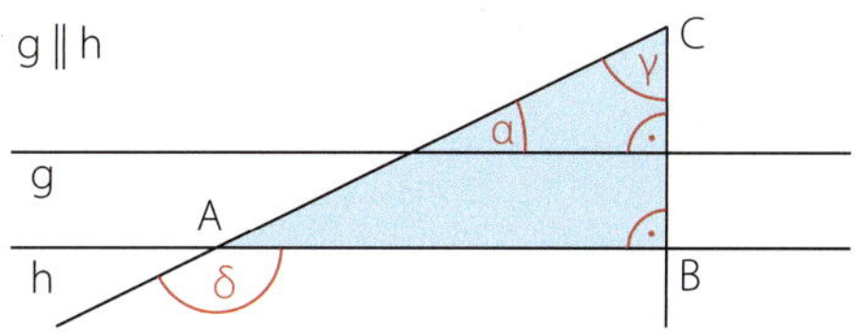

18 Ermittle, wie in den Skizzen angedeutet, die Innenwinkelsumme eines Fünfecks und eines Sechsecks.
Formuliere in Worten eine Regel.

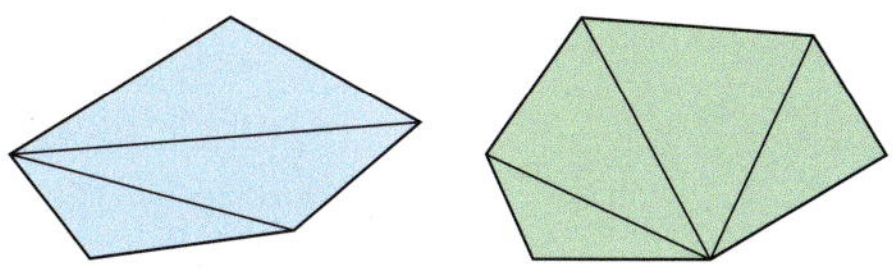

19 Prüfe, ob die in Aufgabe 17 gefundene Regel auch für diese Vielecke gilt.
Solche Vielecke nennt man **konkav**.

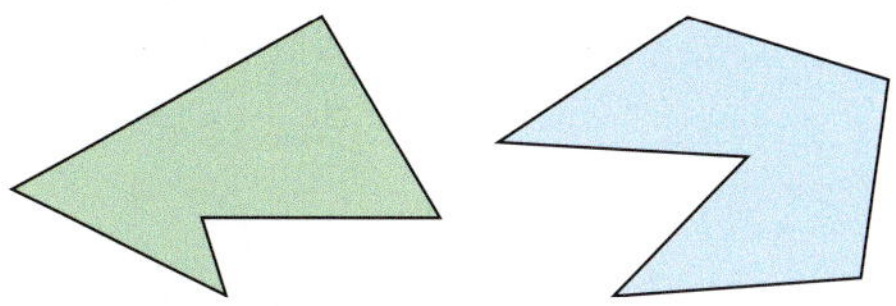

20 Hans behauptet, dass die Winkelsumme im Fünfeck 900° beträgt, da er es in fünf Dreiecke zerlegen kann und $5 \cdot 180° = 900°$ ist.
a) Was meinst du dazu?
b) Begründe die Regel für die Innenwinkelsumme von Vielecken, indem du alle Ecken des Vielecks mit einem inneren Punkt verbindest.

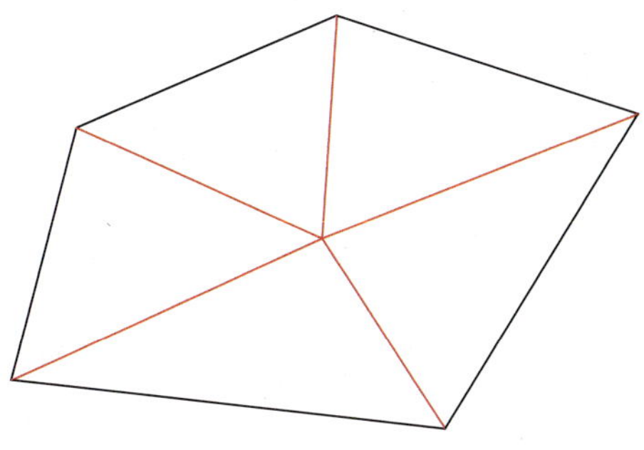

Trainieren | Anwenden | **Vernetzen**

21 Das Dreieck ABC hat die Innenwinkel $\alpha = 75°$ und $\beta = 50°$. Berechne die Winkel am Schnittpunkt der Winkelhalbierenden von α und β. Überprüfe dein Ergebnis zeichnerisch.

22 Welche besonderen Vierecke ABCD haben die genannten Eigenschaften?
a) Alle Winkel sind gleich groß.
b) Zwei Winkel messen 60°, die beiden übrigen Winkel sind gleich groß.
c) $\alpha = \gamma = 120°$
d) $\alpha = 70°$, $\beta = 50°$, $\gamma = 130°$ und $\delta = 110°$

23 Der Kranarm wird um den Winkel 18° angehoben. Wie ändert sich die Größe des Winkels α gegenüber dem Winkel von 80,1°?

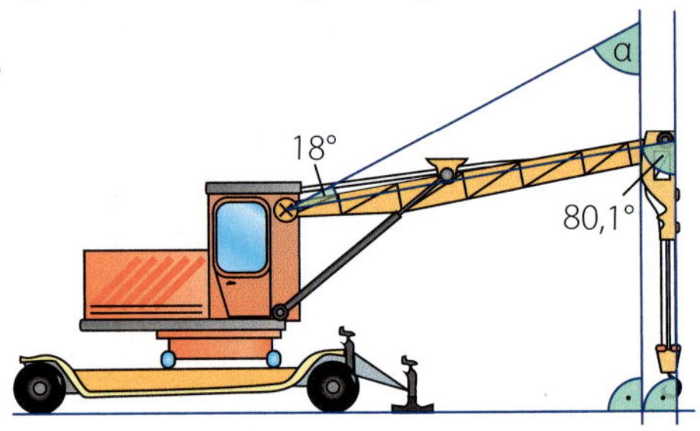

24 Anthony möchte zwischen zwei Parallelen ein regelmäßig sich wiederholendes Dreiecksmuster konstruieren. Er beginnt in A unter einem Winkel von 60°. In B konstruiert er die Winkelhalbierende des sich ergebenden Winkels, ebenso verfährt er in C usw.
Erkläre, warum er auf diese Art ein regelmäßiges Muster erhält, nicht aber, wenn er mit einem 80°-Winkel beginnt.
Führe die ersten drei Schritte für diesen Winkel aus.
Was kannst du bei anderen Startwinkeln beobachten?

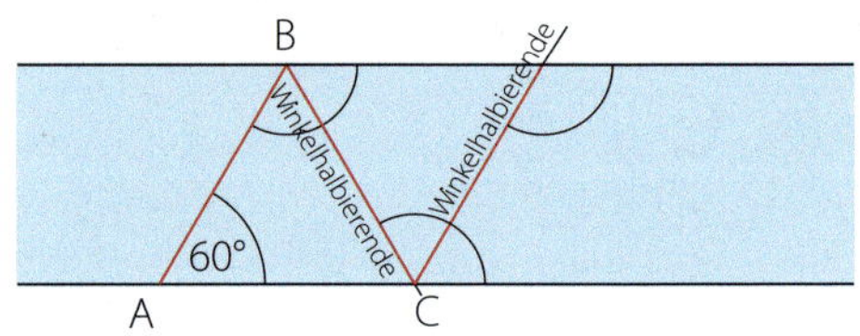

25 Sechsecke
a) Bestimme in dem regelmäßigen Sechseck die Winkelgrößen und begründe, dass die Strecken a und b parallel zueinander sind.
b) Begründe, dass die Teildreiecke des regelmäßigen Sechsecks gleichseitig sind. Erkläre, weshalb man ein regelmäßiges Sechseck mit Zirkel und Lineal konstruieren kann.
c) Erkläre, warum man mit mehreren regelmäßigen Sechsecken den Fußboden lückenlos zudecken kann, mit regelmäßigen Achtecken aber nicht.

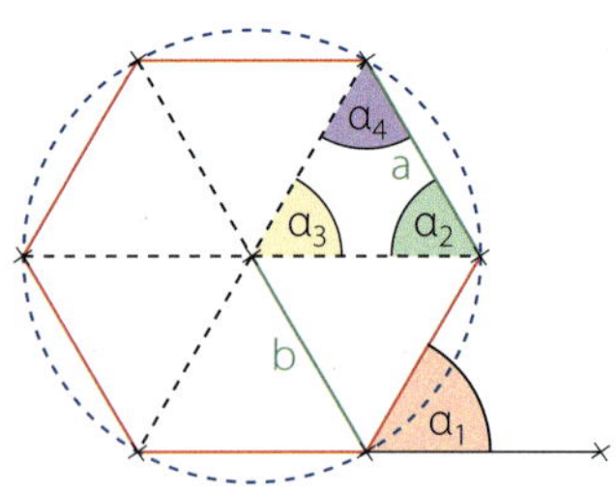

6.3 Der Satz des Thales

Aufträge

Ein schönes Muster
Erläutere, wie das nebenstehende Muster erzeugt wurde. Übertrage es ins Heft; zeichne die Strecke $\overline{AB}$ 8 cm lang. Bestimme die Winkelgröße der Winkel, die der Strecke $\overline{AB}$ gegenüberliegen.

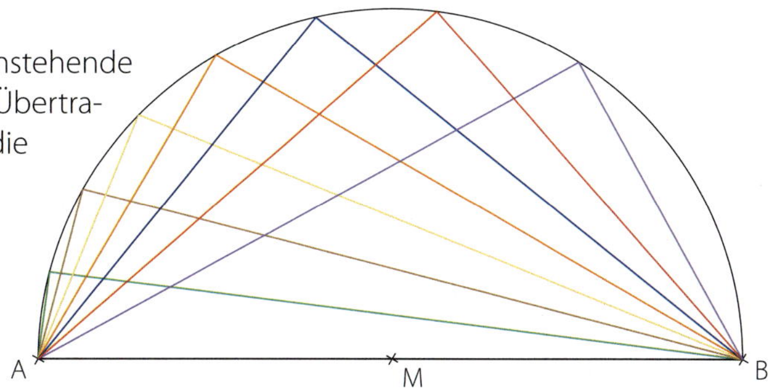

***Alternative:* Ein Experiment auf dem Schulhof**

Für dieses Experiment auf dem Schulhof benötigt ihr ein langes Seil, ein Stück Tafelkreide und das Tafel-Geodreieck.
Zwei Schüler halten am Boden je ein Ende des Seils an festgelegten Punkten.
Ein dritter legt das Tafel-Geodreieck nacheinander an mehreren Stellen in das Seil. Die beiden Seilhalter geben dabei entweder Seil nach oder verkürzen es, damit es immer straff gespannt bleibt und einen rechten Winkel bildet. Ein vierter Schüler markiert den Punkt, an dem der rechte Winkel jeweils liegt.
Was für eine Figur ergibt sich?

***Alternative:* Ein Experiment auf Papier**
Zeichne eine Strecke $\overline{AB}$ und ihren Mittelpunkt M. Zeichne den Kreis mit Mittelpunkt M und Durchmesser $\overline{AB}$. Wähle einen Punkt C auf der Kreislinie und verbinde ihn mit M. Benenne alle Winkel im Inneren des Dreiecks ABC. Spiegle C an M. Was für ein Viereck entsteht? Benutze dein Wissen über Winkel und begründe, warum dieses Viereck entsteht. Begründe, warum die Größe des Winkels ACB nicht von der Lage des Punktes C abhängt.

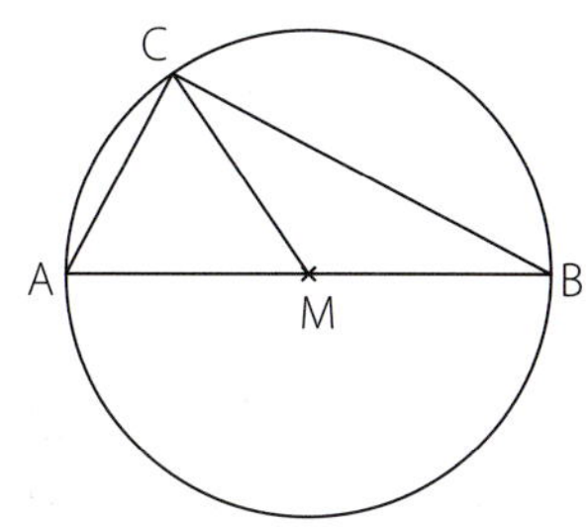

Wissen

Ein Dreieck im Halbkreis
Liegen die Eckpunkte eines Dreiecks auf einem Kreis und ist eine Seite des Dreiecks der Durchmesser des Kreises, so beträgt die Größe des ihr gegenüber liegenden Winkels immer 90°. Wenn C auf der Kreislinie bewegt wird, bleibt die Größe des Winkels gleich.

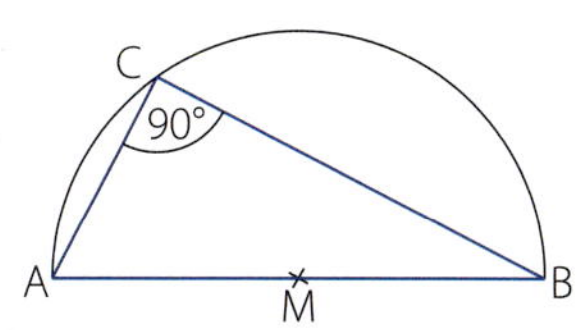

Wenn in einem Dreieck ABC der Punkt C auf dem Kreis mit dem Durchmesser $\overline{AB}$ liegt, dann hat das Dreieck bei C einen rechten Winkel.

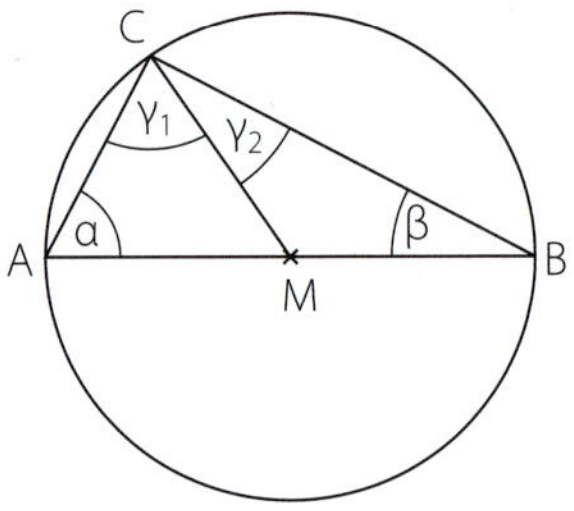

Beweis

Voraussetzung: A, B, C liegen auf dem Kreis, also $|\overline{MA}| = |\overline{MB}| = |\overline{MC}| = r$

Behauptung: $\gamma = 90°$

Beweis: Der Punkt C wird mit M verbunden (Hilfslinie). Wegen $|\overline{MA}| = |\overline{MC}|$ und $|\overline{MB}| = |\overline{MC}|$ sind ΔAMC und ΔMBC gleichschenklig.

(1) $\alpha = \gamma_1$ (Basiswinkel) (4) $\alpha + \beta + \gamma = 180°$ (Innenwinkel im Dreieck)

(2) $\beta = \gamma_2$ (Basiswinkel) (5) $2\gamma = 180°$ ((3) und (4))

(3) $\alpha + \beta = \gamma_1 + \gamma_2 = \gamma$ (6) $\gamma = 90°$

Thales von Milet (624–545 v. Chr.).

Diese Aussage war schon dem griechischen Mathematiker Thales von Milet bekannt und heißt deshalb **Satz des Thales**. Der Kreis mit dem Durchmesser $\overline{AB}$ heißt auch **Thaleskreis über $\overline{AB}$**.

Mithilfe dieses Satzes lassen sich rechtwinklige Dreiecke konstruieren.

Beispiel 1

- Konstruiere ein Dreieck ABC mit $a = 4\,cm$, $c = 6\,cm$ und $\gamma = 90°$.
  Lösung:
  Fertige zunächst eine Planskizze an.
  Markiere gegebene Größen rot.
  Konstruiere das Dreieck:

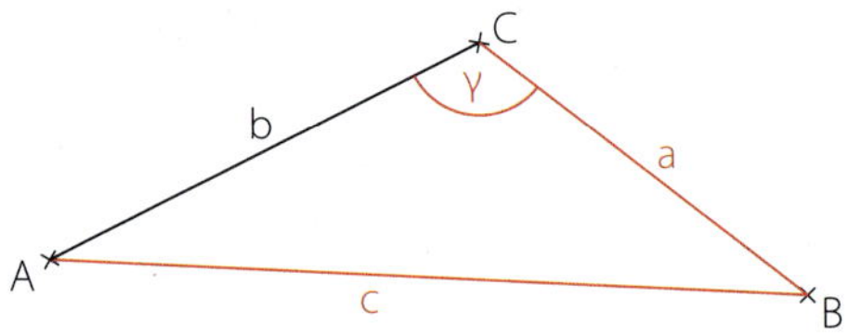

1. Zeichne die Seite c und schlage den Thaleskreis über $\overline{AB}$.
2. Schlage einen Kreis k um B mit Radius $a = 4\,cm$.
3. Schneide den Thaleskreis über $\overline{AB}$ mit dem Kreis k und erhalte so den gesuchten Punkt C.

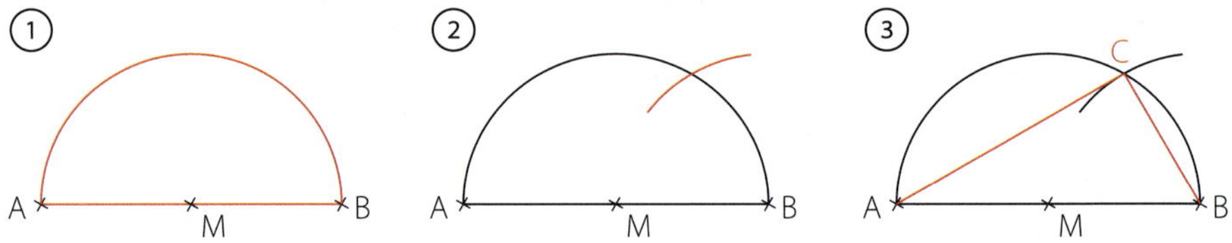

Anwendungen des Satzes des Thales

Mithilfe des Satzes des Thales kann man das Problem lösen, Tangenten an einen Kreis von einem Punkt außerhalb des Kreises zu konstruieren.

Beispiel 2: Tangentenkonstruktion

- Konstruiere von einem Punkt P außerhalb eines Kreises k die Tangenten an den Kreis k.

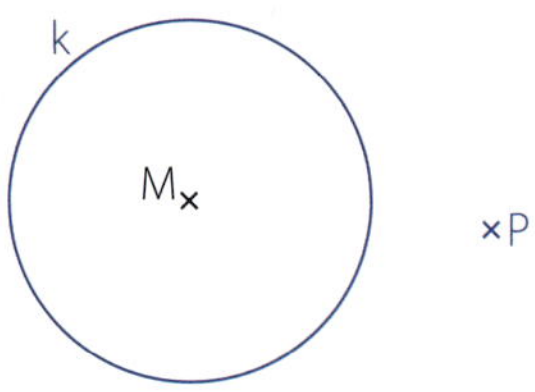

Idee: Da der Berührradius in den Punkten B_1 und B_2 senkrecht auf den Tangenten steht, sind die Dreiecke MPB_1 und B_2PM rechtwinklig.

1. Konstruiere den Mittelpunkt S der Strecke $\overline{MP}$.
2. Zeichne den Thaleskreis über $\overline{MP}$.
3. Der Thaleskreis k_T schneidet den Kreis k in den Punkten B_1 und B_2.
4. Die Geraden PB_1 und PB_2 sind die gesuchten Tangenten t_1 und t_2.

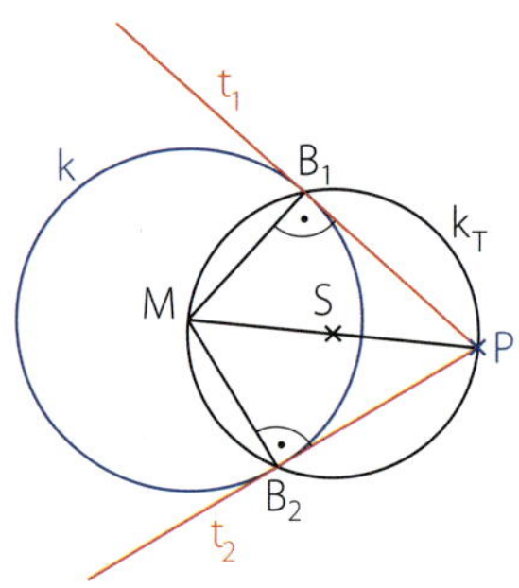

Beispiel 3: Winkelberechnung

▸ A und M sind die Mittelpunkte der Kreisbögen. Gesucht ist die Größe von β.

(1) $\gamma = 90°$ (Thaleskreis über $\overline{AB}$; C liegt auf Thaleskreis)
(2) $\alpha = 180° - 90° - 58° = 32°$ (Innenwinkelsumme im Dreieck)
(3) ΔABD ist gleichschenklig.
$\beta = \frac{1}{2}(180° - \alpha)$ (Basiswinkelsatz),
also $\beta = \frac{1}{2} \cdot 148° = 74°$.

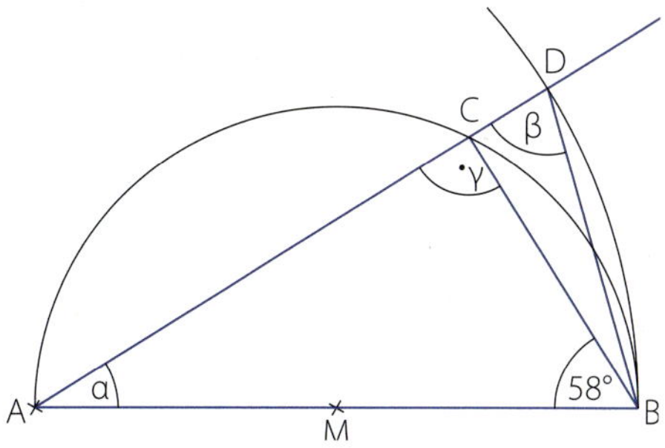

Umkehrung eines Satzes

Nicht immer gilt die Umkehrung eines Satzes. Folgendes Beispiel macht das deutlich: „Wenn ein Viereck ein Quadrat ist, dann hat es vier rechte Winkel."
Kehrt man den Satz um, indem man die Bedingung und die Folgerung vertauscht, entsteht folgende Aussage:
„Wenn ein Viereck vier rechte Winkel hat, dann ist es ein Quadrat." Diese Aussage ist nicht immer richtig, da man ein Gegenbeispiel angeben kann: Ein Rechteck ist ein Viereck mit vier rechten Winkeln, aber kein Quadrat.
Man darf also Sätze nicht einfach umkehren, sondern muss die Umkehrung auch beweisen.
Die **Umkehrung des Satzes des Thales** lautet:

Wenn ein Dreieck ABC bei C einen rechten Winkel hat, dann liegt C auf dem Thaleskreis über $\overline{AB}$.

Beweis

Wenn ABC ein rechtwinkliges Dreieck mit $\gamma = 90°$ ist und der Punkt C nicht auf dem Thaleskreis über $\overline{AB}$ liegt, dann gibt es einen Punkt D auf dem Kreis, der auf der Halbgeraden von A durch C liegt. Dabei kann C innerhalb oder außerhalb des Kreises liegen.
Nach dem Satz des Thales hat das Dreieck ABD bei D einen rechten Winkel. Damit hat das Dreieck DBC (oder CBD) zwei rechte Winkel. Dann wäre aber die Innenwinkelsumme in diesem Dreieck mehr als 180°. Da das nicht sein kann, kann C weder innerhalb noch außerhalb des Kreises liegen. Also muss C auf dem Kreis mit dem Durchmesser $\overline{AB}$ liegen.

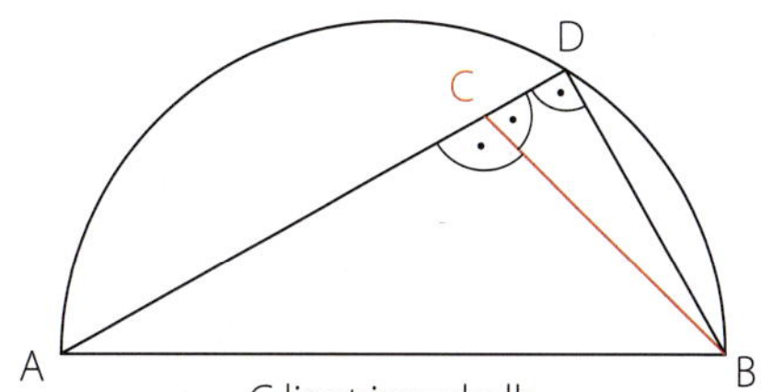

C liegt innerhalb

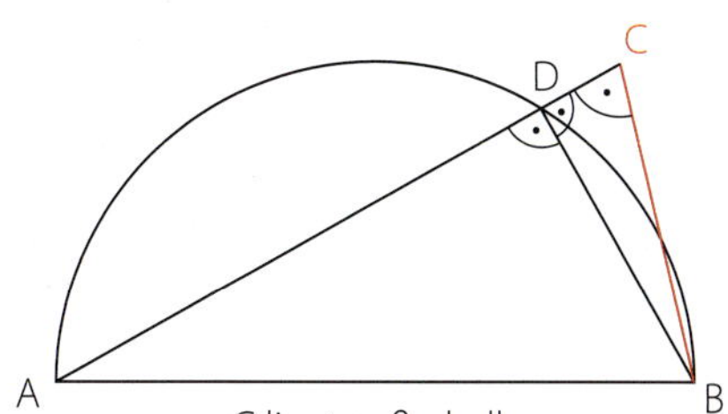

C liegt außerhalb

Aufgaben

Trainieren | Anwenden | Vernetzen

1 Konstruiere das Dreieck ABC mithilfe des Satzes des Thales. Mache zunächst eine Planskizze und erstelle eine Konstruktionsbeschreibung.

a) $c = 8\,cm$; $\alpha = 40°$; $\gamma = 90°$

b) $a = 5\,cm$; $c = 8\,cm$; $\gamma = 90°$

c) $a = 6\,cm$; $\alpha = 90°$; $\beta = 30°$

d) $b = 6{,}2\,cm$; $a = 4\,cm$; $\beta = 30°$

2 Konstruiere ein rechtwinkliges Dreieck ABC mit

a) $\overline{BC} = 7$ cm, $\alpha = 90°$ und $h_a = 3$ cm,

b) $c = 8{,}6$ cm, $h_c = 3{,}4$ cm und $\gamma = 90°$,

c) $a = 7{,}4$ cm, $h_a = 4{,}2$ cm und $\gamma = 90°$.

3 Konstruiere ein rechtwinkliges Dreieck mit der Hypotenusenlänge 5 cm und der Kathetenlänge 4 cm.

4 Zeichne einen Kreis mit dem Radius $r = 5$ cm. Zeichne vier verschiedene rechtwinklige Dreiecke, deren Ecken auf dem Kreis liegen.

5 Konstruiere ein Rechteck, dessen Diagonalen 5,5 cm lang sind.

6 Erstelle eine Skizze eines gleichschenklig-rechtwinkligen Dreiecks.

a) Bestimme die Innenwinkel eines gleichschenklig-rechtwinkligen Dreiecks.

b) Konstruiere ein gleichschenklig-rechtwinkliges Dreieck mit der Basislänge 8 cm.

7 Construct the following figures.

a)

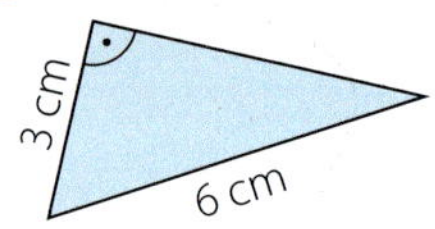

b)

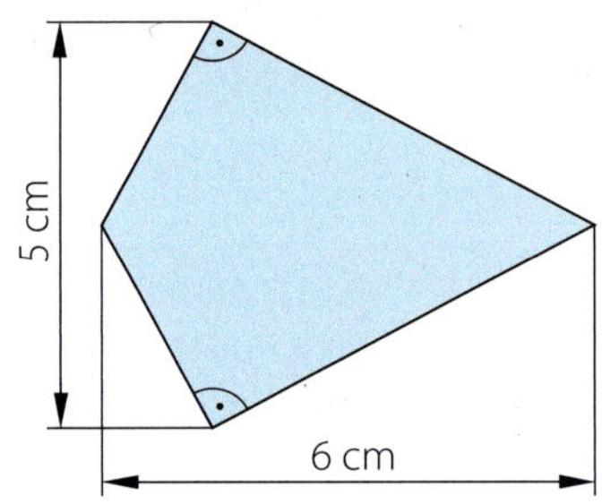

8 Konstruiere ein Rechteck aus

a) $\overline{AC} = 7\,cm$ und $\overline{BC} = 4\,cm$,

b) $\overline{BD} = 8\,cm$ und $\sphericalangle BDC = 22{,}5°$.

9 Zeichne in ein Koordinatensystem den Kreis k (M; r) und den Punkt P. Konstruiere vom Punkt P die Tangenten an den Kreis. Gib zur Kontrolle die Koordinaten der Berührpunkte an.

a) M(3|3,5); $r = 2{,}5$ cm; P(8|6)

b) M(2|0); $r = 2$ cm; P(3|5)

10 Bestimme die fehlenden Winkelgrößen. Überlege, welche Punkte die Mittelpunkte zu den eingetragenen Kreisen bzw. Kreisbögen sind.

a)

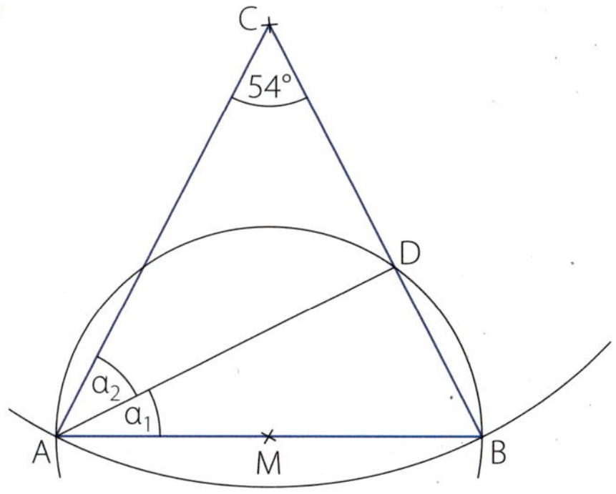

b)

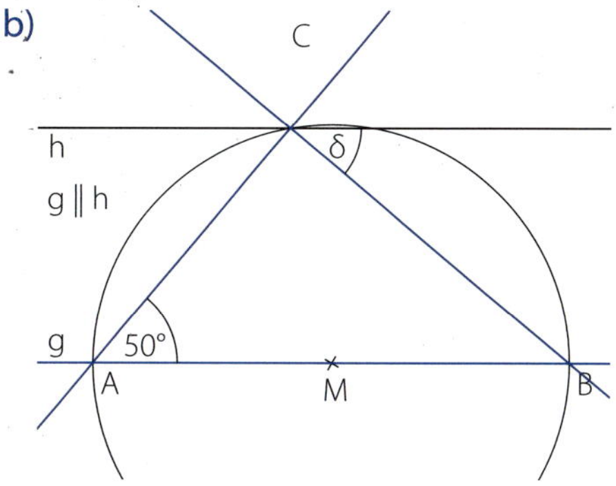

11 Betrachte die nebenstehende Zeichnung.

a) Begründe die Gültigkeit der Aussage: „Wenn $\delta = 50°$ ist, dann ist $\gamma = 20°$."

b) Bestimme für die Angaben in a) die Größen der Winkel α und β.

c) Formuliere ähnliche Aussagen wie in a) für andere Winkelgrößen und begründe ihre Gültigkeit.

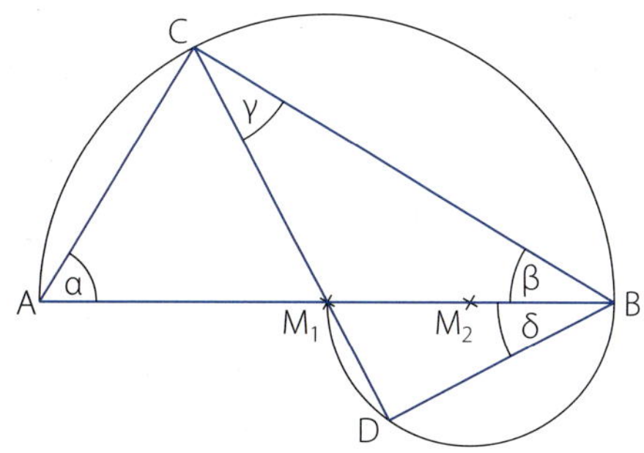

12 Formuliere einen „Wenn …, dann …"-Satz zu Vierecken, den man umkehren kann und einen, den man nicht umkehren kann.

13 Begründe mithilfe einer beschrifteten Skizze, dass die Eckpunkte eines Rechtecks auf einem Kreis liegen. Beschreibe diesen Kreis.

Noch fit?

I Berechne im Kopf den Prozentwert, den Grundwert oder den Prozentsatz.

a) 4 % von 25
b) 30 % von 11
c) 110 % von 52
d) 12,5 % von 48
e) 10 % sind 6
f) 13 % sind 130
g) 2 % sind 0,6
h) 15 % sind 75
i) 3 von 25
j) 2,8 von 50
k) 30 von 150
l) 70 von 40

II Bei der Produktion von Smartphones sind 20 % Ausschuss.
Wie viele Smartphones muss ein Unternehmen herstellen, um 10 000 funktionstüchtige Smartphones zu produzieren?

Trainieren | **Anwenden** | Vernetzen

14 Zeichne zu einer 8,4 cm langen Strecke $\overline{AB}$ eine parallele Gerade g im Abstand von 3,5 cm. Bestimme die Punkte auf der Geraden g, unter denen man die Strecke $\overline{AB}$ unter einem rechten Winkel sieht.

15 Konstruiere in einem beliebigen Dreieck ABC einen Punkt S, von dem aus man die Seiten c und a unter einem Winkel von 90° sieht.
Beschreibe deine Vorgehensweise.

16 Zeichne einen Winkel α, der kleiner als 180° ist. Konstruiere in den Winkel einen Kreis, welcher beide Schenkel des Winkels berührt.

17 Gegeben sind zwei Punkte P und M mit $|\overline{PM}| = 7$ cm. Konstruiere einen Kreis k um M derart, dass die beiden durch P verlaufenden Tangenten an k miteinander einen Winkel von 44° einschließen.

18 Kofis Zimmer hat einen rechteckigen Grundriss mit einer Breite von 3,00 m und einer Länge von 4,60 m. Um seine mit Postern beklebten Wände zu fotografieren, leiht er sich von seinem Vater dessen Spiegelreflexkamera, die eine Brennweite von 18 mm hat. Mit der Kamera, die einen horizontalen Bildwinkel von 90° hat, möchte er von jeder Wand ein Foto machen.

19 Begründe, dass in der nebenstehenden Figur gilt: α = 2β.

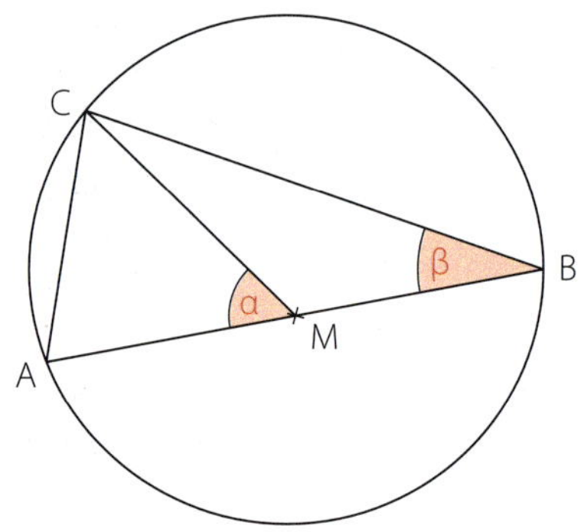

20 Zeichne die Kreise k_1 mit Mittelpunkt $M_1(1|1)$ und dem Radius $r_1 = 5$ cm sowie k_2 mit Mittelpunkt $M_2(6|11)$ und dem Radius $r_2 = 3$ cm in ein Koordinatensystem. Konstruiere die gemeinsamen Tangenten der beiden Kreise.

Trainieren | Anwenden | **Vernetzen**

21 Zeichne eine Gerade g und einen Punkt P, der nicht auf g liegt. Fälle das Lot auf g durch P.
Suche zwei Lösungsmöglichkeiten.

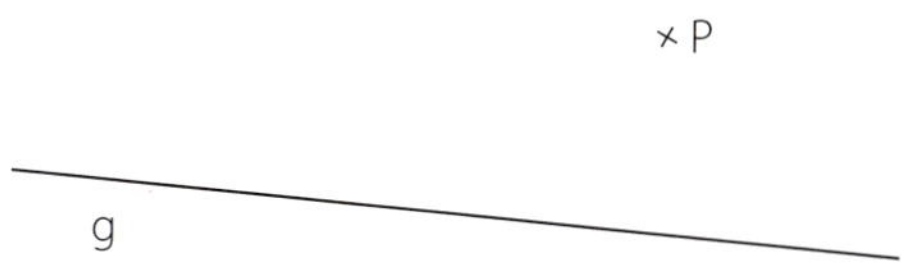

22 Verwende eine DGS.

a) Begründe, dass $\alpha = \beta$ gilt.

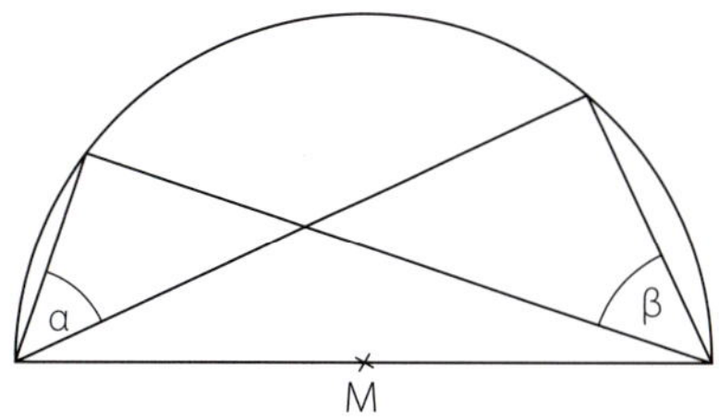

b) Begründe, das $\alpha + \beta = \gamma + \delta$ gilt.

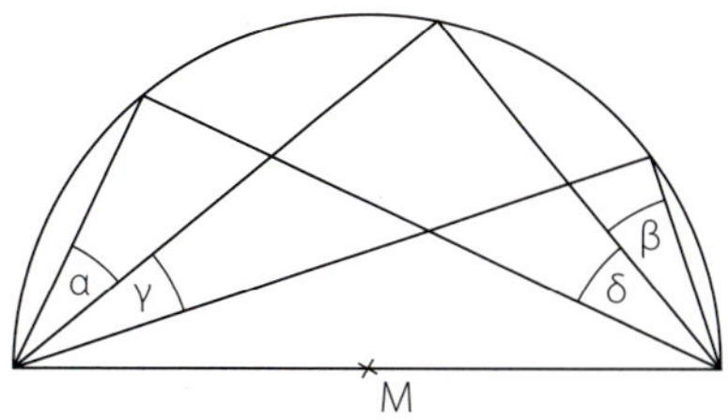

23 Umfangswinkelsatz

a) Zeichne mithilfe einer DGS einen Kreis, eine Kreissehne $\overline{AB}$ sowie einen Punkt C auf dem Kreis.
Miss den Winkel $\sphericalangle$ ACB. Bewege den Punkt C auf dem Kreis und beschreibe deine Beobachtung.

b) Beweise den Umfangswinkelsatz. Gehe dabei ähnlich vor wie beim Beweis des Satzes des Thales im Wissen-Teil dieses Kapitels. (Gehe davon aus, dass M im Inneren des Winkels $\sphericalangle$ ACB liegt.)

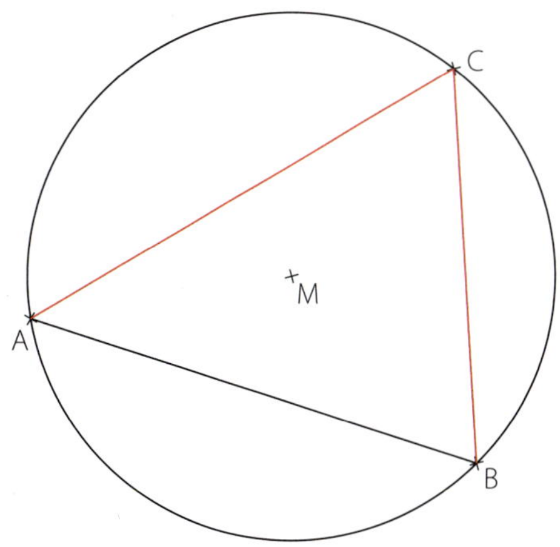

c) Erforsche einen Zusammenhang zwischen dem Mittelpunktswinkel $\sphericalangle$ AMB und dem Umfangswinkel $\sphericalangle$ ACB.

Auf einen Blick

Winkel an Geraden

Die Winkel α und β (und γ und δ) sind **Scheitelwinkel** an Geraden und damit gleich groß.
Nebenwinkel (in der Skizze z. B. α und γ) ergänzen sich zu 180°.

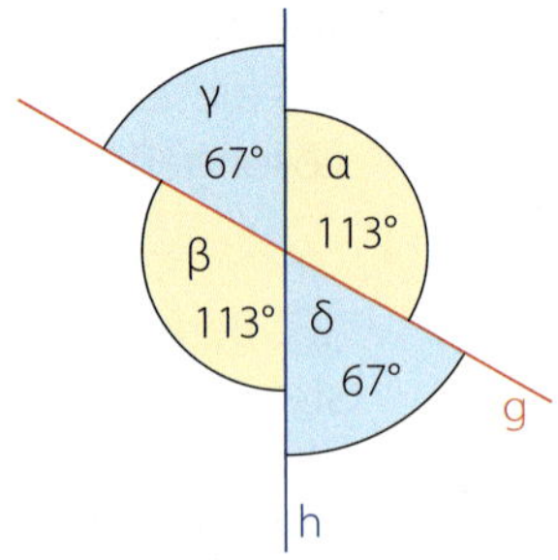

Wechselwinkel an Parallelen sind gleich groß.

Stufenwinkel an Parallelen sind gleich groß.

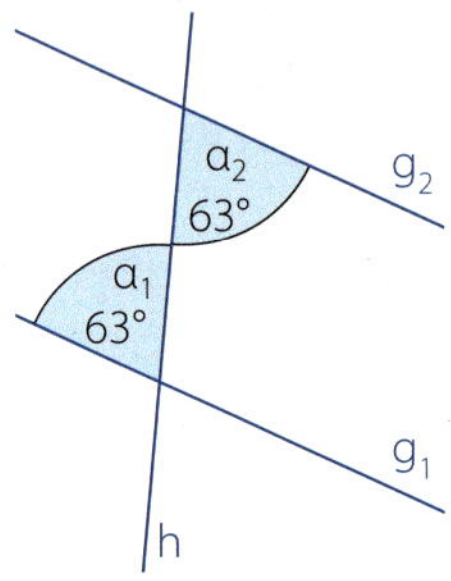

Wechselwinkel

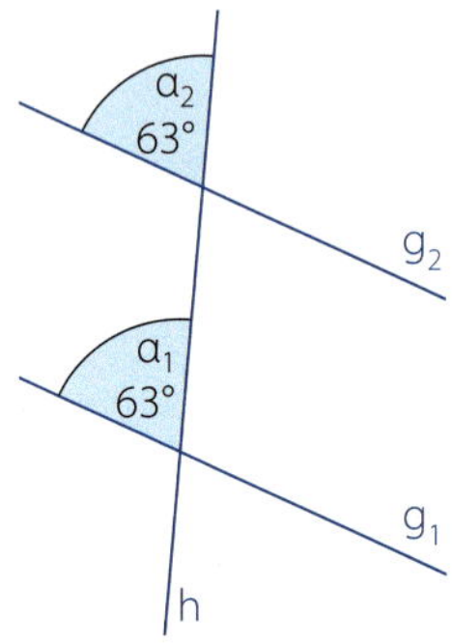

Stufenwinkel

Winkel in Dreiecken und Vielecken

Die Summe der Innenwinkel in einem Dreieck beträgt 180°. $\alpha + \beta + \gamma = 180°$

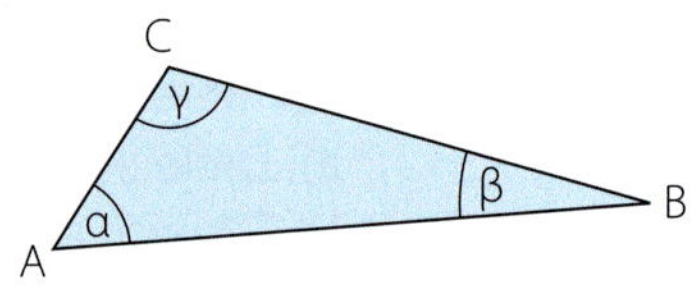

Die Summe der Innenwinkel in einem Vieleck erhältst du, indem du von einem Eckpunkt aus das Vieleck in Dreiecke zerlegst.

Winkel in besonderen Dreiecken

Die Basiswinkel in einem **gleichschenkligen Dreieck** sind gleich groß. Die Schenkel sind gleich lang.

Die Innenwinkel in einem **gleichseitigen Dreieck** sind gleich groß, nämlich 60°.

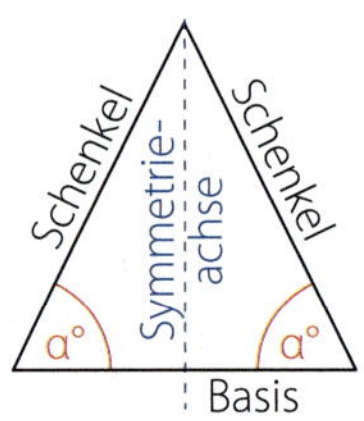

gleichschenklig

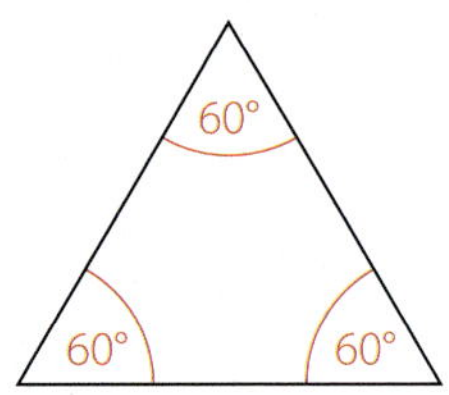

gleichseitig

Der Satz des Thales

Wenn ein Dreieck ABC bei C einen rechten Winkel hat, dann liegt C auf dem Thaleskreis über $\overline{AB}$.

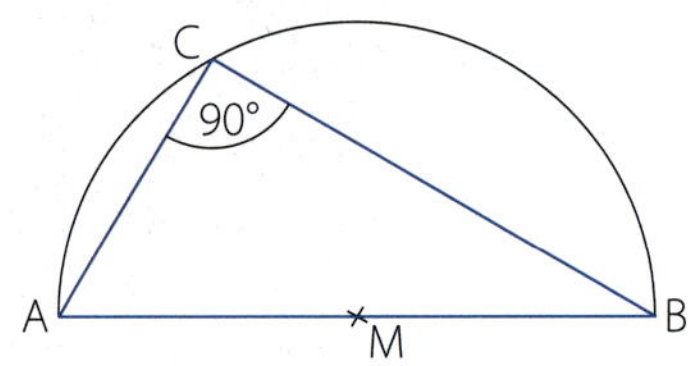

Kapitel 7

Terme und Gleichungen

Welcher der vielen Handy-Tarife wäre für dich der günstigste? In diesem Kapitel lernst du, Sachverhalte mithilfe von Variablen und Termen zu beschreiben und die Werte von Termen zu berechnen.
Das Untersuchen von Abhängigkeiten anhand von Termen kann dir helfen, Probleme wie das genannte zu lösen oder Regelmäßigkeiten in verschiedenen Bereichen auf die Spur zu kommen.

7.1 Terme aufstellen und berechnen

Aufträge

Streichhölzer

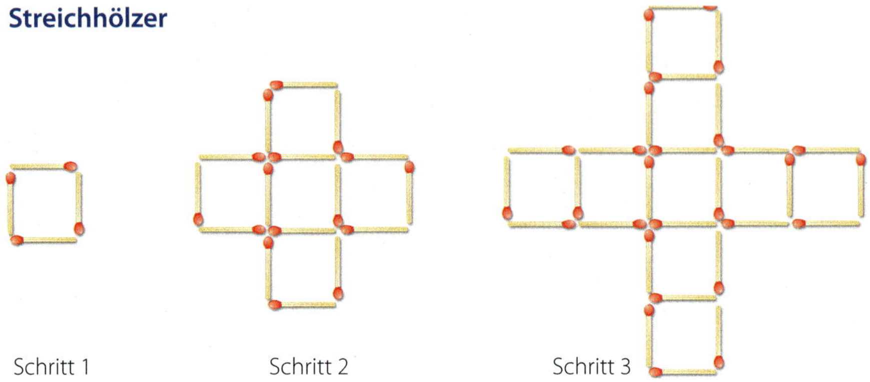

Schritt 1 Schritt 2 Schritt 3

Lege oder zeichne die Figuren nach und setze die Schrittfolge so fort, dass die Figuren immer größer werden. Entdecke eine Regel, mit der sich für jede Figur einfach ausrechnen lässt, wie viele Streichhölzer du jeweils benötigst.
Benutze beim Aufschreiben der Regel für die Nummer des Schritts keine Zahl, sondern die Variable x. Spannend wird es bei 10 oder sogar 100 Schritten!
Bastelt oder zeichnet in einer Arbeitsgruppe selbst weitere Figurenreihen und stellt ähnliche Berechnungen an wie oben. Präsentiert eure Ergebnisse.

Alternative: Winkelsummen in Vielecken

Zeichne ähnlich wie in der Abbildung beliebige Vielecke in dein Heft. Bestimme die Summe ihrer Innenwinkel, indem du diese Vielecke durch Verbinden von Ecken in Dreiecke zerlegst. Sammle deine Ergebnisse in einer Tabelle, die die Anzahl der Ecken und die zugehörige Winkelsumme enthält.

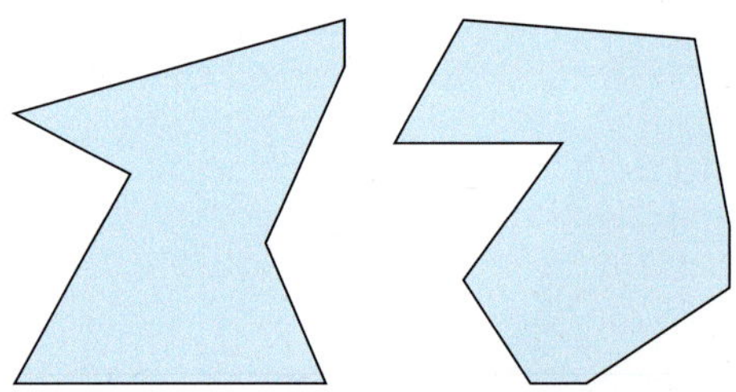

Finde eine Rechenvorschrift, mit der die Winkelsumme ohne Messen berechnet werden kann. Wie viele Ecken hat ein Vieleck mit einer Winkelsumme von 9000°?

Alternative: Masse eines Pferdes mit Tabellenkalkulation

Eine Formel zur näherungsweisen Berechnung der Masse eines Pferdes in kg ist:

$$\frac{\text{Brustumfang (cm)} \times \text{Brustumfang (cm)} \times \text{Körperlänge (cm)}}{11\,900}$$

Übertrage das abgebildete Rechenblatt in deine Tabellenkalkulation und experimentiere mit verschiedenen Eingaben. Erstelle andere Rechenblätter, bei denen aus mehreren Daten eine neue Größe berechnet wird.

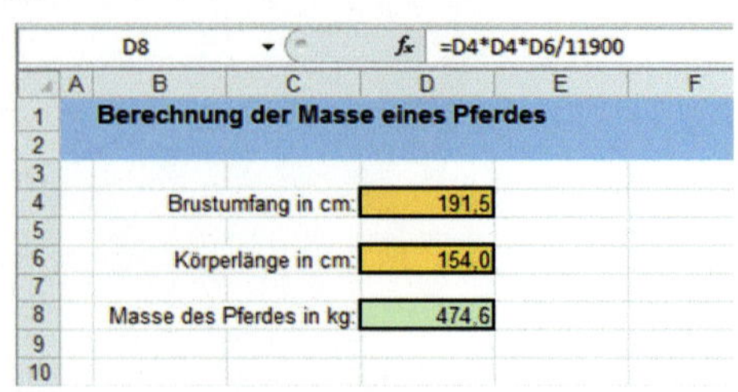

D8 =D4*D4*D6/11900

	A	B	C	D	E	F
1		Berechnung der Masse eines Pferdes				
2						
3						
4			Brustumfang in cm:	191,5		
5						
6			Körperlänge in cm:	154,0		
7						
8		Masse des Pferdes in kg:		474,6		
9						
10						

Wissen

Variaben und Terme

Rechenausdrücke werden in der Mathematik als **Term** bezeichnet.
In ihnen werden die vorkommenden Größen oft durch Buchstaben ersetzt, die **Variablen** heißen. Variablen sind Platzhalter für Zahlen, die in den Term eingesetzt werden, um für den Term einen konkreten Wert zu erhalten.

Beispiel 1

▸ *„Das Fünffache einer Zahl wird um sieben vermehrt."*

„Eine Zahl" ist die Variable: x
Das Fünffache dieser Zahl: $5 \cdot x$
Das Fünffache um sieben vermehrt: $5 \cdot x + 7$
Für $x = 4$ ist der Wert des Terms: $5 \cdot 4 + 7 = 20 + 7 = 27$

Auswertung von Termen durch Einsetzen

Viele Sachverhalte im Alltag lassen sich durch Terme allgemein beschreiben. Terme machen notwendige Berechnungen übersichtlich und deutlich.

Beispiel 2

▸ Der Grundpreis für eine Taxifahrt beträgt 3 €, für jeden gefahrenen Kilometer werden 2 € berechnet. Der Fahrtpreis in € beträgt also:

„Anzahl der gefahrenen Kilometer mal zwei zuzüglich drei".

Die Variable (gefahrene Strecke in km): s
Das Doppelte: $2 \cdot s$
Das Doppelte um drei vermehrt: $2 \cdot s + 3$
Für eine Fahrt von 12 km erhält man somit $2 \cdot 12 + 3 = 24 + 3 = 27$, also einen Fahrtpreis von 27 €.

Beispiel 3 (Wertetabelle)

▸ In den Term $2 \cdot x - x^2$ sollen viele Werte eingesetzt werden, zum Beispiel $x = \ldots; -3; -2; -1; 0; 1; 2; 3; \ldots$ Solche Berechnungen werden oft in einer **Wertetabelle** zusammengefasst, die sich leicht mit einer Tabellenkalkulation oder der TABLE-Funktion deines Taschenrechners erstellen lässt.

x	$2 \cdot x - x^2$
…	…
-3	$2 \cdot (-3) - (-3)^2 = -6 - 9 = -15$
-2	$2 \cdot (-2) - (-2)^2 = -4 - 4 = -8$
-1	$2 \cdot (-1) - (-1)^2 = -2 - 1 = -3$
0	$2 \cdot 0 - 0^2 = 0 - 0 = 0$
1	$2 \cdot 1 - 1^2 = 2 - 1 = 1$
2	$2 \cdot 2 - 2^2 = 4 - 4 = 0$
…	…

Beim Hinschreiben einer Berechnung, in der auch negative Zahlen vorkommen, musst du darauf achten, dass **Rechenzeichen und Vorzeichen immer durch eine Klammer getrennt** sein müssen.
Denke auch an die **Vorfahrtsregeln**: Klammern zuerst, dann Potenzen, dann Punktrechnung, dann Strichrechnung!

Aufgaben

Trainieren | Anwenden | Vernetzen

1 Schreibe die Anweisungen als Term auf.

a) Gib den Nachfolger einer natürlichen Zahl an.
b) Addiere das Fünffache einer Zahl zum Dreifachen dieser Zahl.
c) Addiere 5 zu einer Zahl und multipliziere das Ergebnis mit 2.
d) Multipliziere eine natürliche Zahl mit ihrem Nachfolger.
e) Multipliziere eine Zahl mit ihrer Gegenzahl.
f) Quadriere eine Zahl und subtrahiere anschließend das Doppelte der Zahl.
g) Dividiere eine natürliche Zahl (größer als 1) durch ihren Vorgänger.

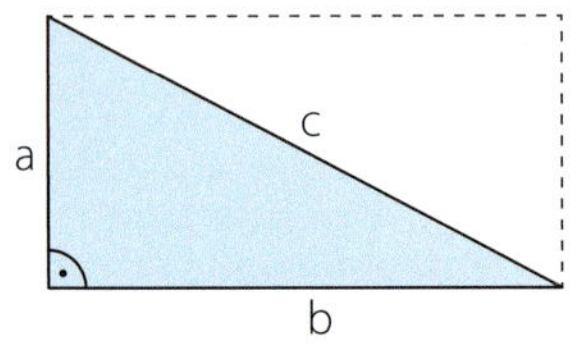

2 Der Flächeninhalt eines rechtwinkligen Dreiecks wird berechnet als Produkt als Produkt $A = \frac{a \cdot b}{2}$. Diese Rechenvorschrift gilt für alle rechtwinkligen Dreiecke, für ein bestimmtes rechtwinkliges Dreieck werden die Variablen a und b durch die konkreten Angaben für dieses rechtwinklige Dreieck ersetzt. Gib weitere Terme für die Berechnungen von Flächen- und Rauminhalten an, die du bereits kennst.

3 Wahrscheinlich kennst du auch die folgende Rechenvorschrift:
Um abzuschätzen, wie weit ein Gewitter entfernt ist, … Gib einen Term dazu an.

4 Formuliere die folgenden Rechenvorschriften in Wortform.

a) $\frac{1}{2} \cdot x + 11$
b) $(a + 3)^2$
c) $\frac{(x+1)}{(x-1)}$
d) $x \cdot y - \frac{x}{y}$
e) $(a - 1) \cdot a \cdot (a + 1)$
f) $(a + b + c) \cdot a \cdot b \cdot c$
g) $(a + b) \cdot (a - b)$
h) $a + \frac{1}{a} - 1$

Info
Für die Aufgaben 5, 6 und 7 kannst du ggf. die TABLE-Funktion deines Taschenrechners nutzen.

5 Berechne die Werte der folgenden Terme für $x = -2; -1; 0; 0{,}5; 1; 2$ und 3.

a) $5 + x$
b) $4 - x$
c) $3 \cdot x + 2{,}5$
d) $-2 \cdot x + 3$
e) $100 - 30 \cdot x$
f) $(x - 2) \cdot (4 \cdot x + 3)$
g) $(x + 3) \cdot (2x - 1)$
h) $(-x) \cdot (x - 1)$
i) $-x + 8 \cdot (x - 1)$

6 Berechne die Werte der folgenden Terme für $x = -5; -3; -1; 0; \frac{1}{2}$ und 1.

a) $x^2 - 5 \cdot x + 3$
b) $10 \cdot x + x^2$
c) $4 \cdot x^2 + 3 \cdot x$
d) $x^3 - 2 \cdot x^2$
e) $\frac{30}{x^2 + 1}$

Tipp: Potenz- vor Punkt- vor Strichrechnung! Achte auf eine saubere Schreibweise.
Es gilt: $(-3)^2 = 9$
$-3^2 = -9$

7 Finde diejenige Zahl oder diejenigen Zahlen, für die der Wert des Terms null wird.

a) $2 \cdot a - 5$
b) $2(n - 1)$
c) $4 \cdot c \cdot (c - 3)$
d) $(3 + y) : 4$
e) $b^2 - 4$
f) $(6 \cdot d - 3) \cdot (4 + 2 \cdot d)$

8 Stelle jeweils einen Term auf, mit dem der Flächeninhalt der abgebildeten Figur berechnet werden kann. Berechne anschließend den Flächeninhalt der Figur, indem du für die Variable(n) die angegebenen Zahlen einsetzt.

a)
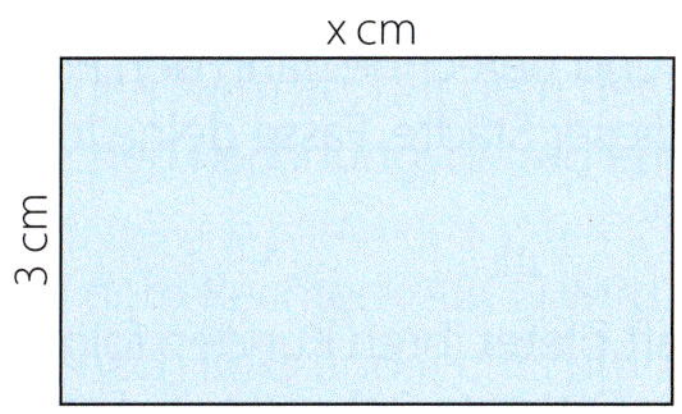

3, 5, 8 und 10 für x einsetzen

b)
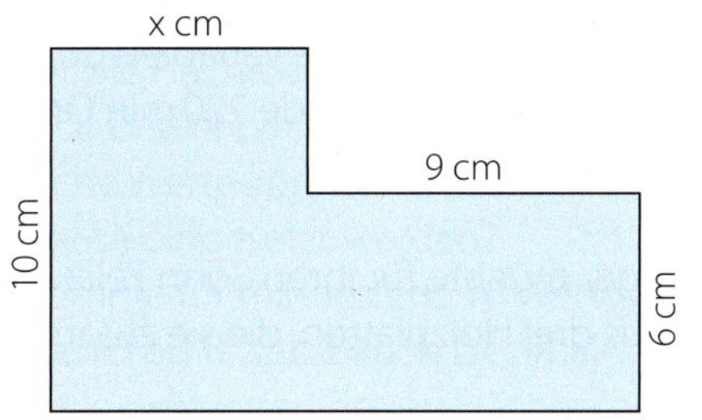

2, 4, 7 und 9 für x einsetzen

c) Die Figur ist ein Drachenviereck.
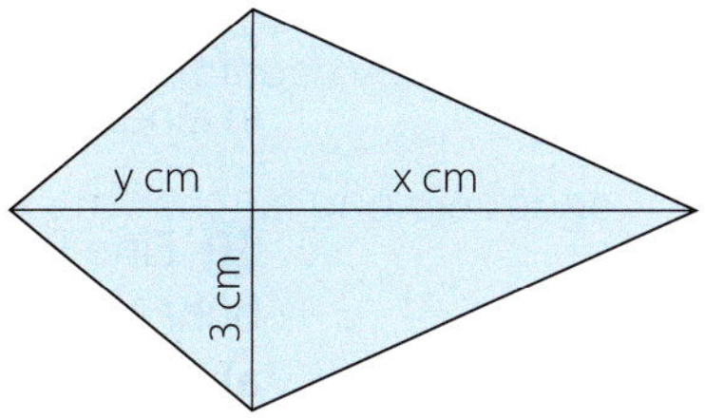

8, 11 und 15 für x einsetzen; 2, 3 und 5 für y einsetzen

Noch fit?

I Berechne.

a) $416 - 512 + 88 - 316$
b) $85 - (109 - 14)$
c) $156 - |89| + |-189|$
d) $-37 - (163 - 288) + 112$
e) $3 \cdot 13 - |-200| + |-100|$
f) $119 - 23 \cdot 3$
g) $347 - 2 \cdot 36 - 247 - 18 \cdot (-2)$
h) $(36 - 2) \cdot (-14) - 3 \cdot 12$
i) $(-5 - 3) \cdot (-12 + 7)$
j) $3 \cdot (-5) - 6 \cdot (-2) + 18$
k) $(-2) \cdot (-3) \cdot (-4) + (-1) \cdot (-2) \cdot 3$
l) $(-2)^3 - 3^2$
m) $27 - 2^2 + (-3)^2$

II Eine eigenartige Summe.

a) Berechne die Summe $1 - 2 + 3 - 4 + 5 - 6 + 7 - 8 + 9 - 10$.
b) Bis zu welcher Zahl musst du diese Reihe fortsetzen, sodass sie den Wert (–30) hat? Begründe deine Antwort.
c) Bis zu welcher Zahl musst du die Reihe fortsetzen, damit ihr Wert 13 ist?
d) Schreibe eine ähnliche Reihe auf, die nur gerade (ungerade) Zahlen als Werte annimmt.

III Berechne geschickt.

a) $17 \cdot (-53) + 17 \cdot (-47)$
b) $\frac{1}{3} \cdot \frac{5}{7} + \frac{1}{3} \cdot \frac{2}{7}$
c) $67 - (37 + 129)$
d) $(88 - 53) - 68$
e) $220 + (170 - 20)$
f) $401 - (228 - 99)$
g) $\frac{3}{8} - \left(\frac{5}{9} - \frac{1}{8}\right) - \frac{1}{2}$

Methode

Formeln in einer Tabellenkalkulation

Preisknüller! Stellen Sie Ihre Schrankwand selbst zusammen.

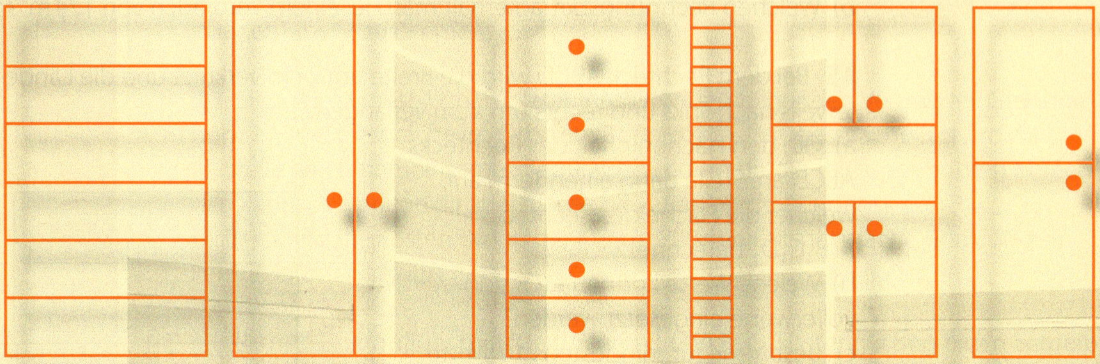

Regal		Schrank 2-türig		Schubladen-element		CD-Regal		Regalschrank		Schrank 1-türig	
60 cm	149 €	80 cm	169 €	30 cm	188 €	20 cm	166 €	80 cm	214 €	50 cm	119 €
80 cm	169 €	100 cm	175 €	40 cm	212 €					60 cm	137 €
90 cm	179 €	120 cm	185 €	60 cm	224 €						

Formeln sparen Zeit

Der Verkäufer im Möbelmarkt möchte in eine Tabellenkalkulation die Wünsche seiner Kunden eintragen können, sodass in Zelle D8 die Gesamtbreite und darunter der Preis erscheint. In der Eingabezeile siehst du die Formel für Zelle D8.
Der Term ist noch nicht fertig. Welche Anzahlen sind bereits berücksichtigt? Vervollständige ihn an deinem Rechner und sorge dafür, dass auch der Preis ausgerechnet wird.

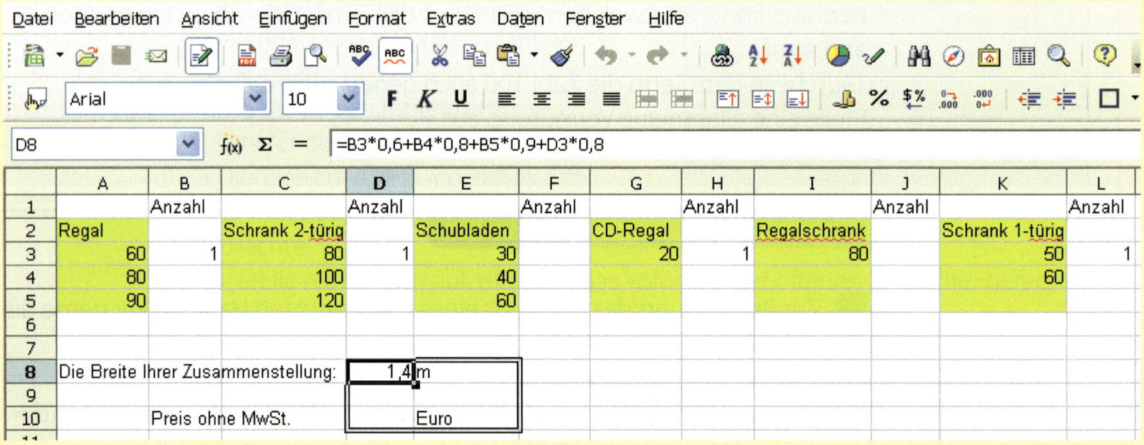

	A	B	C	D	E	F	G	H	I	J	K	L
1		Anzahl		Anzahl		Anzahl		Anzahl		Anzahl		Anzahl
2	Regal		Schrank 2-türig		Schubladen		CD-Regal		Regalschrank		Schrank 1-türig	
3	60	1	80	1	30		20	1	80		50	1
4	80		100		40						60	
5	90		120		60							
6												
7												
8	Die Breite Ihrer Zusammenstellung:			1,4	m							
9												
10		Preis ohne MwSt.			Euro							

Dieselbe Formel in mehreren Zellen

Es soll eine Tabelle erstellt werden, in der in Spalte A die Zahlen von 1 bis 45 und in Spalte B die zugehörigen Quadratzahlen stehen.

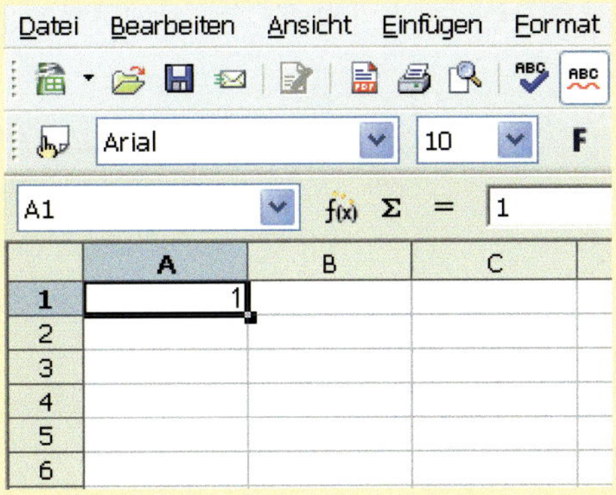

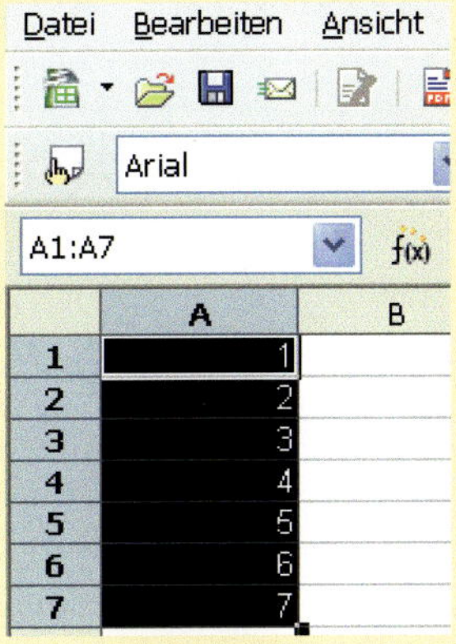

Automatisches Füllen

In Spalte A kannst du natürlich alle 45 Zahlen einzeln in die jeweilige Zelle eintragen.
Eine Tabellenkalkulation füllt jedoch zusammenhängende Zellen auch automatisch aus. Du markierst einfach die Zelle mit der 1 und ziehst geschickt mit der Maus am Ankerpunkt (manchmal musst du dabei noch die Strg-Taste drücken). Probiere es einmal!

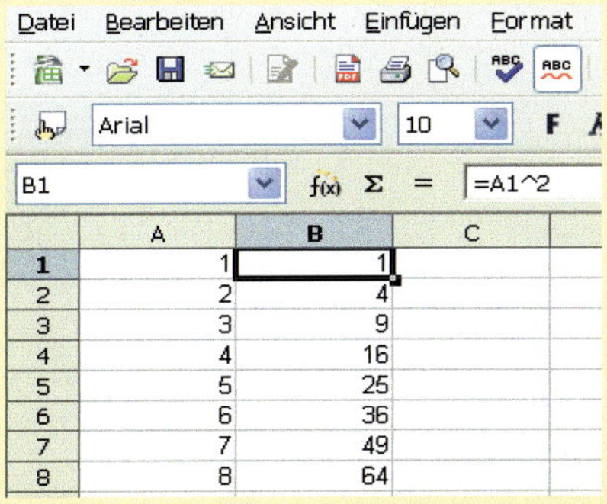

Das funktioniert übrigens auch bei Monatsnamen. Tippe doch mal „Januar" in eine Zelle und fülle automatisch. Im Beispiel siehst du (mit → markiert) die Formel für das Quadrieren „=A1^2". Das Häkchen „^" bedeutet, dass die 2 eine Hochzahl (Exponent) ist. Auch diese Formel kannst du wie oben durch automatisches Füllen in die folgenden Zeilen kopieren.

Aufgaben

1 Ergänze in dem Tabellenblatt mit den Quadratzahlen eine dritte Spalte, in der die Differenz zweier aufeinander folgender Quadratzahlen berechnet wird.

2 Auf deinem Sparbuch sind 2000 €, der Betrag ist für die nächsten 6 Jahre festgelegt. Erkundige dich, wie hoch der Zinssatz unter dieser Voraussetzung ist, und erstelle ein Tabellenblatt, um herauszubekommen, wie viel Geld du an deinem 18. Geburtstag abheben kannst.

3 Eine Eisenstange von 10 m Länge dehnt sich pro 1° Celsius Erwärmung um 0,12 mm aus. Angenommen, der Eiffelturm ist bei 0° Celsius genau 300 m hoch. Wie hoch ist er dann bei 20°, bei – 10° usw? Erstelle eine Tabelle für die Höhe des Eiffelturmes bei allen Temperaturen von –25° bis +35° in Schritten von 5 Grad. Weißt du noch, wie man mit einem Tabellenkalkulationsprogramm Diagramme erzeugt?

Achtung

Auch diese zwei Geraden haben einen Schnittpunkt!

19 Untersuche die Anzahl der Schnittpunkte von zwei, drei, vier, … Geraden, die nicht parallel sind und von denen sich nicht je drei oder mehr in einem Punkt schneiden.

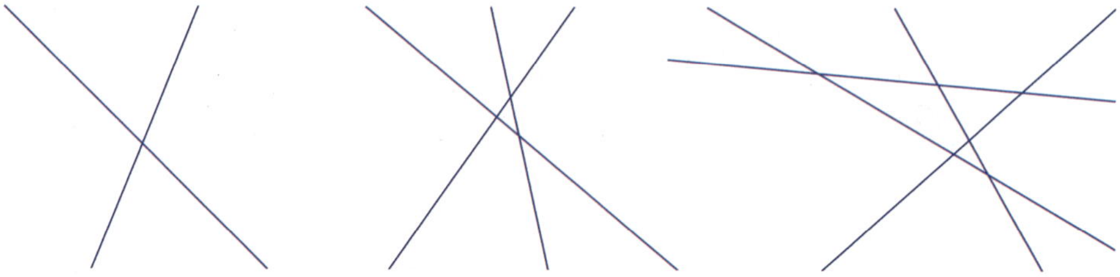

20 Gerade und ungerade Zahlen

a) Begründe, dass der Term $2 \cdot a$ bei jedem Einsetzen einer ganzen Zahl a eine gerade Zahl ergibt.

b) Ändere den Term aus a) so ab, dass er bei jedem Einsetzen einer ganzen Zahl eine ungerade Zahl liefert.

c) Zeige damit, dass die Summe zweier ungerader Zahlen immer eine gerade Zahl ergibt.

21 Teilbarkeit von Summen

a) Zeige, dass die Summe dreier aufeinander folgender ganzer Zahlen immer eine Zahl ergibt, die durch drei teilbar ist.

b) Zeige, dass die Summe von vier aufeinander folgenden ganzen Zahlen immer eine Zahl ergibt, die nicht durch vier teilbar ist.

c) Wie sieht das mit fünf aufeinander folgenden Zahlen aus?

22 Beim schnellen Abschreiben hat Herr Hastig leider nicht angegeben, welchen Wert die Variable hatte. Nur die Ergebnisse hat er noch. Hilf ihm die passenden Werte für die Variable zu finden, wenn der Term $u^2 - 2$ heißt.

Beachte: Es gibt meistens zwei Möglichkeiten. Hier sind die Ergebnisse von Herrn Hastig:

a) 23 b) 14 c) −2 d) 2

23 Erkläre das Geheimnis dieses Zahlenrätsels.

Denke dir eine Zahl – verdopple die Zahl – addiere das Dreifache der Zahl – addiere das Fünffache der Zahl – addiere 111.

Anschließend behauptet der Rätselsteller: Sag mir das Ergebnis und ich sage dir deine Zahl.

24 Jahrhundertelang haben Mathematiker versucht, Formeln zu finden, um Primzahlen zu erzeugen. Überprüfe die vorgeschlagenen Formeln durch Einsetzen (n steht für eine natürliche Zahl).

a) $P(n) = 2^n + 1$

b) $P(n) = n^2 + n + 41$ (Warum kannst du ab einer bestimmten Zahl die Überprüfung auf alle Fälle abbrechen?)

7.2 Terme umformen und vereinfachen

Aufträge

Gleicher Flächeninhalt – unterschiedliche Terme

Von einem Quadrat mit der Kantenlänge a wurde ein Rechteck abgeschnitten.

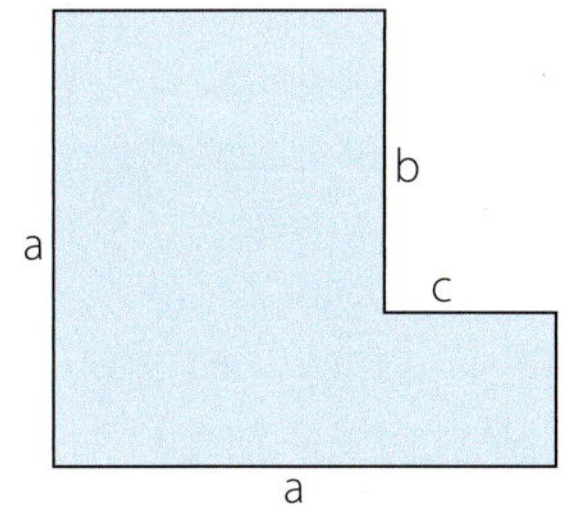

Um den Flächeninhalt der restlichen Figur zu berechnen, sind folgende Terme aufgestellt worden:

$A = c \cdot (a - b) + a \cdot (a - c)$

$A = a^2 - b \cdot c$

$A = b \cdot (a - c) + a \cdot (a - b)$

Setze konkrete Werte ein, z. B. a = 9 cm, b = 5 cm und c = 2 cm. Was fällt dir auf?

Erkläre, was die Teile der Terme geometrisch bedeuten, z. B. $c \cdot (a - b)$.

Welcher Term gefällt dir am besten?

Alternative: Pakete schnüren

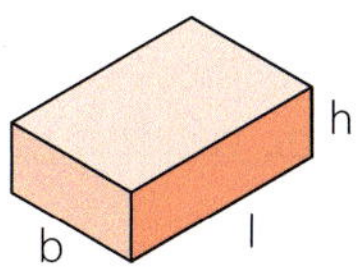

Eine Firma verschickt ihre Ware immer in gleichen Kartons (Länge l, Breite b, Höhe h).

Je nach Gewicht werden sie unterschiedlich verschnürt.

Um die notwendige Schnurlänge zu berechnen, wurden folgende Terme aufgestellt.

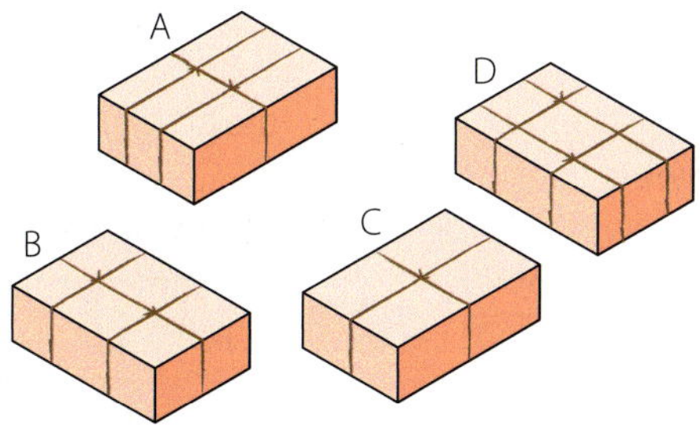

1) $2 \cdot l + b + 3 \cdot h + 2 \cdot l + b + 3 \cdot h$
2) $b + l + 2 \cdot h$
3) $4 \cdot h + 2 \cdot b + 2 \cdot l$
4) $4 \cdot l + 6 \cdot h + 2 \cdot b$
5) $4 \cdot (l + 2 \cdot h + b)$
6) $2 \cdot (4 \cdot h + 2 \cdot (l + b))$

Ordne, wenn möglich, den verschiedenen Termen die entsprechenden Pakete zu. Findest du für jedes Paket einen richtigen Term? Gibt es für ein Paket mehrere richtige Terme? Ergänze evtl. fehlende Terme.

Alternative: Gleisbilder

Hinweis

Die Länge der gebogenen Gleisstücke wird in der Mitte gemessen.

Sina und Leif haben für die Gleislänge der beiden Schienenkreise Terme aufgestellt.

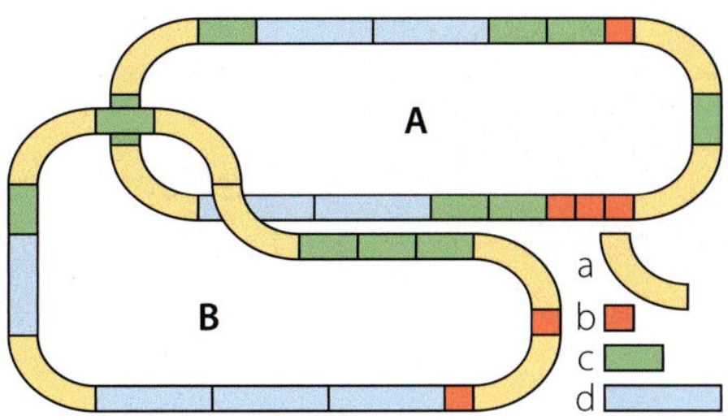

1) $4 \cdot a + 4 \cdot b + 7 \cdot c + 4 \cdot d$
2) $6 \cdot a + 2 \cdot b + 5 \cdot c + 4 \cdot d$
3) $4 \cdot (a + b + c + d) + 3 \cdot c$
4) $2 \cdot d + c + a + c + a + 2 \cdot d + 2 \cdot c + 3 \cdot b + a + c + a + b + 2 \cdot c$
5) $a + d + c + a + c + a + a + c + c + c + a + b + a + b + d + d + d$

Finde heraus, welche Terme zu welchem Gleisbild gehören.

Wissen

Zusammenfassen von Termen

Unterschiedlichen Termen sieht man nicht sofort an, ob sie immer denselben Wert ergeben, wenn für die Variablen Zahlen eingesetzt werden:

Achtung
Aus praktischen Gründen der Übersichtlichkeit wird in der Mathematik die Multiplikation von Zahlen mit Variablen ohne einen „Malpunkt" geschrieben, d. h.: $3 \cdot x \cdot y = 3xy$

Beispiel 1

x	4x + x	5x
−2	$4 \cdot (-2) + (-2) = -10$	$5 \cdot (-2) = -10$
0	$4 \cdot 0 + 0 = 0$	$5 \cdot 0 = 0$
1	$4 \cdot 1 + 1 = 5$	$5 \cdot 1 = 5$
3	$4 \cdot 3 + 3 = 15$	$5 \cdot 3 = 15$

x	$x + x^2$	x^3
−2	$(-2) + (-2)^2 = 2$	$(-2)^3 = -8$
0	$0 + 0^2 = 0$	$0^3 = 0$
1	$1 + 1^2 = 2$	$1^3 = 1$
3	$3 + 3^2 = 12$	$3^3 = 27$

Während in der rechten Tabelle nur für x = 0 die beiden Terme denselben Wert ergeben, ergeben sich in der linken Tabelle immer dieselben Werte für beide Terme, egal welche Zahlen du für x einsetzt.

Terme, die bei allen denkbaren Einsetzungen den gleichen Wert ergeben, heißen **gleichwertig** (oder: **äquivalent**).

Terme lassen sich oft so umformen, dass man ohne Einsetzen erkennt, ob sie gleichwertig sind. Hierzu müssen Regeln beim Umformen eingehalten werden.

Hinweis
Dahinter steckt das Distributivgesetz:
$2x + 7x = (2 + 7)x = 9x$

Summanden, die sich **nur** durch einen Zahlfaktor unterscheiden, lassen sich **zusammenfassen**, indem die Zahlen addiert und die Variablen beibehalten werden.

Erinnerung
Es gilt:
$3x - x = 3x - 1x$
$= x(3 - 1)$
$= x \cdot 2 = 2x$

Produkte vereinfachen
Üblich ist: Zuerst kommen die Zahlen, dann die Variablen in alphabetischer Reihenfolge.
$b \cdot 3 \cdot a = 3ab$

$3a \cdot 4b \cdot a$
$= 3 \cdot 4 \cdot a \cdot a \cdot b$
$= 12a^2b$

Beispiel 2

a) $3x + 5z - x + 7y + 2z - 4y$ | Zusammenfassen
$= 2x + 3y + 7z$

b) $b \cdot 3a + x^2y + 4x \cdot xy + ab$ | Produkte vereinfachen
$= 3ab + x^2y + 4x^2y + ab$ | Zusammenfassen
$= 4ab + 5x^2y$

c) $2a + 3a^2$
Dieser Term lässt sich nicht weiter zusammenfassen, da sich die Summanden nicht nur um den Zahlfaktor unterscheiden.

Ausklammern und Ausmultiplizieren

Tauchen in Termen Produkte mit Summen auf, so lassen sich diese mithilfe des Distributivgesetzes umformen. So lassen sich Summen in Produkte und Produkte in Summen umformen.

Ausmultiplizieren →

$3(2a + b) = 6a + 3b$

← **Ausklammern**

Tipp
Es wird übersichtlicher, wenn man gleichartige Terme durch Unterstreichen oder Umkreisen gleichartig markiert.

Merke
Die Anzahl der Summanden (ohne Klammer) ist so groß wie die Anzahl der Summenden in der Klammer.

Beispiel 3 (Ausmultiplizieren)

▸ $2x \cdot (2x + z) + 2x \cdot y + x \cdot (2x + z)$ | Distributivgesetz
$= 2x \cdot 2x + 2x \cdot z + 2x \cdot y + x \cdot 2x + x \cdot z$ | Produkte vereinfachen
$= 4x^2 + 2xz + 2xy + 2x^2 + xz$ | Zusammenfassen
$= 6x^2 + 2xy + 3xz$

Beispiel 4 (Ausklammern)

▸ $x^2y + xy$ | Schreibweise
$= xxy + xy$ | Distributivgesetz [Der Term ist eine Summe.]
$= xy\,(x + 1)$ [Der Term ist ein Produkt.]

Da xy dasselbe ist wie $1 \cdot xy$, bleibt beim Ausklammern die 1 in der Klammer stehen.

Beim Auflösen von Klammern spielt es keine Rolle, ob in der Klammer Zahlen oder Variablen stehen. Deshalb gelten für das Auflösen von Klammern die Regeln, die du aus Kapitel 1.3 kennst:

$-(a + b) = -a - b$ $-(-a + b) = a - b$
$-(a - b) = -a + b$ $-(-a - b) = a + b$

Beispiel 5

▸ a) $4x + 5y - (8y - 2x)$ | „Minusklammer"
$= 4x + 5y - 8y + 2x$ | Zusammenfassen
$= 6x - 3y$

b) $-3a\,(2a + 5b) - 4b\,(7b - 8a) - a\,(-9a + 17b)$
$= -3a \cdot 2a - 3a \cdot 5b - 4b \cdot 7b + 4b \cdot 8a + a \cdot 9a - a \cdot 17b$
$= -6a^2 - 15ab - 28b^2 + 32ab + 9a^2 - 17ab$
$= 3a^2 - 28b^2$

Aufgaben

Trainieren | Anwenden | Vernetzen

Achtung
Hier sind alle Malpunkte weggelassen!

1 Fasse zusammen.

a) $2a + 3b + 4a + 5b$
b) $11x + 8y - 7y - 10x$
c) $3x - 2y + 5x + 6y - 8x$
d) $5a + b - 2c - 2a - 8b + c$
e) $s + r + t + u + s$
f) $2a^2 - 4a + a^2 - 7 + 11a$

2 Vereinfache die Produkte.

a) $x \cdot xy$
b) $abc \cdot ab$
c) $x^2y \cdot 2xy$
d) $3ax \cdot 6ay$
e) $0{,}5rst \cdot 12r^2t$
f) $3x^2y \cdot 5xy \cdot 2y^3$

3 In den folgenden Termen sollen erst die Produkte vereinfacht werden.

a) $ab + b2a + 5$
b) $5ba - 3ab + 6a + a$
c) $4n - nm7 + 8n - nm + m$
d) $(-12)xy + x3y$
e) $xx - 3xy + yy + 4xy$
f) $2a5ab - 4a^2b$
g) $3a4x^2 + 7ax + 6ax5x - 4a2x$
h) $xx - 2y3x - x^2 + x6y - x3x$

Hinweis
Hier sind bei einigen Teilaufgaben die Malpunkte weggelassen!

4 Fasse die Produkte zusammen und vereinfache.

a) $r^2 - 2ab - r \cdot r + 5 + ab$
b) $2x \cdot ab - 3a^2 \cdot a - x \cdot ab$
c) $6x \cdot yx + 7ab \cdot b - 3y \cdot x^2 - 6b \cdot ab$
d) $12rs + 7ts - 4sr - 5st$
e) $u \cdot 7v^2w - 3vw \cdot uv - 2uv \cdot 2vw$
f) $a^2 \cdot 3a - 2a \cdot 8a - 2a \cdot a \cdot 2a - 3a \cdot 5a$

Hinweis
Vereinfachen heißt allgemein: Distributivgesetz anwenden, Produkte vereinfachen und zusammenfassen.

5 Vereinfache so weit wie möglich.

a) $4ab + 4ac + 4bc - 2ac$
b) $3x^2y - 2uv^2 + 8x^2y + 4uv$
c) $2x^2 - 4x + x^3 - x^3 + 31x$
d) $8rst^2 - 5rs^2t^2 + 3r^2s^2t + 7rs^2t^2 + 11r^2s^2t$
e) $\frac{1}{6}ab + 13ac - \frac{1}{6}bc - \frac{1}{3}ab - 11ac + \frac{1}{3}bc$
f) $2{,}2mn + 9m^2n - 0{,}5m^2n - 5{,}3 + 7{,}8mn$

6 Übertrage die Aufgaben in dein Heft und fasse in einem Schritt zusammen.

a) $4a + 6ab - 2ab + 8a$
b) $a^2 - ab + ab - b^2$
c) $11xy - x^2 + y^2 - 7xy + 2x^2 - y^2$
d) $xxy + 4xy^2 + 3x^2y - 2xyy$
e) $4ab - 3dc + 5ba + 6cd$
f) $5xy + x - 2y + 3xz + 7y + 5x$
g) $3r^2 + 4s^2 + r^2 + s^2 - 4r^2 - 5s^2$
h) $xy + 6zy + 7xz - 4yz + yx - 2zx$

7 Löse die Klammern auf und vereinfache.

a) $x - (x + y)$
b) $2a - (a - b)$
c) $3r - (r + 2t)$
d) $n + (m - n)$
e) $(x + y) - (x - y)$
f) $-(2a + 3b) + (5a + b)$
g) $(-u + v) - (2v - 3u)$
h) $r - (s - t - r)$

8 Multipliziere aus.

a) $5(x + y)$
b) $-2(3a - b)$
c) $7a(a - 1)$
d) $-r(25s - 16t)$
e) $6x(2xy - 3)$
f) $12a^2b(-2ab^2 + 0{,}5a^3b)$

9 Multipliziere die Klammern aus und vereinfache.

a) $4(x + y) + 3(x - y)$
b) $x(x + 4) - 2(x + 2) - 2x$
c) $a(a + b) - b(a + b)$
d) $(2a + 3b)2a - 3b(6a - 3b)$
e) $r(r + s + t) - s(r + s + t) - t(r - s - t)$
f) $n^2 - n(n - m) - m(n - m)$
g) $6x(x - y) + y(6x - y^2)$
h) $ab(a - b) - 4a(ab + b)$

10 Solve the brackets and simplify.

a) $(a + b)c + (a - 2b)3c$
b) $(s^2 + st)t + s(2t^2 - st)$
c) $x(x - y) - y(x - y)$
d) $m(n - u) + n(m - u) - u(m - n)$
e) $(-uv + uw^3)u^2 + w^2(u^3w)$
f) $(a^2 - b)c - b(a - c)$
g) $3ay + a(x - y) - (x + y)a$
h) $(ab + ac)b + (ab - bc)a$

11 Übertrage die Additionsmauern in dein Heft und fülle die Lücken aus.

a)

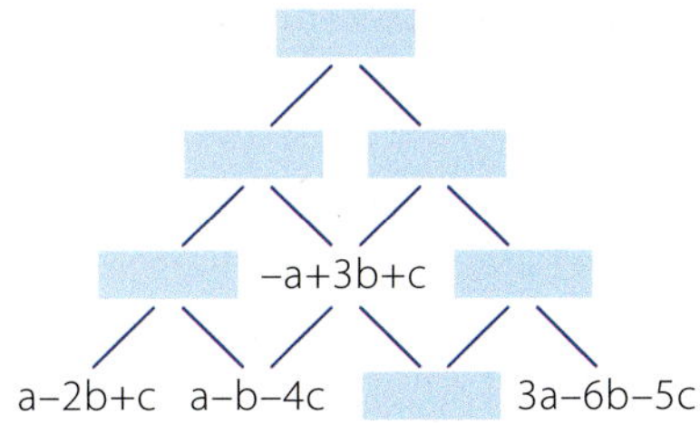

b)

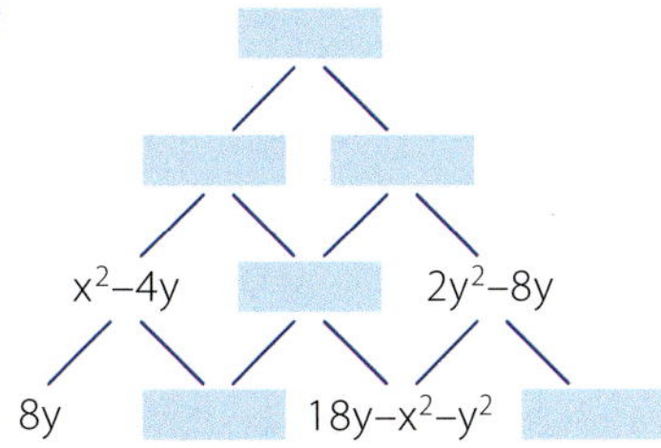

12 Zeige, dass die folgenden Paare von Termen für die angegebenen Werte von x jeweils dieselben Ergebnisse liefern. Trotzdem ist nur ein Paar wirklich gleichwertig – welches?

a) $3x+5$ und x^2+3x+4
für $x=-1$ und $x=1$

b) $x^2-2(3-x)+6$ und $x(x+2)$
für $x=-3$; $x=0$ und $x=3$

c) x^3+1 und $x+1$
für $x=-1$; $x=0$ und $x=1$

d) x^3-6x^2+9x und x^2-x
für $x=0$; $x=2$ und $x=5$

13 Weise durch geeignetes Einsetzen nach, dass folgende Terme nicht äquivalent (gleichwertig) sind.

a) a^3 und a^2+a

b) x^2 und $2x$

c) $5(x+6)$ und $5x+6$

d) $x\cdot 3x$ und $3x\cdot x^2$

e) $3x+x$ und $x(3+0)$

f) $\frac{14x+6}{21}$ und $\frac{2x+6}{3}$

14 Finde Paare gleichwertiger Terme.

a) $2x-1$

b) $7x-6$

c) $(x-2)\cdot 2+5x-2$

d) $2(x+1)-3$

e) $1{,}5+3x$

f) x^2-2x+4

g) $-x^2+6x-4$

h) $x(x-2)+4$

i) $8-(x+9)\cdot x$

j) $5+(x-3)\cdot 3-(x-3)\cdot x$

15 Welche der folgenden Terme sind gleichwertig?

$3x^2-x^2-7x+6$

$-2x-7(x+y)$

$7+2x(x-3)$

$3x-15y-12x+8y$

$7(y-x)$

x^2-y^2

$5x(x+2)$

$-9x-7y$

$7x-x^2+3x+6x^2$

$2x(x-2)-3(x-2)$

$15y+10x-8y-17x$

$2x^2-6x+7$

$x(x-y)+y(x-y)$

16 Bei den folgenden Termen gibt es jeweils drei Vorgaben für das, was ausgeklammert werden soll. Klammere aus und finde weitere Möglichkeiten.

a) $14xyz - 7xy + 91xz$ $(x; -7; -1)$
b) $-6ax^2 + 15a^2x - 21ax$ $(a; -1; -x)$
c) $-25nm + 15n^2m - 5nm^2$ $(5n; -5; -m)$
d) $-12a^2bc + 6ab^2c - 24abc^2$ $(a; -b; -2bc)$

17 Hier sollst du möglichst viel ausklammern – manchmal gibt es dabei mehrere Möglichkeiten.

a) $5\frac{3}{37} + 5\frac{34}{37}$
b) $xy + xz$
c) $xy + xz + rs + rt$
d) $ab - ac + de - df$
e) $ax + by + az + bz$
f) $2ax + 2ay + b^2r + b^2s$
g) $xy^2 + 4ab + x^2y - 2a^2$
h) $12ab - 4ac + 8ad$

18 Multipliziere die Klammern aus und fasse zusammen.
Danach soll noch ausgeklammert werden.

a) $(a - c)b - c(a - b)$
b) $xz(y + 1) - x(z + 3y)$
c) $(r^2 + t)s - t(s - 4r^2)$
d) $a^2(b - c - d) + a^2c$
e) $ax(c + 1) - a(x + cy)$
f) $2x(3 + 5y) - 5y(2x - 3)$
g) $q(p + 3r) - r(3q - 2p)$
h) $a(ab - bc - ac) - abc$

19 Forme um, sodass aus der Summe ein Produkt wird.

a) $2as - \frac{3}{8}bs + \frac{2}{7}as + \frac{4}{5}bs$
b) $4xy + 8ab - 2ax$
c) $a(2xy - b) - x\left(a + \frac{7}{8}a\right)$
d) $5x - \left(\frac{1}{6}xy - \frac{5}{6}xz\right)$

20 Hier sind beim Umformen Fehler passiert. Korrigiere in deinem Heft.

a) $3x(x + y) = 4x + 3xy$
b) $2ba - a(3 + 2b) = 2ba - 3a + 2ab = -3a$
c) $8y^2 + 2y = 2y(4y)$
d) $3a^2 + 2b - (-2a + 4b^2) = 3a^2 + 2b + 2a - 4b^2 = 5a^3 - 2b^3$

Noch fit?

I Die Bundestagswahl 2005 brachte folgendes Ergebnis: CDU/CSU 35,2 %; SPD 34,2 %; FDP 9,8 %; Die Linke 8,7 %; Grüne 8,1 %; Sonstige 4,0 %.

a) Stelle dieses Ergebnis in einem Kreisdiagramm dar.

b) Durch so genannte Überhangmandate und die 5 %-Hürde entspricht die Sitzverteilung im Bundestag nicht genau den Stimmverhältnissen. Vergleiche das Ergebnis der Wahl 2005 mit den Sitzen: CDU/CSU: 226 Sitze; SPD: 222 Sitze; FDP: 61 Sitze; Die Linke: 54 Sitze; Grüne: 51 Sitze.

II Wie viel müsstest du im Lotto gewinnen, um nicht mehr arbeiten zu müssen? Nimm an, dass du nur von den Zinsen des Gewinns lebst. Wie hoch müsste der Lottogewinn sein, wenn du bei einem Zinssatz von 3 % jährlich 40 000 € an Zinsen erhalten willst? Rechne andere Beispiele.

Trainieren | **Anwenden** | Vernetzen

21 Ermittle möglichst einfache Terme für das Volumen und den Oberflächeninhalt des Körpers.

a)

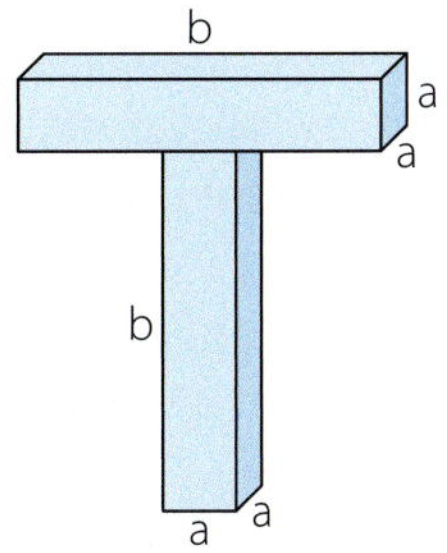

b)

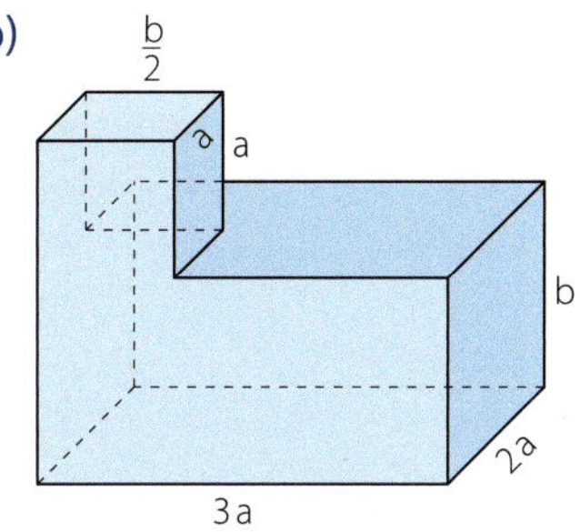

22 Durch unterschiedliche Zerlegungen bzw. Ergänzungen der Figuren erhältst du unterschiedliche Terme für den Flächeninhalt der Figuren.
Zeige durch Termumformungen, dass diese Terme äquivalent (gleichwertig) sind.

a)

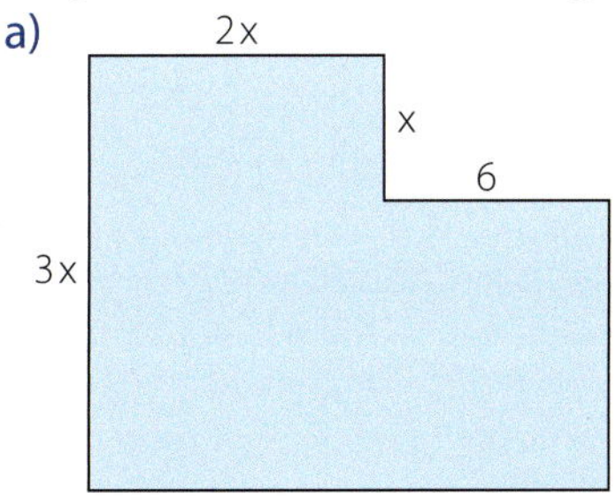

d)

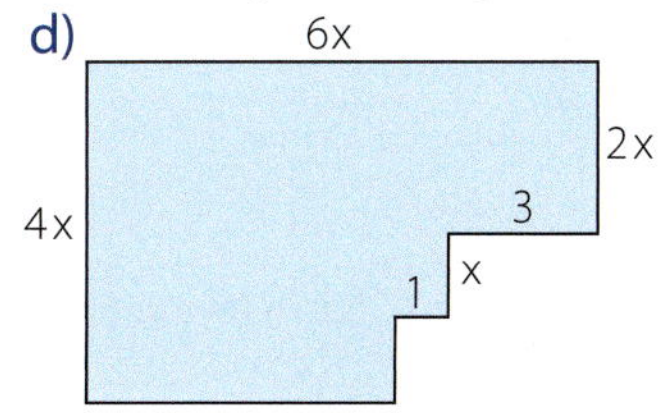

b)

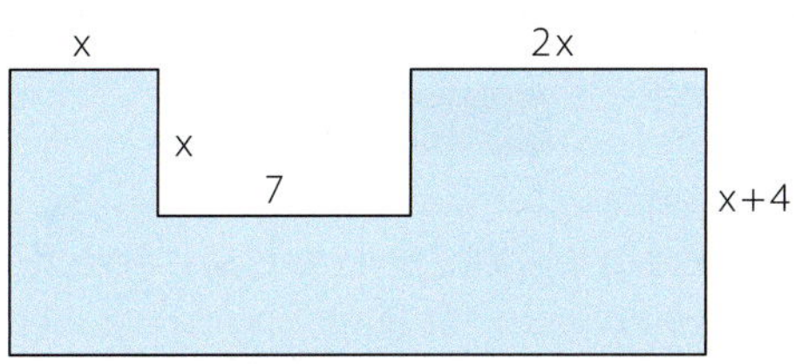

e)

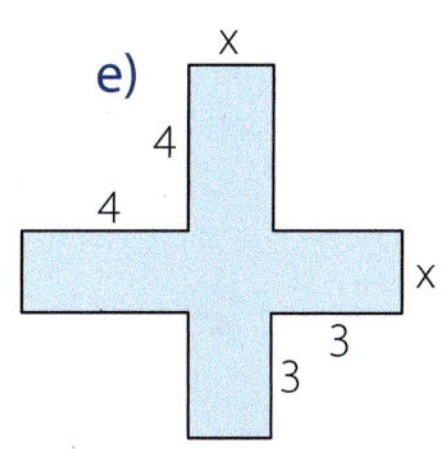

c)

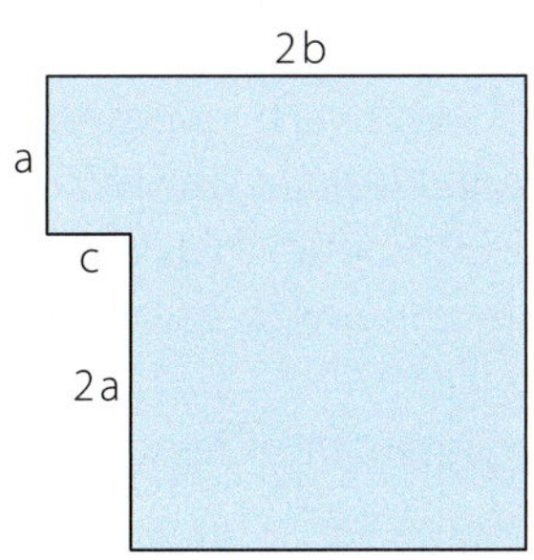

f)

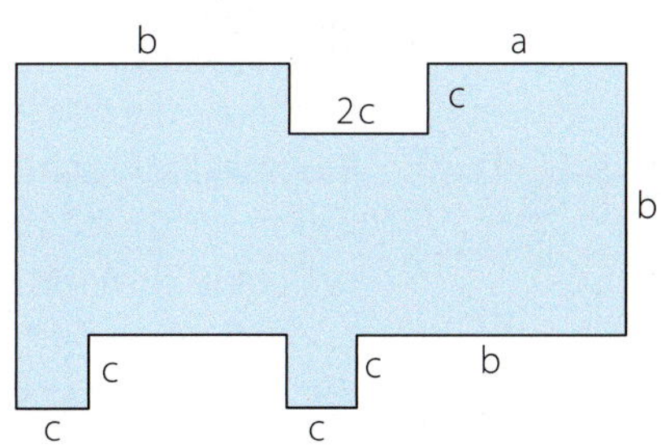

23 Die Terme geben jeweils den Flächeninhalt einer der Figuren aus Aufgabe 22 an. Finde zu jedem Term die zugehörige Figur. Gib zu jeder dieser vier Figuren auch den Umfang an.

a) $x^2 + 14x$

b) $24x^2 - 7x$

c) $6x^2 + 12x$

d) $3x^2 + 12x + 28$

24 Um ein rechteckiges Schwimmbecken der Länge x und der Breite y soll ein Steinplattenweg der Breite b angelegt werden.
a) Berechne den Flächeninhalt des Weges.
b) Herr Gnau wundert sich, dass die Materialkosten für den doppelt so breiten Weg mehr als doppelt so hoch sind. Finde eine Erklärung.

25 Magische Quadrate mit Termen.
a) Übertrage das magische Quadrat in dein Heft und fülle die Lücken aus.

		$5uv^2 - 4uw$
	$3uv^2 - 5uw$	
$uv^2 - 6uw$		$-3uv^2 - 8uw$

b) Das magische Quadrat aus a) ist von der untenstehenden Form.
Was entspricht dabei der Variablen a und der Variablen b? Bestimme weitere magische Quadrate dieser Form.

$a + 3b$	$a - 4b$	$a + b$
$a - 2b$	a	$a + 2b$
$a - b$	$a + 4b$	$a - 3b$

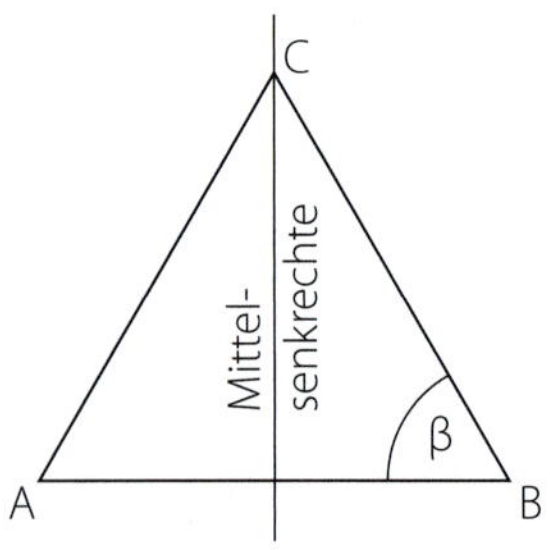

26 Gegeben ist die Winkelgröße des Winkels β.
Bestimme alle vorkommenden Winkelgrößen in dem gleichschenkligen Dreieck und begründe deine Aussagen mithilfe eines Terms.

27 Wie hängen die anderen Winkelgrößen von ε ab?

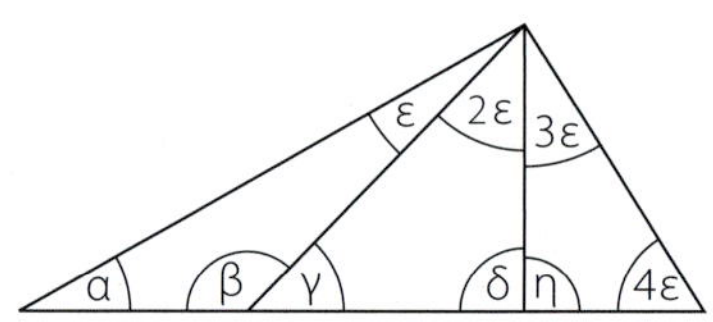

Trainieren | Anwenden | **Vernetzen**

28 Eine Firma muss ein Werkstück in den Maßen a, b, c gießen. Entwickle einen Term zur Berechnung des Materialbedarfs, damit unterschiedliche Maße für a, b und c vorkommen können.
Der Term, den du herleitest, soll so bewertet werden: Jede Multiplikation zählt 2 Punkte, jede Addition (und Multiplikation mit 2) zählt einen Punkt. Gewonnen hat, wer einen richtigen Term mit der geringsten Bewertungszahl aufstellt.

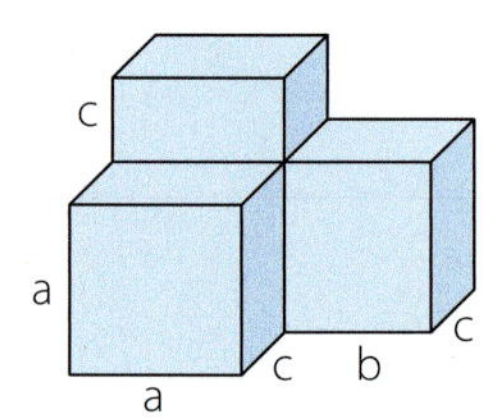

29 Wie ändert sich der Flächeninhalt eines Rechtecks, wenn seine Länge a verdreifacht und seine Breite b geviertelt wird? Wie viel Prozent des ursprünglichen Flächeninhalts entspricht diese Änderung?

30 Wie ändert sich das Volumen eines Quaders, wenn seine Länge a verachtfacht, seine Breite b auf 50 % und seine Höhe c auf ein Sechstel reduziert wird?
Wie viel Prozent des ursprünglichen Volumens entspricht diese Änderung?

7.3 Gleichungen durch Probieren und Rückwärtsrechnen lösen

Aufträge

Bremsweg und Anhalteweg

Je schneller man fährt, desto länger braucht man, um zum Stehen kommen. Man unterscheidet zwischen dem Weg, der während des Bremsens zurückgelegt wird (Bremsweg) und dem kompletten Weg vom Zeitpunkt des Erkennens einer Gefahr bis zum Stillstand des Fahrzeugs (Anhalteweg).

Es gelten die Faustformeln in Metern: Bremsweg: $b = \left(\frac{v}{10}\right)^2$

Anhalteweg: $a = \left(\frac{v}{10}\right)^2 + 3 \cdot \frac{v}{10}$

Dabei ist v die Geschwindigkeit in $\frac{km}{h}$.

Ein Radfahrer ist noch 10 Meter von einer Ampel entfernt, die gerade auf gelb wechselt. Bestimme durch Einsetzen verschiedener Geschwindigkeiten die maximale Geschwindigkeit, bei der der Radfahrer noch rechtzeitig zum Stillstand kommt. Welche maximale Geschwindigkeit würde sich ergeben, wenn man nur den Bremsweg zugrunde legt? Gib einen Näherungswert an und nutze ggf. ein Tabellenkalkulationsprogramm oder die Tabellenfunktion deines Taschenrechners.

***Alternative:* Mit Tabellen zur Lösung**

Welche Zahl x erfüllt die Gleichung
$3(x - 4) + 6 = 26 - 5x$?

B	C	D	E	F
		linke Seite		rechte Seite
x		3 (x - 4) + 6		26 - 5 x
1		-3		21
2		0		16
3		3		11
4		6		6
5		9		1
6		12		-4
7		15		-9
8		18		-14
9		21		-19
10		24		-24

Nutze zur Lösung ein Tabellenkalkulationsprogramm oder die Tabellenfunktion deines Taschenrechners.
Finde auch für die folgenden Gleichungen so viele Lösungen wie möglich.

a) $3x - 5 = 7 - x$
b) $3x - 5 = -11$
c) $x^2 + 4 = 0$
d) $1{,}5(x - 2) = -3 + 1{,}5x$

***Alternative:* Training macht den Meister**

In einem Laufsportbuch findest du Hinweise für ein Trainingsprogramm. Bestimme für die erste Woche die empfohlenen Streckenlängen der drei Trainingstage. Bezeichne die Länge der Montagsstrecke mit x und stelle einen Term für das Wochenpensum auf. Erstelle mithilfe dieses Terms eine Gleichung, aus der sich x bestimmen lässt.
Erstelle auch für die fünfte Woche einen Trainingsplan.

Gerade junge Läufer sollten nicht überfordert und auf keinen Fall zum Laufen „gezwungen" werden. Freizeitläufer, die sich auf einen Marathon vorbereiten wollen, sollten nicht jeden Tag das gleiche Pensum absolvieren.
Es wird empfohlen, am Montag zu laufen, am Mittwoch die Laufstrecke um 3 km zu verlängern und am Freitag das Doppelte des Montags-Pensums zu absolvieren.
Die übrigen Tage in der Woche sollte sich der Läufer erholen.
Unbedingt sollte auf geeignete Laufschuhe geachtet werden.
Gerade die Gelenke werden durch das Laufen auf der Straße stark belastet.

empfohlenes Wochenpensum	
1.–4. Woche	35 km
5.–8. Woche	45 km

Wissen

Gleichungen aufstellen

Wenn eine Problemstellung mithilfe von Termen beschrieben wird, führt der Sachverhalt oft dazu, dass diese Terme gleichgesetzt werden und dadurch eine **Gleichung** entsteht.
Gesucht ist dann meist eine Größe oder Zahl, die für die Variable eingesetzt werden muss, sodass die Gleichung **erfüllt** ist, d. h. die linke und rechte Seite der Gleichung denselben Wert ergeben. Eine solche Zahl heißt **Lösung der Gleichung**.

Beispiel 1

▸ „Das Dreifache einer Zahl soll genauso groß sein, wie das Doppelte der um sechs verminderten Zahl. Wie groß ist die Zahl?"

Das Dreifache einer Zahl: $3x$
Die um sechs verminderte Zahl: $x - 6$
Das Doppelte der um sechs verminderten Zahl: $2(x - 6)$
Da das Dreifache der Zahl genauso groß sein soll wie das Doppelte der um sechs verminderten Zahl, muss folgende Gleichung erfüllt sein:
$3x = 2(x - 6)$.
Lösung der Gleichung ist $x = -12$,
da sowohl $3 \cdot (-12) = -36$ als auch $2 \cdot (-12 - 6) = -36$ gilt.

Lösung durch systematisches Probieren

Viele Gleichungen lassen sich dadurch lösen, dass du verschiedene Werte für die Variable einsetzt und nachprüfst, ob sie die Gleichung erfüllen.

Beispiel 2

▸ Gesucht ist die Lösung der Gleichung $8x - 5 = 5x + 13$.

Durch systematisches Einsetzen erhältst du für $x = 6$ auf beiden Seiten der Gleichung den Wert 43.
$x = 6$ ist somit Lösung der Gleichung.

x	8x − 5	5x + 13
4	$8 \cdot 4 - 5 = 27$	$5 \cdot 4 + 13 = 33$
5	$8 \cdot 5 - 5 = 35$	$5 \cdot 5 + 13 = 38$
6	$8 \cdot 6 - 5 = 43$	$5 \cdot 6 + 13 = 43$

Durch systematisches Probieren kannst du viele Gleichungen lösen.
Du setzt für die Variable einige Werte ein und beobachtest, ob die Gleichung für einen bestimmten Wert erfüllt ist.

Tipp
Auf S. 172 findest du Tipps, wie du mit einer Tabellenkalkulation Terme berechnen kannst.

Um möglichst wenig rechnen zu müssen, ist es sinnvoll, zuvor eine **Abschätzung der Lösung** vorzunehmen oder **geeignete Werkzeuge** zu nutzen.
Solche Werkzeuge sind zum Beispiel Tabellenkalkulationsprogramme oder die TABLE-Funktion auf deinem Taschenrechner.

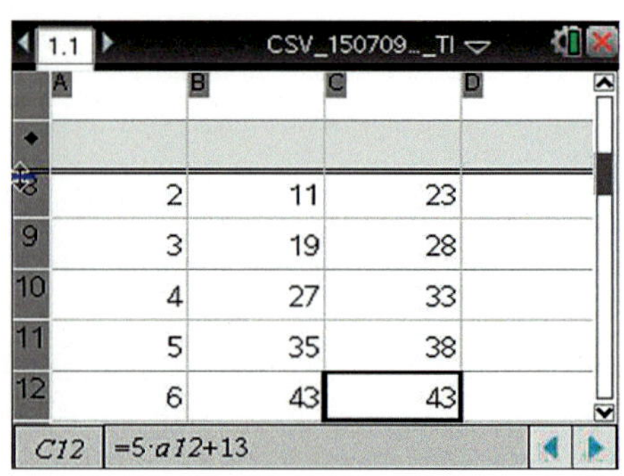

Lösung durch Rückwärtsrechnen

Wenn die Variable in einer Gleichung nur einmal vorkommt, lässt sich die Gleichung lösen, indem du die verwendeten Rechenoperationen umkehrst.

Beispiel 3

- Die Gleichung $7x - 5 = 58$ bedeutet:

Vom Siebenfachen der gesuchten Zahl wird 5 subtrahiert, und diese Differenz ist gleich 58.	$7x - 5 = 58$
Das bedeutet aber auch, dass das Siebenfache der Zahl	$7x = 58 + 5$
um 5 größer ist als 58, also gleich 63.	$7x = 63$
Gesucht ist also die Zahl, die mit 7 multipliziert 63 ergibt.	$x = 63 : 7$
Die Lösung ergibt sich, wenn du 63 durch 7 dividierst.	$x = 9$

> Beim **Rückwärtsrechnen** wird eine Addition durch eine Subtraktion rückgängig gemacht, eine Multiplikation durch eine Division usw.

Anzahl der Lösungen

Gleichungen haben nicht immer genau eine Lösung. Es gibt Gleichungen mit mehreren Lösungen, mit unendlich vielen Lösungen, und es gibt Gleichungen, die gar keine Lösung besitzen. Alle Zahlen, die eine Gleichung lösen, bilden die **Lösungsmenge** L der Gleichung.

Hinweis
$L = \{\ \}$
$L = \{5; -5\}$
$L = \mathbb{Q}$

Beispiel 4

- Die Gleichung $x - 3 = x$ hat keine Lösung. Die Lösungsmenge ist leer.
- Die Gleichung $x^2 = 25$ hat die beiden Lösungen $x = 5$ und $x = -5$. Die Lösungsmenge besteht aus 5 und -5.
- Die Gleichung $7x + 14 = 7(x + 2)$ hat alle Zahlen als Lösung. Die Lösungsmenge besteht aus allen rationalen Zahlen $\mathbb{Q}$.

> Eine Gleichung, die **keine Lösung** besitzt, heißt **unerfüllbar**.
> Eine Gleichung, die **genau eine Lösung** besitzt, heißt **eindeutig lösbar**.
> Eine Gleichung heißt **allgemeingültig**, wenn **alle Zahlen Lösungen** sind.

Aufgaben

Trainieren | Anwenden | Vernetzen

1 Stelle jeweils eine Gleichung auf und bestimme die Lösungen.

a) Welche Zahl muss man von 13,7 subtrahieren, um 9,9 zu erhalten?

b) Ich denke mir eine Zahl. Wenn ich deren Dreifaches durch 21 dividiere, erhalte ich die Zahl 2.

c) Wenn ich das Doppelte einer Zahl von 20 subtrahiere, erhalte ich 14.

d) Addiert man 11 zum Quadrat einer Zahl, so erhält man 47.

2 Formuliere in Wortform, ähnlich den Formulierungen in Aufgabe 1, und löse die Gleichung.

a) $3x - 5 = 22$

b) $6x + 2x = 20$

c) $3x^2 = 75$

d) $x(x - 2) = 0$

Hinweis
Eine Gleichung kann – wie ein Term – auch mehrere Variablen enthalten, z. B. x, y, …

3 In einer Kiste liegen x grüne und y rote Äpfel.
Beschreibe die folgenden Aussagen jeweils durch eine Gleichung.
a) Es gibt 10 Stück mehr rote als grüne Äpfel.
b) Es gibt dreimal so viele grüne wie rote Äpfel.
c) Wenn man aus der Kiste 5 grüne Äpfel herausnimmt, liegen gleich viele rote und grüne Äpfel in der Kiste.
d) Nimmt man die Hälfte aller roten Äpfel aus der Kiste und legt 5 grüne Äpfel dazu, so ist die Kiste mit 34 Äpfeln gefüllt.

Info
1 Pfund = 500 g

4 Stelle eine Gleichung auf und löse sie.
a) Wenn Hannah 8 € mehr Taschengeld erhielte, hätte es sich verdoppelt.
b) Vier kleine Schokoladentafeln wiegen zusammen 300 g weniger als ein Pfund Butter.
c) Das Vierfache einer Zahl ist halb so groß wie die um 42 vergrößerte Zahl.
d) Wenn bei einem Quadrat eine Seite um 2 Meter verlängert und die andere Seite beibehalten wird, erhält man ein Rechteck, dessen Flächeninhalt um 8 m^2 größer ist als der des Quadrats.

5 Überprüfe, ob die angegebene Zahl eine Lösung der Gleichung ist.
a) $2x - 17 = 9$ $x = 13$
b) $5x - 3 = 3x + 5$ $x = 4$
c) $|3 - x| = -4{,}5$ $x = 7{,}5$
d) $x^2 + x - 7 = 5$ $x = 3$
e) $-2687{,}3856 = x^4$ $x = 7{,}2$
f) $\frac{3}{x} + 17{,}5 = 17{,}85$ $x = 8$
g) $2x^3 = -16$ $x = -2$

6 Die Zahlen –5; 3; 4 und 8 sind die Lösungen der folgenden linearen Gleichungen. Ordne sie durch Einsetzen den Gleichungen zu.
a) $2x = 20 - 3x$
b) $4x + 25 = 5$
c) $17 - 5x = 4x - 10$
d) $\frac{1}{2}x + 2x = 20$

7 Löse durch systematisches Probieren.
a) $3x + 4 = 46$
b) $28 + x5 = 15{,}5$
c) $2{,}5x - 10{,}5 = 2$
d) $\frac{9}{2}x + 1{,}5 = 6$
e) $2{,}94 = 4{,}38 - x^2$
f) $7{,}5 = 2{,}5 + \frac{5}{9}x^2$
g) $x + 8 = 3x$
h) $2x - 8 = -4$

8 Löse durch Rückwärtsrechnen.
a) $3x - 5 = 10$
b) $-7x + 25 = 4$
c) $-3x + 9 = 10$
d) $3x + 1 = 0$
e) $\frac{1}{2}x + 1 = -1$
f) $3x = 4 - x$
g) $2x + 1 = x + 7$
h) $3x - 4 = x + 4$
i) $3x + 1 = \frac{1}{2}x + 6$

9 Bestimme die Lösungsmenge im Kopf.
a) $13 + x = 97$
b) $x - 28 = -13$
c) $5x = 85$
d) $x + 2 = x + 3$
e) $7x = 13$
f) $x : 11 = 8$
g) $x^2 + 2x = x(x + 2)$
h) $7{,}2 : x = 0$
i) $4(x - 3) = 7x - 12$

Lösungswort: $\frac{13}{7}$ (l); 17 (b); allgemein lösbar, d. h. jede Zahl ist eine Lösung (i); 84 (f); 88 (t); nicht lösbar (e); 15 (a); 0 (r)

10 Bestimme die Lösungen durch Aufstellen einer Tabelle mit Werten für x von −3 bis 3. Wie viele Lösungen gibt es? Begründe. Beispiel: $5x + 4 = 19$

x	−3	−2	−1	0	1	2	3
5x + 4	−11	−6	−1	4	9	14	19

a) $5 - 3x = -1$
b) $\frac{3}{2}x - 2 = -5$
c) $6x - 2{,}4 = 15\frac{3}{5}$
d) $-(x+1)^2 = -1$
e) $2x^2 - 1 = 7$
f) $\left|\frac{5}{9}x\right| = 1{,}\overline{6}$

Lösungswort: 0 oder −2 (k); −3 oder 3 (u); 2 (m); −2 (o); −2 oder 2 (a); 3 (s)

11 Stelle die zugehörige Gleichung auf und bestimme ihre Lösung.
a) Der Flächeninhalt eines 14 cm langen Rechtecks beträgt 91 cm^2.
b) Ein gleichschenkliges Dreieck hat den Basiswinkel 45°.
c) Ein Würfel hat das Volumen 27 m^3.

Noch fit?

I Multipliziere.

a)
$-24 \cdot (-25) = \square$
$-23 \cdot (-26) = \square$
$-22 \cdot (-27) = \square$
$-21 \cdot (-28) = \square$
$-20 \cdot (-29) = \square$
$-19 \cdot (-30) = \square$
$-18 \cdot (-31) = \square$
$-17 \cdot (-32) = \square$

b)
$100 \cdot 99 = \square$
$99 \cdot 100 = \square$
$98 \cdot 101 = \square$
$97 \cdot 102 = \square$
$96 \cdot 103 = \square$
$95 \cdot 104 = \square$
$94 \cdot 105 = \square$
$93 \cdot 106 = \square$

II Dividiere möglichst im Kopf.

a) $1050 : 30 : (-5) : 7 = \square$
b) $1050 : [30 : (-5)] : 7 = \square$
c) $-7840 : 8 : (-35) : 7 = \square$
d) $-7840 : 8 : [(-35) : 7] = \square$

Trainieren | **Anwenden** | Vernetzen

12 Nach einem Tag im Mathematikum in Gießen stellt der Kassierer fest: „Heute hatten wir 1680 Besucher. Es waren doppelt so viele Kinder wie Erwachsene.“
Berechne die Tageseinnahmen.

13 Die vier Dosen auf der linken Seite der Tafelwaage haben die gleiche Masse. Berechne diese.

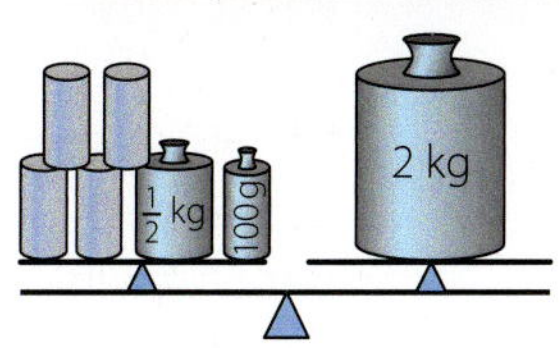

14 Überlege vor der Rechnung, welche Zahlen für die Variable in Frage kommen.
a) Die Morgentemperatur stieg bis Mittag um 7,5 °C und sank bis zum Abend um 12,8 °C, sodass gerade Frost einsetzte. Bestimme die Morgentemperatur.
b) Ein Brett wird in 5 gleich lange Teile zersägt. Jedes Teilstück wird an beiden Enden um 3 mm abgefeilt, sodass es 16,4 cm lang ist. Wie lang war das Brett?
c) In einem Freizeitpark zahlen Kinder 4 € und Erwachsene 8 € Eintritt. An einem Tag nimmt der Park 1480 € an Eintrittsgeldern ein. Wie viele Kinder besuchten den Park, wenn 110 Erwachsene kamen?
d) Herr Rasch fährt von Kempten nach Würzburg (265 km). Die erste halbe Stunde kommt er mit einer Durchschnittsgeschwindigkeit von 110 km pro Stunde gut voran. Danach kann er nur noch durchschnittlich 60 km in der Stunde fahren.

15 Bestimme mithilfe des angegebenen Volumens die Kantenlänge der einzelnen Würfel.

a)
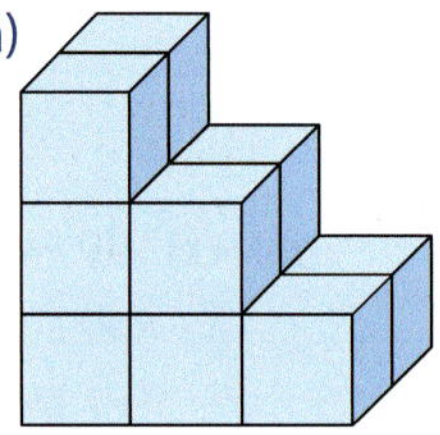
$V = 324\ \text{cm}^3$

b)
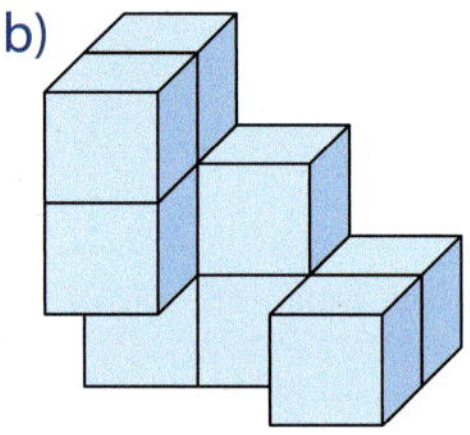
$V = 72\ \text{cm}^3$

c)
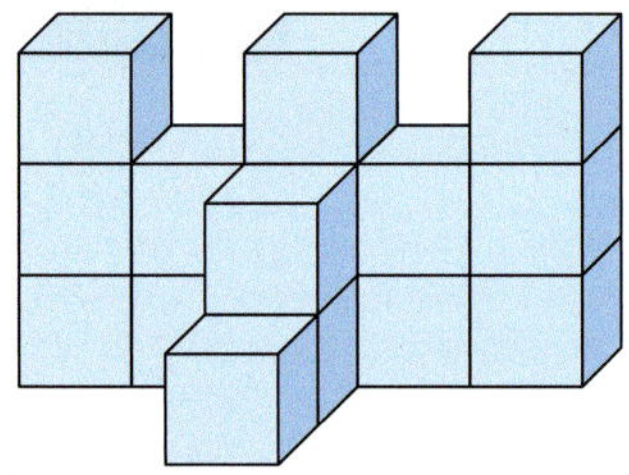
$V = 11\,664\ \text{cm}^3$

16 Eine Molkerei verwendet quaderförmige Tetrapacks, um einen Liter Frischmilch abzufüllen. Die Grundfläche der Verpackung ist ein Quadrat.
Ermittle mithilfe einer Tabelle Länge, Breite und Höhe einer Verpackung, sodass möglichst wenig Verpackungsmaterial benötigt wird.

Trainieren | Anwenden | **Vernetzen**

17 Schreibe als Gleichung und löse sie.

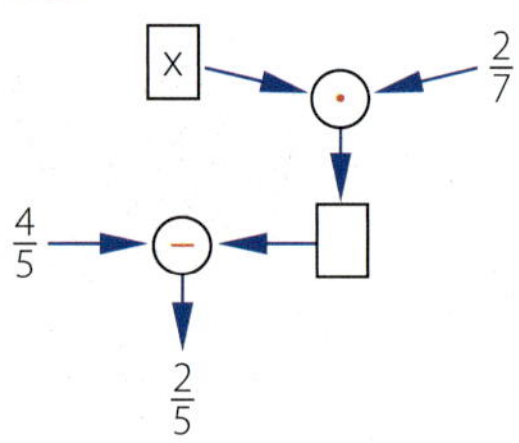

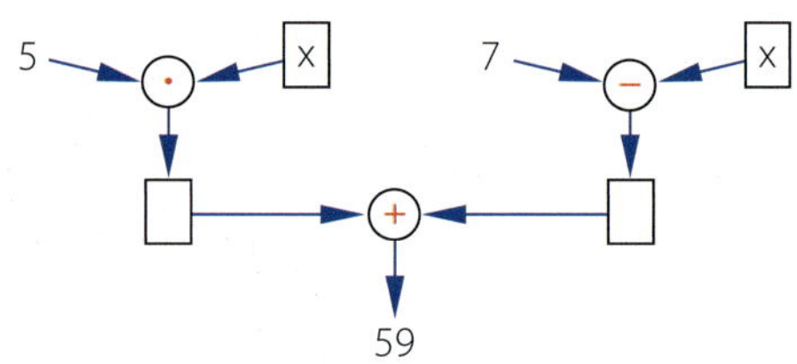

18 Aus einem DIN-A3-Tonpapierbogen soll das Netz eines möglichst großen Würfels ausgeschnitten werden. Bestimme sein Volumen.

19 Ein Quader, dessen Kantenlängen in Zentimetern ganzzahlig sind, hat das Volumen $36\ \text{m}^3$. Die Summe seiner Länge, Breite und Höhe ist 11 cm. Gib die Maße des Quaders an. Gibt es einen Würfel mit in Zentimetern ganzzahliger Kantenlänge, dessen Volumen $36\ \text{m}^3$ ($27\ \text{m}^3$, $25\ \text{m}^3$) beträgt?

7.4 Äquivalenzumformungen

Aufträge

Hinweis

Die Länge eines gebogenen Gleisstücks wird in der Mitte gemessen.

Gleisbilder

Die Schienenkreise A und B sind gleich lang, jedoch ist die Länge eines Bogens unbekannt.

Finde heraus, wie lang ein Bogen ist, indem du jeweils einen Term für die Gleislängen aufstellst und sie gleichsetzt.

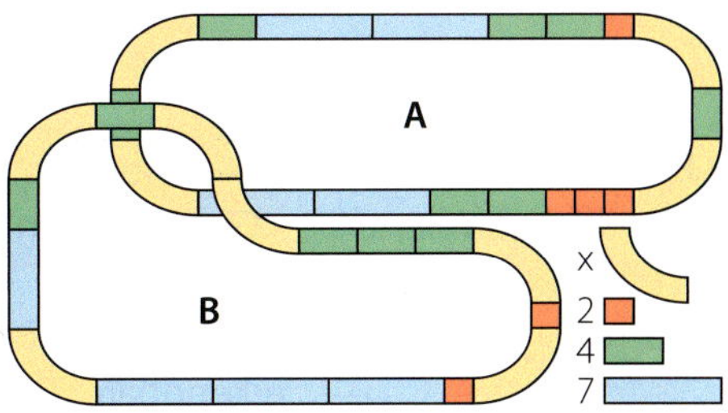

***Alternative:* Ein Balanceakt**

Finde heraus, wie schwer ein Schokoriegel ist.

Beschreibe deine Vorgehensweise.

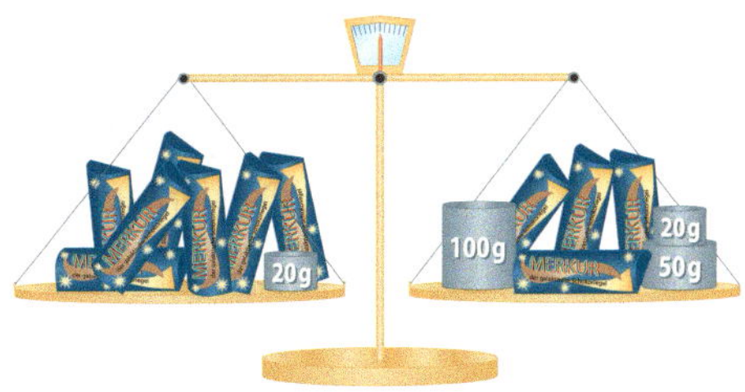

***Alternative:* Hase und Igel**

Bei diesem ungewöhnlichen Rennen legt der Hase 4,2 Meter und der Igel 3,4 Meter in jeder Sekunde zurück.

Der Igel hat 585 m seit dem Start zurückgelegt, der Hase, der später gestartet ist, nur 565 m.

Stelle jeweils Terme auf, mit denen du die Position der Tiere zu verschiedenen Zeiten berechnen kannst. Bestimme durch Gleichsetzen der Terme, wann und wo der Hase den Igel eingeholt haben wird.

Aufgaben

Trainieren | Anwenden | Vernetzen

1 Löse folgende Gleichungen im Kopf.

a) $3x = 18$
b) $420 = 12x$
c) $220 = 2x$
d) $7x = 35$
e) $-12 = 4x$
f) $8x = 4$
g) $6x = -54$
h) $-5x = 15$
i) $7 = 14x$
j) $4x = 0$
k) $\frac{1}{3}x = 12$
l) $\frac{3}{4}x = 18$

2 Bestimme die Lösungsmenge der folgenden Gleichungen.

a) $4x - 7 = 13$
b) $9x + 2 = 65$
c) $-7x + 11 = 25$
d) $-x - 34 = 12$
e) $31 = 15 + 2x$
f) $27 - 6x = -27$
g) $-6 - 13x = 20$
h) $24 - 5x = 24$
i) $-49 = 15 + 4x$

3 Gib die Gleichungen an, die durch die Waagenbilder dargestellt werden, und beschreibe die vorgenommen Äquivalenzumformungen.

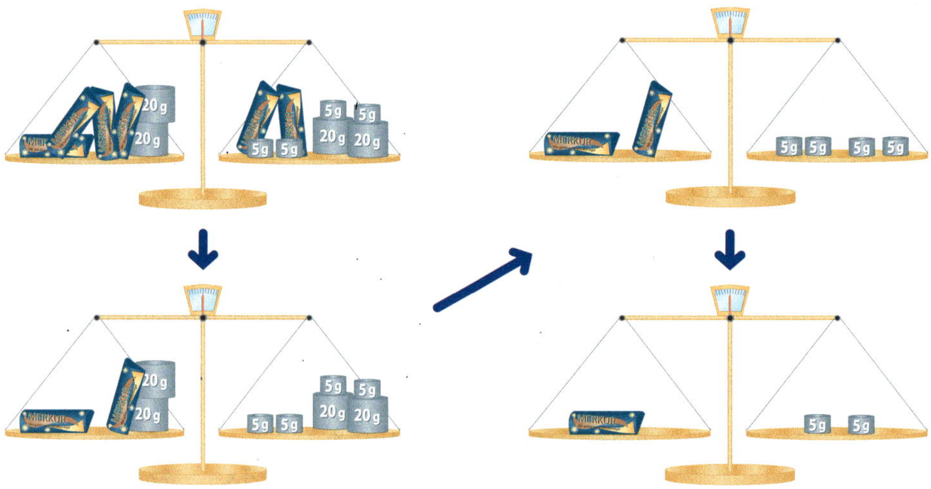

4 Übersetze in eine Gleichung. Bestimme die Länge eines orangefarbigen Stabes.

a) 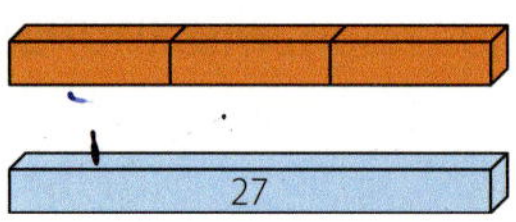

b) 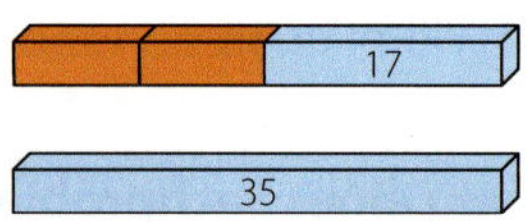

c) 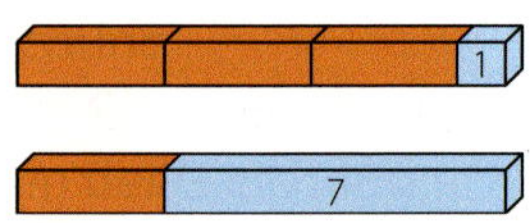

d) 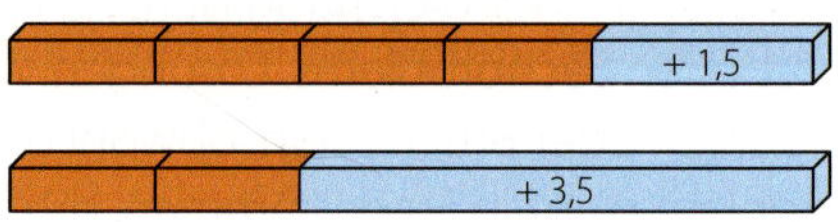

e) 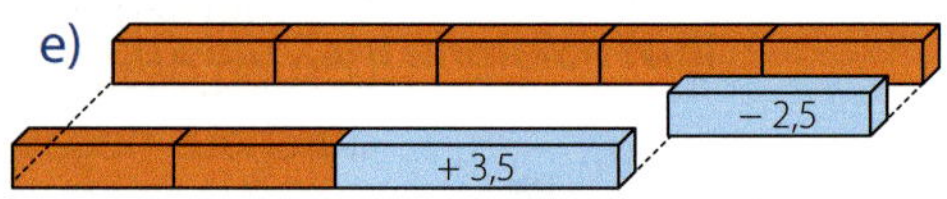

f) Bildet Gruppen und zeichnet weitere Bilder wie in a) bis e) auf ein Blatt. Schreibt auf die Rückseite jeweils die dazugehörige Gleichung und ihre Lösung.
Gebt die Blätter in der Gruppe weiter und vergleicht, ob ihr dieselben Gleichungen und Lösungen zu den Bildern erhalten habt.

5 Stelle eine Gleichung auf und bestimme die Masse einer blauen Dose.

a) Die roten Dosen wiegen je 1 kg.

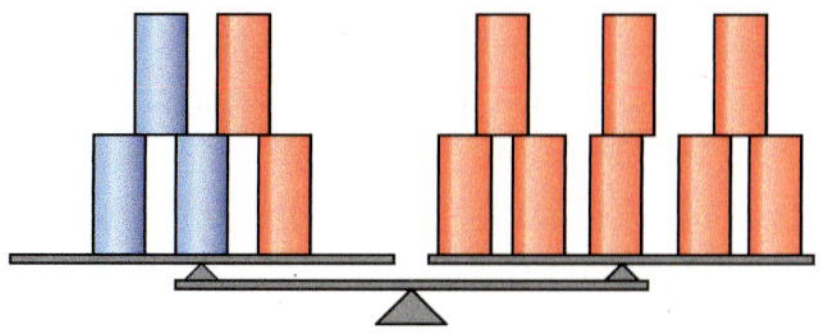

b) Die roten Dosen wiegen je 1,5 kg.

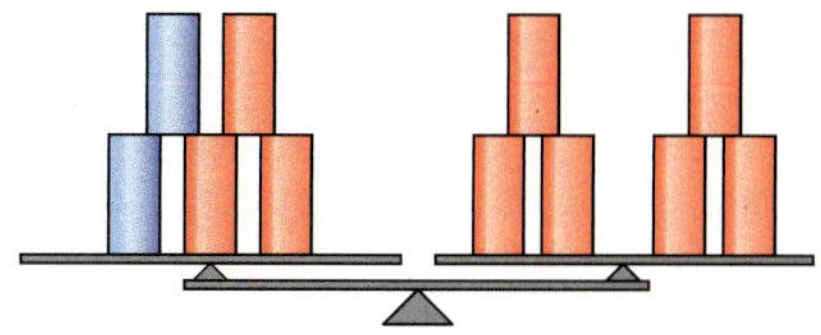

6 In jeder Schachtel sind gleich viele Münzen. Links und rechts der Linie liegen insgesamt gleich viele Münzen. Stelle eine Gleichung auf, mit der du die Anzahl der Münzen in einer Schachtel bestimmen kannst und löse sie. Gib auch die Grundmenge an. Bestimme die Anzahl der Münzen in einer Schachtel.

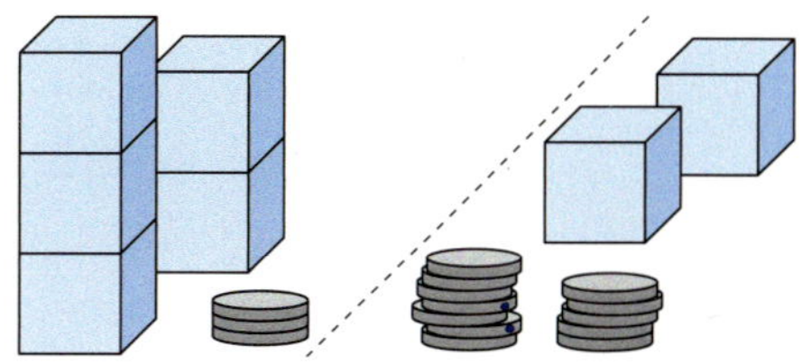

Lösungswort: 78 (S); 2 (N); 4 (R); −2 (A); 14 (P); 1 (S); $\frac{1}{2}$ (M); 7 (E); 3 (I)

7 Löse folgende Gleichungen.

a) $3a - 15 = 27$
b) $5 + 7x = 26$
c) $12 = 2s + 4$
d) $10 - 8t = 6$
e) $-3k - 3 = 3$
f) $135 - d = 57$
g) $2x + 1 = 15$
h) $\frac{1}{2}x - \frac{2}{3} = \frac{1}{3}$
i) $1 - \frac{3}{4}x = \frac{1}{4}$

8 Löse durch Äquivalenzumformungen.

a) $5x = 2x + 9$
b) $16x - 14 = 2x$
c) $16x + 20 = 10x + 32$
d) $13x + 42 = 42 - 6x$
e) $8 - 3x = 23 - 8x$
f) $37 - 12x = 56 + 7x$
g) $x + 23 = 5x - 21$
h) $x - 53 = -x + 31$
i) $9x - 25 = 7x - 39$

Tipp
Bei Gleichungen vom Typ $\frac{3}{2}x + \frac{1}{3} = \frac{5}{4}x + \frac{7}{12}$ kannst du die Brüche beseitigen, indem du die Gleichung mit einer geeigneten Zahl (dem kgV aller Nenner) multiplizierst.

9 Verfahre wie in Aufgabe 8.

a) $2x - 1 = 3x - 2$
b) $3x - 14 = 5x - 10$
c) $0{,}8x + 1{,}2 = 0{,}5x + 2{,}7$
d) $5 - 3x = 17x + 45$
e) $0{,}7x - 2{,}7 = 0{,}1x + 3{,}3$
f) $0{,}2x + 4{,}3 = 8{,}1 - 1{,}8x$
g) $x = \frac{1}{2}x + \frac{3}{2}$
h) $\frac{3}{5}x - \frac{3}{5} = \frac{1}{5}x + \frac{7}{5}$
i) $\frac{1}{2}x - \frac{1}{8} = -\frac{1}{3}x + \frac{1}{2}$

10 Übersetze in eine Gleichung und bestimme die Länge eines orangefarbigen Stabes.

a)

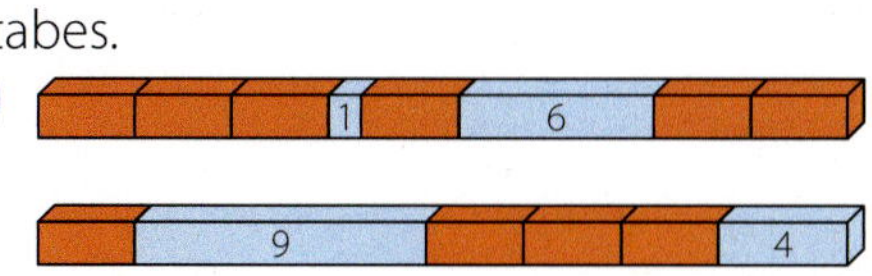

b)

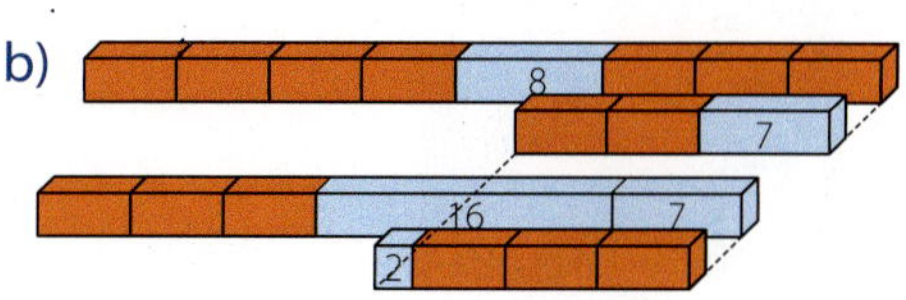

11 Fasse zunächst zusammen und löse dann die Gleichung.

a) $14x - 8 - 5x = 19$
b) $0 = -22 - 7y - 12 - 10y$
c) $21 = 38t + 43 - 16t$
d) $3x + 9 + 2x = 17x + 2 - 7x - 18$
e) $32{,}5z - 15{,}8 + 52{,}2z = 11{,}9 - 14{,}3z + 5{,}3$
f) $33 = 3(4x - 1)$
g) $(3 - 2m)4 - 4 = 20$
h) $2x + 3(x + 5) = 60$
i) $(u + 2)(-3) - 3u = 21$
j) $7(t + 2) + 3(2 - 2t) = 3(2t - 1) - 2$

12 Löse die Gleichungen.

a) $5x + 14 = 2(4x + 7)$
b) $2(2x - 2) - 3 = 2x + 9$
c) $6x - 11 = 3(3x + 10) + 1$
d) $-5x = -(128 - 11x)$
e) $6(2x - 1) + x = 6(2x - 1)$
f) $3(x - 1) = 2(5 - x) + 2$
g) $4(x - 1) = 2\left(\frac{1}{2}x + 3\right) + 2$
h) $-2(2x + 9) = 5x$
i) $0{,}6(15 - 45x) = 18(x + 3)$

Tipp
Multipliziere zunächst mit dem Hauptnenner (dem kgv aller Nenner).

13 Löse die Gleichungen.

a) $\frac{7}{2}x + 8 = \frac{3}{4}(32 - 2x)$
b) $\frac{3}{5}\left(\frac{2}{3}x - 1\right) = \frac{3}{10}x + \frac{1}{10}$
c) $4(2x - 3) - 2(3 - x) = 5x - 3$
d) $(4x - 7{,}5)6 - 5 = 4(4x - 4{,}5)$
e) $x - (3x - 8) = \frac{3}{2} - \left(4x + \frac{7}{2}\right)$
f) $\frac{1}{6}\left(\frac{3}{2}x - 8\right) = -\frac{1}{4}\left(x + \frac{13}{3}\right)$

14 Übertrage die Rechnungen in dein Heft und vervollständige sie.

a)
$8x - 3 = 3x + 12 \quad | \square$
$\Leftrightarrow 5x - 3 = 12 \quad | \square$
$\Leftrightarrow 5x = 15 \quad | \square$
$\Leftrightarrow x = \square$

b)
$\frac{1}{3}(5x + 4) = 8 \quad | \square$
$\Leftrightarrow 5x + 4 = 24 \quad | \square$
$\Leftrightarrow 5x = 20 \quad | \square$
$\Leftrightarrow x = \square$

c)
$-2\frac{1}{2}x + 5 = -2x \quad | \square$
$\Leftrightarrow 2\frac{1}{2}x - 5 = 2x \quad | \square$
$\Leftrightarrow 0{,}5x = 5 \quad | \square$
$\Leftrightarrow x = \square$

d)
$5x - 8 = 32 \quad | +8$
$\Leftrightarrow 5x = \square \quad | \square$
$\Leftrightarrow x = \square$

e)
$x - 3{,}5 = 2\frac{1}{2} + 3x \quad | -x$
$\Leftrightarrow -3{,}5 = 2{,}5 + \square \quad | \square$
$\Leftrightarrow -6 = \square \quad | : \square$
$\Leftrightarrow x = \square$

f)
$-6x + 9 = 6 - 5x \quad | +5x$
$\Leftrightarrow \square x + 9 = 6 \quad | -9$
$\Leftrightarrow \square x = -3 \quad | \cdot(-1)$
$\Leftrightarrow x = \square$

15 Bestimme die Lösungsmengen der Gleichungen.

a) $5a = 5a + 2$
b) $6b + 7 = 5(2b + 3)$
c) $2(x - 4) = 5x - 8 - 3x$
d) $3z = 4z$
e) $2(x + 3) = 6 + 2x$
f) $-3(2 - 2w) = 5(w - 1)$
g) $2(3s - 11) + 22 = 4s$
h) $4t - 5 + 3t = 7t$
i) $\frac{1}{5}\left(3x + \frac{1}{2}\right) = \frac{3}{5}\left(x + \frac{1}{6}\right)$

16 Stelle eine Gleichung auf und löse sie.

a) Wenn man vom Fünffachen einer gedachten Zahl 28 subtrahiert, erhält man das Dreifache dieser Zahl. Bestimme die Zahl.
b) Subtrahierst du 2 von der Hälfte einer gedachten Zahl, so erhältst du das Dreifache dieser Zahl. Bestimme die Zahl.
c) Addierst du 0,5 zum dritten Teil einer gedachten Zahl, so erhältst du das Doppelte der Zahl. Wie heißt die gedachte Zahl?
d) Das Doppelte der um 3 verminderten Zahl ist um 10 größer als das Dreifache der Zahl.
e) Die Summe aus dem Fünffachen und der um 3 verminderten Zahl ist genau so groß wie die Summe aus der Zahl und ihrem Nachfolger.
f) Bildet Gruppen und erfindet selbst weitere Aufgaben wie in a) – e). Gebt diese Aufgaben innerhalb der Gruppe weiter und vergleicht eure Ergebnisse.

Achtung
Hier können auch Gleichungen entstehen, die allgemeingültig oder unlösbar sind!

17 Finde jeweils drei Gleichungen mit der angegebenen Lösung.

a) $x = 23$
b) $x = \frac{1}{2}$
c) keine Lösung
d) $b = 0$
e) alle Zahlen
f) $z = 0{,}05$

18 Multipliziere zunächst mit dem Hauptnenner.

a) $\frac{x}{2} + \frac{x}{3} = 1$
b) $\frac{4}{7}x - \frac{1}{2} = -\frac{3}{14}$
c) $\frac{14}{3} - \frac{x+3}{2} = \frac{x}{6}$
d) $\frac{2(3x+4)}{3} - \frac{1}{2} = 0$
e) $\frac{x}{2} - \frac{2}{5} = \frac{5}{2}$
f) $\frac{2x-1}{5} + \frac{1}{3} = \frac{1}{2}$

19 Welche Fehler wurden beim Lösen der Gleichung gemacht? Verbessere.

a) $-2x = 18 \quad |+2$
$\Leftrightarrow \quad x = 20$

b) $14x + 7 = 56 \quad |:7$
$\Leftrightarrow \quad 2x = 8 \quad |:2$
$\Leftrightarrow \quad x = 4$

c) $4x + 3 = 15 \quad |-3$
$\Leftrightarrow \quad 4x = 15 \quad |:4$
$\Leftrightarrow \quad x = 3{,}75$

d) $56 = 5x + 3x + x$
$\Leftrightarrow \quad 56 = 8x \quad |:8$
$\Leftrightarrow \quad 7 = x$

e) $4x + 2{,}5 = \frac{2}{5} \quad |-2{,}5$
$\Leftrightarrow \quad 4x = 0 \quad |\cdot 0{,}25$
$\Leftrightarrow \quad x = 0{,}25$

f) $3x + 12 = 18 \quad |:3$
$\Leftrightarrow \quad x + 12 = 6 \quad |-12$
$\Leftrightarrow \quad x = -6$

Noch fit?

I Begründe.

a) $\beta = \delta_1$ b) $\gamma = \delta_3$ c) $\alpha = \delta_2$

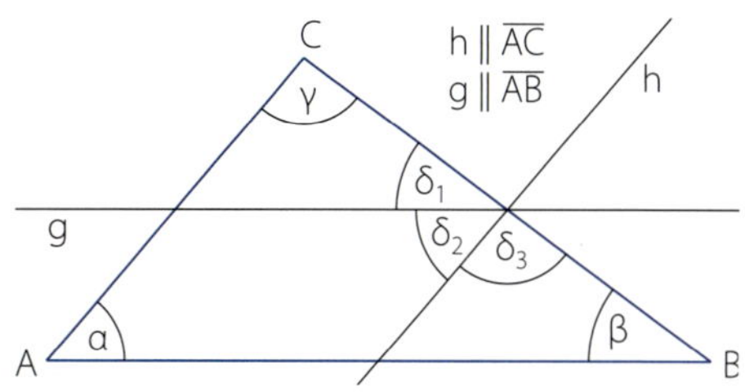

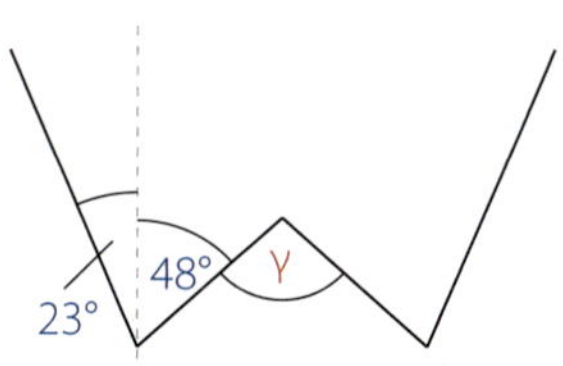

II Der Buchstabe W ist achsensymmetrisch. Berechne die Größe des Winkels γ. Vergleicht in der Klasse, ob ihr verschiedene Rechenwege gefunden habt.

III Berechne die Größe der Winkel an der Spitze eines regelmäßigen Fünfsterns.

a) Nimm dazu an, dass die Strecken $\overline{AB}$ und $\overline{CD}$ parallel sind.

b) Finde einen anderen Rechenweg mithilfe der gleichschenkligen Dreiecke ABC und ADE.

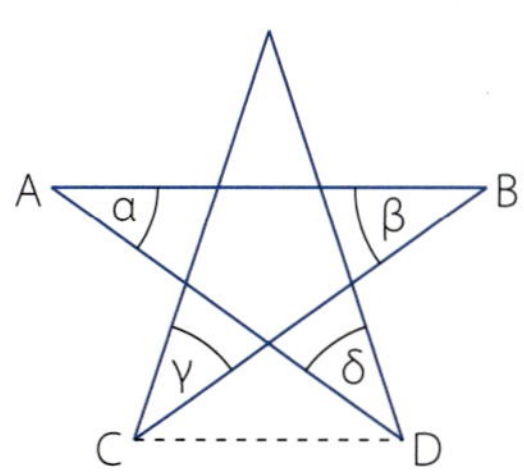

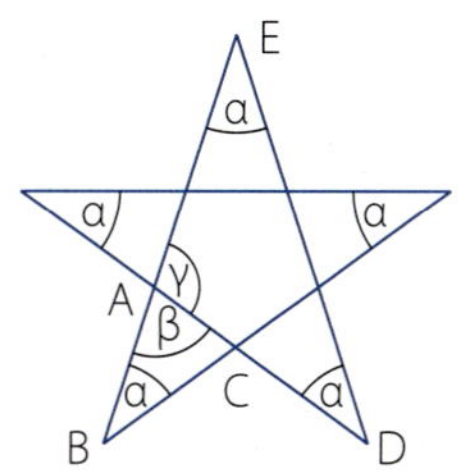

Trainieren | **Anwenden** | Vernetzen

20 Ein Karton mit 6 Weinflaschen wiegt 2,8 kg mehr als 4 einzelne Weinflaschen gleicher Art zusammen. Welche Masse hat eine Weinflasche, wenn ein leerer Karton 200 g wiegt?

21 Anastasija behauptet: „Es gibt nur eine natürliche Zahl, für die gilt: Wenn man zu dem Fünffachen der Zahl 55 addiert und die Summe anschließend durch 5 dividiert, so erhält man eine Zahl, die um 11 größer ist als die ursprüngliche Zahl."

22 Bestimme die fehlenden Größen. Knoten können vernachlässigt werden.

a) Länge der Schnur: 1,7 m

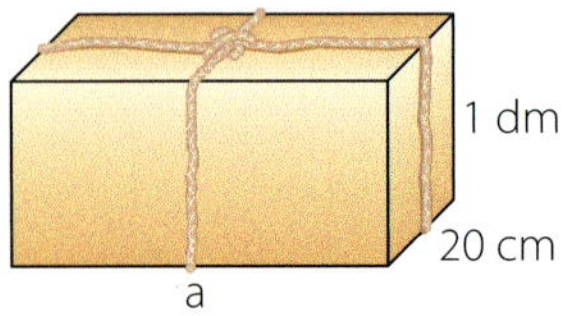

b) Länge der Schnur: 3,0 m

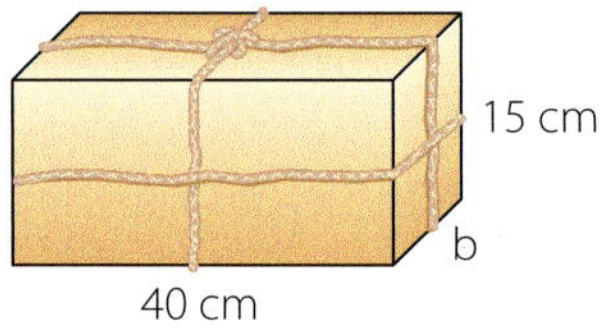

c) Länge der Schnur: 2,9 m

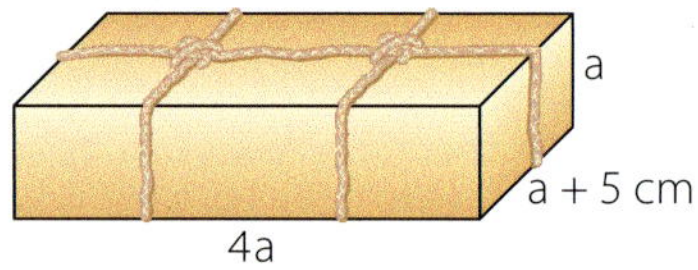

23 Frau Eilig fährt mit einem Taxi nach Hause und muss 17,30 € bezahlen. Welche Strecke hat das Taxi zurückgelegt, wenn die Grundgebühr 1,80 € beträgt und jeder gefahrene Kilometer 1,25 € kostet?

24 Im kleinen Kino „Rio" kostet der Eintritt für Erwachsene doppelt so viel wie für Kinder. Die Tageseinnahmen vom Freitag betragen 840 €. 115 Erwachsene und 50 Kinder haben das Kino besucht. Wie viel kostet die Eintrittskarte für Kinder?

25 Eine 23 cm große Kerze brennt in einer Stunde 1 cm nieder. Eine zweite, 17 cm große Kerze brennt in einer Stunde 5 mm nieder und eine dritte, 9 cm große Kerze 3 mm in einer Stunde. Alle drei Kerzen werden zugleich angezündet.

a) Nach welcher Zeit wären die große und die kleinste Kerze gleich lang?

b) Nach welcher Zeit wären die mittelgroße und die kleinste Kerze gleich lang?

c) Berechne für a) und b) jeweils die Länge der dann gleich langen Kerzen und interpretiere das Ergebnis.

26 Sabine und Thorsten haben sich vorgenommen, wöchentlich etwas von ihrem Taschengeld in ein Sparschwein zu stecken und zu sparen. In Sabines Sparschwein sind bereits 24 €; sie spart wöchentlich 5 €. Thorstens Sparschwein ist zwar noch leer, jedoch will er wöchentlich zwei Euro mehr als Sabine sparen.

a) Nach wie viel Wochen haben beide gleich viel gespart?

b) Wie lange würde es bei a) dauern, wenn in Thorstens Sparschwein zu Beginn bereits 10 € wären?

c) Erfinde selbst weitere Zahlenwerte und berechne die jeweiligen Zeitspannen.

d) Vielleicht hast du bei Aufgabe c) ein negatives Ergebnis erhalten. Was bedeutet dies?

27 Aus einem 1,8 m langen Draht soll ein Rechteck gebogen werden, dessen längere Seiten jeweils doppelt so lang sind wie die kürzeren Seiten.
Welche Abmessung hat das Rechteck, wenn kein Draht übrig bleibt?

28 In einem gleichschenkligen Dreieck ist die Grundseite 7,5 cm kürzer als jeder der beiden Schenkel.
Wie lang ist die Grundseite, wenn das Dreieck einen Umfang von 18 cm besitzt?

29 Reststücke

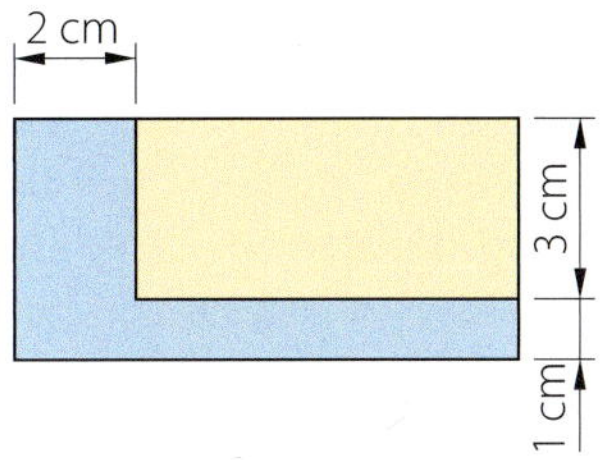

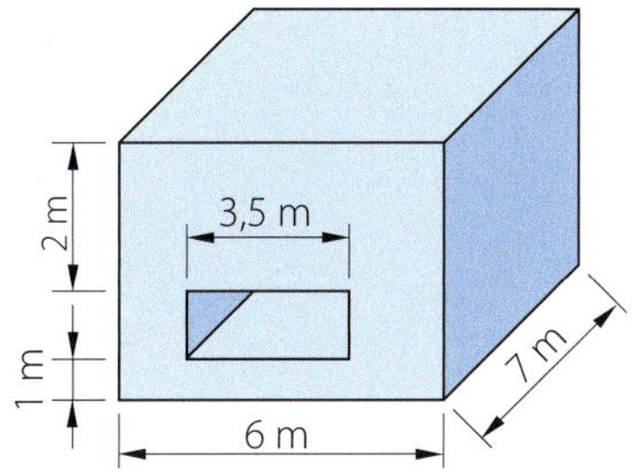

a) Aus einem Rechteck wird ein kleines Rechteck herausgeschnitten, sodass nur noch der halbe Flächeninhalt übrig bleibt (siehe Bild oben links). Berechne die Maße des ursprünglichen Rechtecks.
b) Aus einem quaderförmigen Metallklotz wurde ein Loch mit rechteckigem Querschnitt gefräst, sodass sich die Querschnittsfläche um 25 % reduzierte (siehe Bild oben rechts). Berechne die fehlende Seite des Lochs.

30 Bestimme die Streckenlänge x.

a)

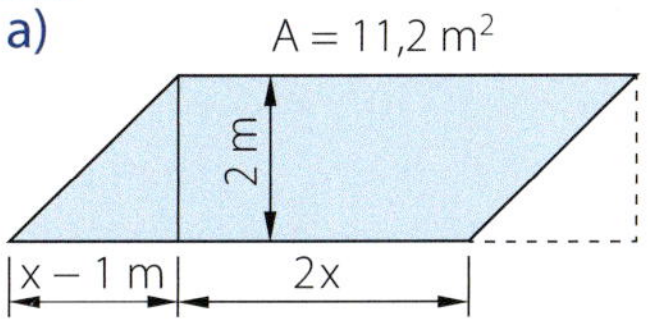

b)

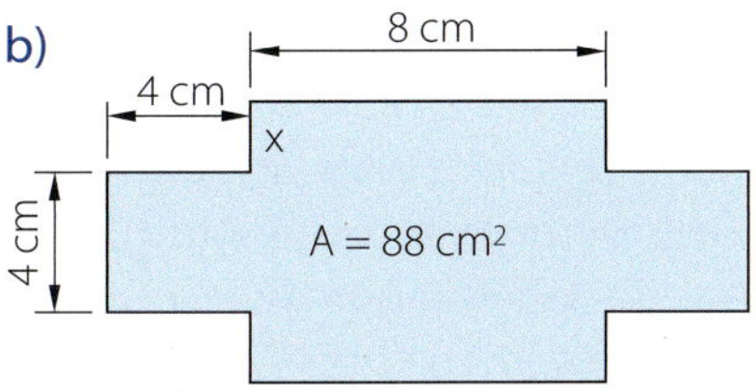

c)

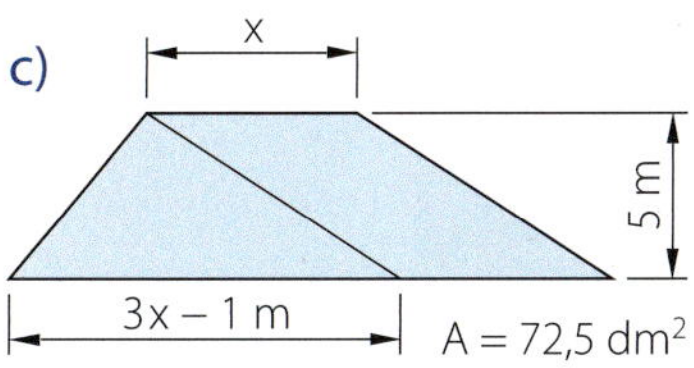

d)

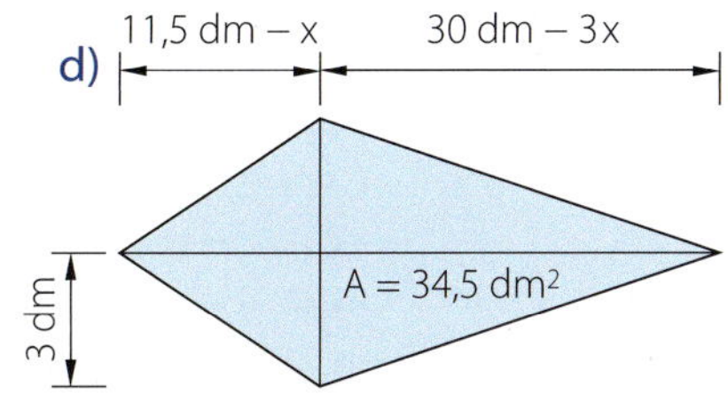

31 Konstantin ist um 3 kg schwerer als Philipp. Berechne die Massen der beiden Jungen.

Tipp
Eine Wippe ist im Ausgleich, wenn die Produkte aus Masse und Abstand des Kindes vom Drehpunkt für beide Kinder gleich sind.

32 Altersaufgaben

a) Esther ist heute dreimal so alt wie vor 16 Jahren. Wie alt ist sie heute?

b) In 6 Jahren wird Jakob viermal so alt sein, wie er vor 12 Jahren war.

c) In 4 Jahren wird Sabine doppelt so alt sein wie vor 4 Jahren.

Trainieren | Anwenden | **Vernetzen**

33 Die Temperatur in Grad Fahrenheit (°F), der in Nordamerika gebräuchlichen Temperatureinheit, berechnet sich aus der Temperatur in Grad Celsius (°C) gemäß $f = \frac{9}{5} \cdot c + 32$. Dabei sind f und c entsprechende Maßzahlen.

a) Gib die Siedetemperatur von Wasser in °F an.

b) Gib die Temperaturen in °C an: 41 °F, 59 °F; 36,5 °F; 5 °F; 92 °F; 0 °F.

c) Gib eine Formel an, mit der du bei gegebener Temperatur in Fahrenheit die Temperatur in Grad Celsius berechnen kannst.

34 Hinter einem Haus stehen zwei Regentonnen mit Zu- und Ablauf. In der rechten Regentonne befinden sich bereits 180 Liter Wasser, und es fließen pro Minute 4 Liter heraus. In der linken Regentonne befinden sich nur 40 Liter Wasser, und es fließen pro Minute 6 Liter hinzu.

a) Nach welcher Zeit befindet sich in beiden Regentonnen gleich viel Wasser?

b) Wie lange dauert es, bis in der rechten Tonne noch doppelt so viel Wasser ist wie in der linken Tonne?

c) Wie lange dauert es, bis in der linken Tonne dreimal so viel Wasser ist wie in der rechten Tonne?

d) Berechne für die Teilaufgaben a)–c) jeweils die Wassermengen in den beiden Regentonnen.

35 Zwei Pkw verbrauchen unterschiedlich viel Kraftstoff und haben unterschiedlich viel Kraftstoff in ihren Tanks.
Der erste Pkw verbraucht 8 Liter pro 100 km und hat einen Kraftstoffvorrat von 54 Litern im Tank, der zweite verbraucht 5 Liter pro 100 km und hat 45 Liter im Tank. Beide Fahrzeuge starten von Hamburg in Richtung München.

a) Wie weit können die Pkw jeweils mit ihrer Tankfüllung fahren?

b) Nach wie vielen Kilometern haben beide Fahrzeuge die gleiche Kraftstoffmenge in ihrem Tank?

c) Nach welcher zurückgelegten Entfernung hat der erste Pkw noch 1,5 Liter mehr Kraftstoff im Tank als der zweite?

36 Ein Fahrradfahrer und ein Fußgänger sind genau 11 km voneinander entfernt und bewegen sich aufeinander zu. Der Fahrradfahrer hat dabei eine konstante Geschwindigkeit von $18 \frac{km}{h}$, der Fußgänger eine von $4 \frac{km}{h}$.

a) Nach welcher Zeit begegnen sich Fußgänger und Radfahrer?

b) Welche Entfernungen haben sie bis zu diesem Zeitpunkt jeweils zurückgelegt?

Check up

Was kannst du? Was musst du noch üben?
Mit diesen Aufgaben kannst du deinen Lernfortschritt überprüfen.
Lösungen findest du im Anhang.

1 Stelle einen Term auf.
a) Das Dreifache einer Zahl wird um zwölf vermindert.
b) Vom Doppelten einer Zahl wird ihr Nachfolger abgezogen.
c) Zum Quadrat einer Zahl wird das Vierfache der Zahl addiert.

2 Beschreibe den Term als Text.
a) $11x - 13$
b) $(x - 1)(x + 1)$
c) $(x - 7)^2$
d) $3x^2 + 2x$

3 Vereinfache und fasse zusammen.
a) $x + 7y + 3x - y$
b) $3u - 2uw + 13u - u + 3w$
c) $5ab - 3b^2 + 2b(a - b)$
d) $28xy^2 + 34xy - 2y(3xy - x)$
e) $2r(r - s) - (3r^2 + rs)$
f) $ab(a - 3b) - 2a^2(b - a)$

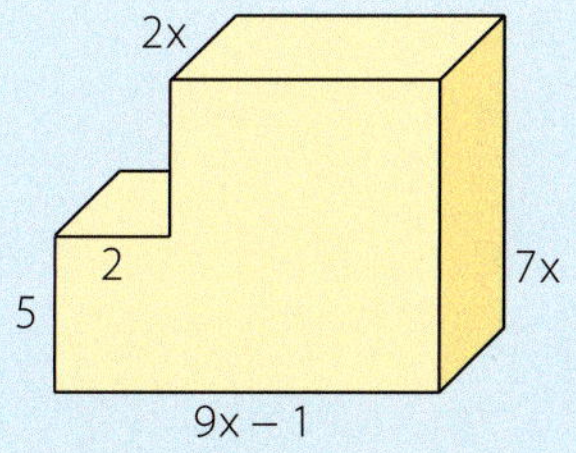

4 Bestimme einen Term zur Berechnung des Volumens des Körpers und fasse zusammen.

5 Löse folgende Gleichungen.
a) $14x - 5 = 23$
b) $8x - 15 = -3x + 7$
c) $18 = 3(2 - 3x)$
d) $14x + 5 - 5x = 17 + 7x - 10$
e) $2(3x - 1) + 4 = 5x + 1$
f) $2x(x - 4) + 5 = 3 + x(2x - 7)$

6 Untersuche folgende Gleichungen auf ihre Lösbarkeit.
a) $4(5 - 2x) - 3 = 17 - 8x$
b) $3(2x - 4) = -2(4 - 3x)$
c) $2(x - 5) + 1 = 3x - 9$
d) $15 - 2(1 - x) = 3(2x + 6)$

7 Der leere Karton wiegt 300 g.
a) Gib einen Term für das Gesamtgewicht des Kartons an.
b) Wie groß ist das Gesamtgewicht, wenn jede Dose 625 g wiegt?
c) Wie schwer ist jede Dose, wenn das Gesamtgewicht 4,5 kg beträgt?

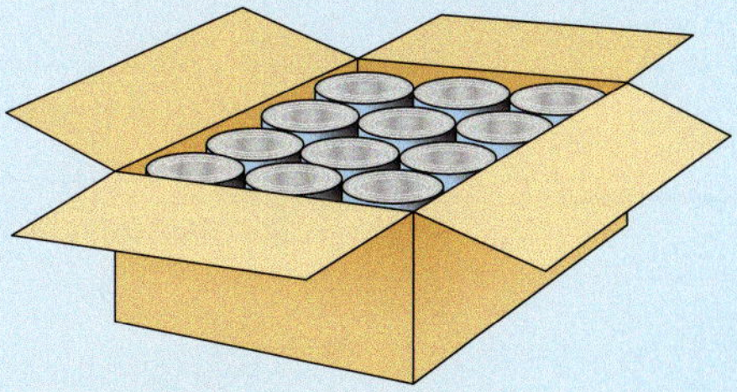

8 Der abgebildete Körper hat ein Volumen von $378\,cm^3$.
a) Bestimme die Kantenlänge a.
b) Berechne den Oberflächeninhalt des Körpers.

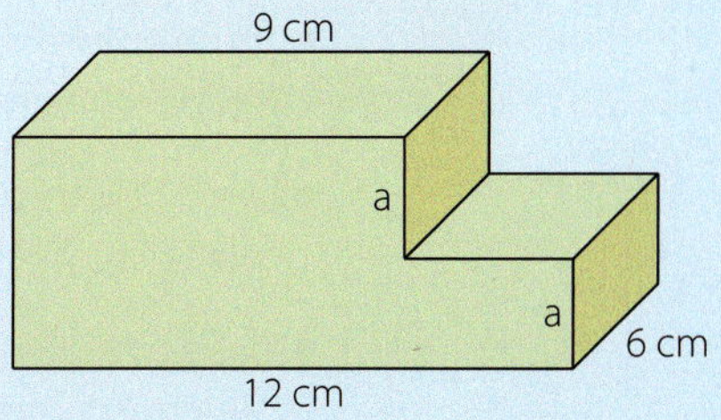

Auf einen Blick

Terme und Variablen

Terme sind Rechenausdrücke, die aus Zahlen, Klammern, Rechenzeichen und Buchstaben bestehen. Die Buchstaben sind **Variablen** und dienen als Platzhalter für Zahlen.

„Addiere 7 zum Doppelten einer Zahl"
Term: $2x + 7$

Gleichwertige Terme

Terme, die bei allen denkbaren Einsetzungen den gleichen Wert ergeben, heißen **gleichwertig** (oder: **äquivalent**).

Zusammenfassen:
$2x \cdot xy + x^2y = 3\ x^2y$

Durch Umformen lassen sich gleichwertige Terme ineinander überführen.
Hierbei gelten alle bekannten Rechenregeln für Zahlen, wie zum Beispiel **Zusammenfassen, Klammerregeln, Ausmultiplizieren** und **Ausklammern**.

Klammerregel:
$-(3a - 4b) = -3a + 4b$

Ausmultiplizieren:
$2y(2x - 3y) = 4xy - 6y^2$

Ausklammern:
$16a^2b - 4ab^2 = 4ab\,(4a - b)$

Gleichungen lösen

Gleichungen entstehen, wenn zwei Terme gleichgesetzt werden. Die **Lösungen einer Gleichung** sind diejenigen Zahlen, die die Gleichung erfüllen. Alle Zahlen, die eine Gleichung lösen, bilden die Lösungsmenge L der Gleichung.

$4x - 3 = 9 - 2x$
Die Zahl 2 ist Lösung. $L = \{2\}$

Eine Gleichung, die **keine Lösung** besitzt, heißt **unerfüllbar**.

$x + 7 = x$ ist unerfüllbar. $L = \{\ \}$

Eine Gleichung, die **genau eine Lösung** besitzt, heißt **eindeutig lösbar**.

$5x - 2 = 3$ hat die eindeutige Lösung 1. $L = \{1\}$

Eine Gleichung heißt **allgemeingültig**, wenn **alle Zahlen Lösungen** sind.

$2x + 4 = 2(x + 2)$ ist allgemeingültig. $L = \mathbb{Q}$

Die Lösungen von Gleichungen lassen sich eventuell durch **systematisches Probieren** oder **Rückwärtsrechnen** und immer durch **Äquivalenzumformungen** finden.

Um möglichst viele Zahlen in die Gleichung einzusetzen, lässt sich gut eine Tabellenkalkulation oder die TABLE-Funktion des Taschenrechners nutzen.

Äquivalenzumformungen sind:

- Termumformungen auf einer oder beiden Seiten der Gleichung.
- Das Addieren/Subtrahieren einer Zahl oder eines Terms auf beiden Seiten der Gleichung.
- Das Multiplizieren/Dividieren beider Seiten der Gleichung mit/durch eine(r) Zahl ungleich Null.

$$6x - (2x - 5) = 2(x + 4) \quad |\,TU$$
$$\Leftrightarrow \quad 4x + 5 = 2x + 8$$

$$6 - 4a = 12 + 3a \quad |+4a$$
$$\Leftrightarrow \quad 6 = 12 + 7a \quad |-12$$
$$\Leftrightarrow \quad -6 = 7a \quad |:7$$
$$\Leftrightarrow \quad -\tfrac{6}{7} = a$$

Kapitel 8

Vertiefungsthemen

In diesem Kapitel steht das Anwenden des Gelernten beim Lösen von Aufgaben aus verschiedenen Sachbereichen im Mittelpunkt. Dabei kannst du manch Interessantes neu kennen lernen. Bei vielen Aufgaben musst du dir selbst überlegen, was zu messen, zu rechnen oder zu zeichnen ist, um eine Lösung zu finden. Manchmal führen auch verschiedene Wege zum Ziel.
Vergleiche deine Lösungen mit denen der anderen. Sowohl aus euren Fehlern als auch aus den verschiedenen Lösungsideen kannst du lernen! Vielleicht erkennst du so besonders vorteilhafte Vorgehensweisen, die dir auch bei anderen Aufgaben helfen können.

12 Konstruktion eines regelmäßigen Sechsecks (vgl. S. 160 Aufgabe 25).
a) Starte mit zwei Punkten A und B auf der Zeichenfläche – die Strecke $\overline{AB}$ soll Basisstrecke für die Seitenlänge des Sechsecks sein. Achte deshalb darauf, dass die Konstruktion nur vom Abstand dieser ersten zwei Punkte auf der Zeichenfläche abhängig ist.
b) Erweitere die Konstruktion so, dass die gesamte Zeichenfläche lückenlos mit Sechsecken bedeckt wird.

13 Konstruiere mit den Mitteln der DGS
a) ein regelmäßiges Fünfeck,
b) ein regelmäßiges Achteck,
c) ein regelmäßiges Neuneck,
d) ein regelmäßiges Zehneck.
e) Begründe, dass die Konstruktion eines regelmäßigen Siebenecks mit der DGS prinzipiell nur näherungsweise erfolgen kann.

14 Verteile sieben Punkte A bis G frei auf der Zeichenfläche und verbinde sie zu einem (unregelmäßigen) Siebeneck. Positioniere einen Punkt M so, dass er im Inneren des Siebenecks liegt. Verbinde M durch Strecken mit allen Eckpunkten des Siebenecks. Du erhältst sieben Dreiecke.
a) Begründe an dieser Konstruktion, dass die Innenwinkelsumme im Siebeneck gleich $7 \cdot 180° - 360°$ ist.
b) Erläutere anhand dieser Zeichnung, dass für jedes Vieleck mit n Ecken gilt: Die Innenwinkelsumme beträgt $(n - 2) \cdot 180°$ (vgl. S. 159 Aufgabe 20).
c) Findest du auch eine Formel für die Außenwinkel von Vielecken mit n Ecken?

15 Verdopplung der Eckenanzahl
a) Erzeuge einen Punkt A etwa in der Mitte der Zeichenfläche und konstruiere dann ein gleichseitiges Dreieck mit dem Punkt A als Mittelpunkt.
b) Konstruiere nun ein regelmäßiges Sechseck mit dem Mittelpunkt A, bei dem die Abstände von A zu den Ecken genau so groß sind wie bei dem Dreieck aus a).
c) Verfahre nun ebenso bei weiteren Vielecken, wobei sich die Anzahl der Ecken immer weiter verdoppeln soll. Hast du eine Idee, was dabei entsteht, wenn du diesen Prozess unendlich lang fortsetzen würdest?

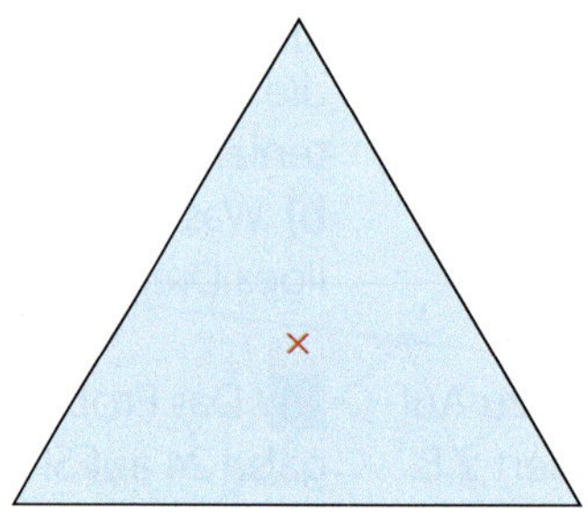

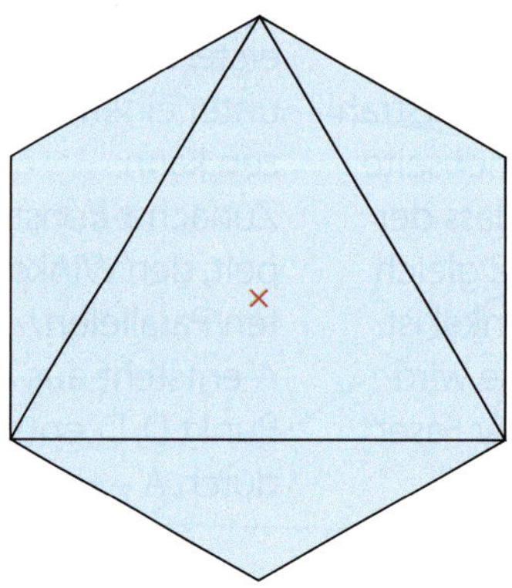

8.4 Fit im Rechnen mit rationalen Zahlen

Üben! Üben! Üben?

Mehr üben heißt nicht unbedingt besser üben. Es kommt nicht darauf an, wie lange du übst, sondern wie gezielt du übst.

1) Hast du den Stoff verstanden? Wenn nicht, kannst du die Stoffdarstellung hier im Buch ansehen, die Regeln vorangegangener Jahrgänge im Anhang dieses Buches oder in deinen Heften nachschlagen.
Vielleicht kannst du auch jemanden fragen: deine Lehrerin oder deinen Lehrer oder auch Mitschülerinnen und Mitschüler. Das beste Zeichen, dass du etwas verstanden hast, ist, wenn du es selbst jemand anderem erklären kannst!
Manchmal jedoch ist niemand greifbar. Auch wenn es sich kurios anhören mag: Es kann dann hilfreich sein, deine Rechenschritte einem Strichmännchen, deiner Schreibtischlampe oder einem Stofftier zu erläutern.

2) Du meinst, du hast alles im Prinzip verstanden. Überprüfe das anhand von Aufgaben, zu denen dir Lösungen vorliegen, z. B. aus dem Check up des Kapitels, oder auch gelöste Aufgaben in deinem Heft.
War deine Rechnung richtig, kannst du dich bestätigt fühlen. Das gibt ein sicheres Gefühl.
Eigentlich bist du dann fertig. Eventuell kommt noch eine dritte Phase in Frage:

3) Stelle dir vor, du müsstest bei einer einfachen Addition nachdenken wie ein Erstklässler. Offensichtlich hättest du dann nicht einmal Chancen, Aufgaben der Klasse 5 zu bewältigen, selbst wenn dir alle Schritte klar wären. Ohne Routine in Grundlagen hast du den Kopf nicht frei für Neues.
Deshalb lohnt es sich, über das bloße Verstehen hinaus Aufgaben zu rechnen, eben um der Routine willen. Mit Routine fühlst du dich auch bei Klassenarbeiten sicherer. Aber Vorsicht! Man kann es mit der Routine auch übertreiben: „Hänschen" rechnet vor der Arbeit 4 Stunden lang Aufgaben eines Typs, die er eigentlich beherrscht, immer dieselbe Art von Aufgaben. Mama und Papa sind beeindruckt, wie fleißig „Hänschen" ist, – aber eigentlich lernt er in dieser Zeit nichts und drückt sich vielleicht vor schwierigeren Aufgaben! Nur du kannst einschätzen, wie gut du etwas kannst, und was du noch lernen musst!

Anhand der folgenden Seiten kannst du das Rechnen mit rationalen Zahlen wiederholen. Jeder Teil beginnt mit einer „Diagnose" mit Pfaden zu Lösungen. Du musst dich für eine dieser Lösungen entscheiden. Anhand des Lösungswortes kannst du deine Lösung überprüfen und feststellen, ob du zu diesem Teil mehr Aufgaben rechnen solltest. Wenn ja, findest du passende Aufgaben unmittelbar im Anschluss an den Test. Du solltest alle Aufgaben ohne Taschenrechner lösen, allerdings kann dieser dir gute Dienste bei der Kontrolle deiner Ergebnisse leisten.

Diagnose 1 – Addieren und Subtrahieren

Für welchen Weg entscheidest du dich?
Erkläre jemandem, wie du diese Aufgaben rechnest. Du darfst dabei auch eine Skizze verwenden. Wenn dir die drei Aufgaben sehr leicht erscheinen und du alles richtig hast, hast du vermutlich kein Problem mit der einfachen Addition und Subtraktion und kannst gleich bei Diagnose 2 weitermachen.

a)
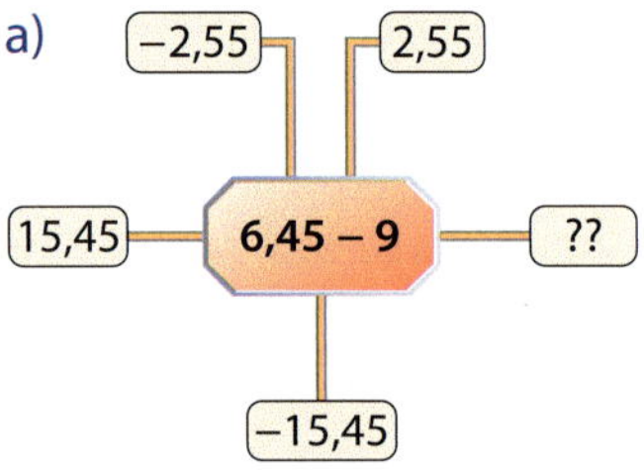

b)
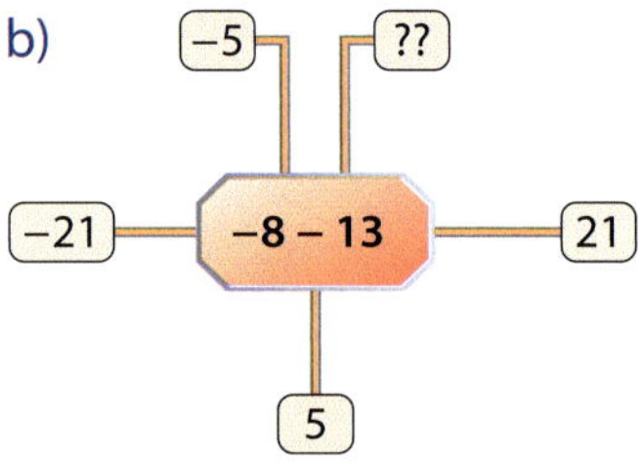

c)
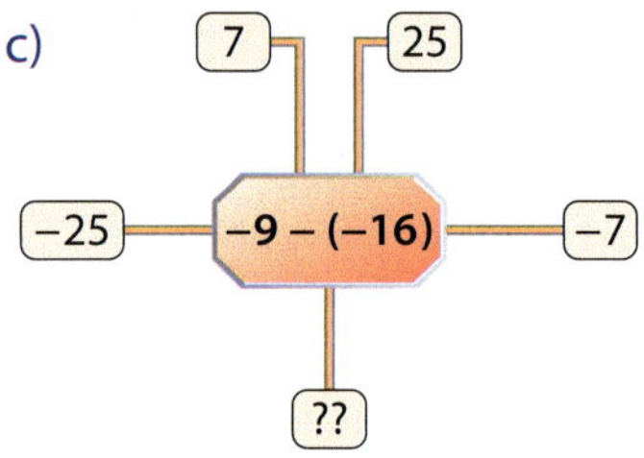

Lösungswort:
−21 (u); −3,45 (x); 36 (o); −2,55 (g); 5 (a); −5 (z); −7 (v), 25 (w); 7 (t)

1 Veranschauliche die Aufgaben jeweils an einer Zahlengeraden und berechne.
a) 15 − 26
b) −13 + 18
c) −3,5 − 2
d) $\frac{1}{2} - \frac{3}{4}$ oder $\frac{4}{8} - \frac{3}{4}$
e) 2,4 − 9,6
f) 1,1 − 3

2 Beschreibe *zuerst*, worin sich diese Aufgaben von denen der Aufgabe 1 unterscheiden. Wandle zuerst um und berechne dann.
a) 13 − (−19)
b) −14 + 3
c) −37 − (+5)
d) $-11\frac{1}{3} + 44\frac{2}{3}$
e) −21 + (−4) − (−2)
f) 15 − (−9,5) − 11,2 + 5,1
g) −7,93 − (−0,01)

3 Die falschen Lösungen der Diagnoseaufgaben gehören zu Aufgaben, in denen nur die Zeichen anders gesetzt sind. Schreibe zu jeder der falschen Lösungen die passende Aufgabe auf.

4 Schreibe alle möglichen Summen und Differenzen auf, bei denen die erste Zahl 3 oder (−3) ist und die zweite Zahl 7 oder (−7) ist. Wie viele Aufgaben gibt es, welche haben das gleiche Resultat?

Diagnose 2 – Geschickt zusammenfassen

Für welchen Weg entscheidest du dich?
Erkläre jemandem, worauf beim Vertauschen der Reihenfolge zu achten ist. Auch hier kann eine Skizze hilfreich sein. Entscheide dich für einen Pfad und rechne diesen zu Ende.

a)

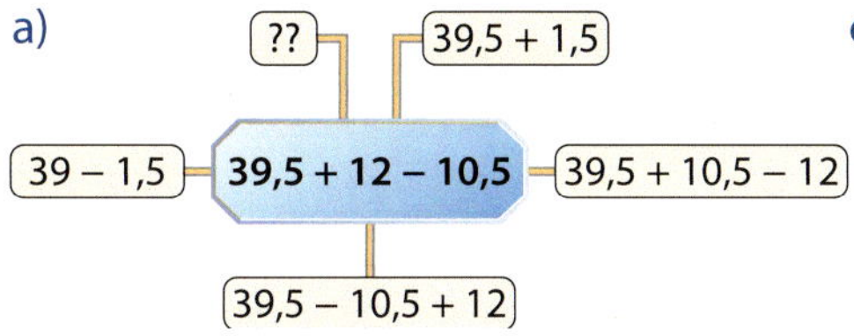

c)

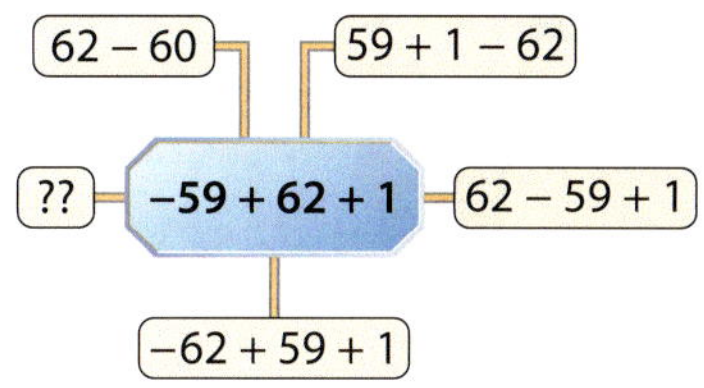

b)

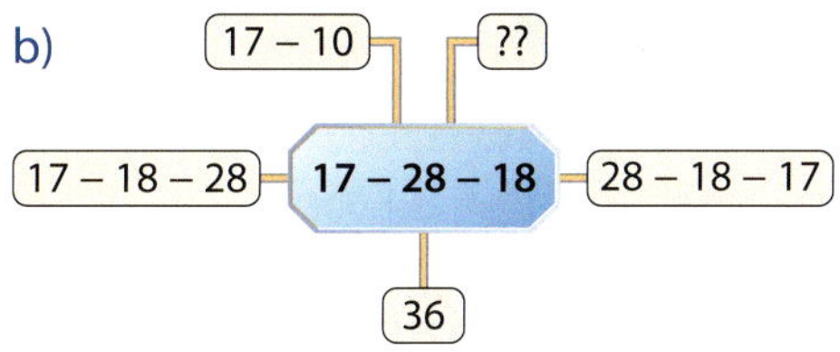

Lösungswort: 4 (s); 36 (i); 7 (u); 41 (e); –30 (e); 38 (k); –29 (i); 2 (g); –2 (a)

Übrigens: Bei welchen dieser drei Aufgaben gab es mehrere richtige Pfade?

5 Ändere die Reihenfolge der Summanden, so dass Rechenvorteile entstehen.

a) $37 - 118 - 27$
b) $12{,}5 + 18{,}3 - 2{,}5 + 1{,}7$
c) $-24 + 29 + 24 - 1$
d) $37 - 459 + 63 - 12 + 359$

Du solltest solche Aufgaben auch geschickt lösen können, ohne sie in geänderter Reihenfolge aufzuschreiben:

6 Unterstreiche Summanden, die zusammen passen, und rechne geschickt.

a) $67 - 91 + 13 + 21$
b) $375 + 234 - 424 + 725$
c) $-53 - 15 + 23 - 25$
d) $1001 - 13 + 99 - (-13)$
e) $12{,}5 - (-6{,}25) - 2{,}5 + 3{,}75$
f) $\frac{3}{7} - \frac{1}{5} - \frac{4}{5} + \frac{2}{7}$
g) $1\frac{3}{4} + (-3) - (-1{,}25)$

7 Setze + oder – ein, so dass die Rechnung aufgeht.

a) $37 - (\bigcirc 12) = 49$
b) $-17 + (\bigcirc 18) = -35$
c) $7 \bigcirc (4 - 3) = 6$
d) $\bigcirc 16 \bigcirc (-8) + 7 = -17$
e) $(\bigcirc 2)^3 + 2 \bigcirc 5 = -11$
f) $4^4 \bigcirc (-56) \bigcirc (+1000) + (\bigcirc 38{,}9) = -761{,}1$
g) $\bigcirc(\bigcirc 3) \bigcirc (\bigcirc 27) \bigcirc (\bigcirc 24) = 0$
h) $-(\bigcirc 7)(\bigcirc 17) \bigcirc (-1) = 120$
i) $\bigcirc 8 \cdot 5 \bigcirc 7 = -47$
j) $\bigcirc 5 \bigcirc 8 \bigcirc 3 = -10$
k) $\bigcirc (-3) \bigcirc (-5) = -2$

Schau dir noch einmal die Diagnoseaufgaben 2 an: Erkläre die Fehler bei den falschen Lösungen: Gegen welche Regel wurde verstoßen, oder was hat jemand, der zu dieser falschen Lösung kommt, gedacht?

Tipp: In Aufgabe a) gibt es zwei falsche Lösungen, in b) nur eine, in Aufgabe c) sind es drei.

Info
Der polnische Mathematiker Jan Łukasiewicz, entwickelte in den 1920er-Jahren diese Schreibweise, bei der keine Klammern vorkommen.

14 Selten gibt es auch Taschenrechner, die mit der sogenannten „umgekehrten polnischen Notation" arbeiten. Hier musst du selbst die Reihenfolge des Ausrechnens vorgeben. Vielleicht gibt es in der Schule oder in deinem Bekanntenkreis einen solchen Taschenrechner. Rechne die Aufgaben 13 mit ihm nach. Mit einem solchen Taschenrechner die Terme der Aufgabe 10 nachzurechnen, ist noch schwieriger …

15 Bei dieser Aufgabe kannst du mit negativen Zahlen rechnen.
Klassenfahrt der 7 b nach Berlin: Herr Sorglos bittet seine 12 Schülerinnen und 13 Schüler, 95 € für die Fahrtkosten, 34 € für Eintrittsgelder sowie 124 € für Übernachtungs- und Verpflegungskosten zu bezahlen. Nach genauer Berechnung der Eintrittsgelder kann Herr Sorglos den Mädchen 3,75 € und den Jungen 6,10 € zurückzahlen. Die Klasse benötigte nur $\frac{4}{5}$ der Fahrtkosten. Was hat die Fahrt für alle zusammen gekostet? Hinweis: Schreibe einen Term und berechne dann.

Zum Abschluss: der Härtetest

Die 11 beliebtesten Fehler! Von diesen 14 Aufgaben sind nur drei richtig.
Prüfe alle Aufgaben, finde heraus welche falsch sind, beschreibe den Fehler.

a) $93 - 17 + 13 = 93 - 13 + 17 = 97$
b) $598 - 76 + 24 = 598 - 100 = 498$
c) $187 - 59 + 21 = 187 - (59 + 21)$
d) $187 - 59 + 21 = 128 + 21 = 149$
e) $220 - (20 - 12) = 220 - 20 - 12 = 200 - 12 = 188$
f) $6 \cdot 358 - 6 \cdot 58 - 300 = 6 \cdot (358 - 58) - 300 = 6 \cdot 300 - 300$
$= 1800 - 300 = 1500$
g) $278 \cdot (10 - 3) = 278 \cdot 10 - 3 = 2780 - 3 = 2777$
h) $53 - (10 - 7) \cdot 3 = 53 - 10 \cdot 3 + 7 \cdot 3 = 53 - 30 + 21 = 23 + 21 = 44$
i) $145 - 5 \cdot (20 - 3) = 145 - 60 + 15 = 145 + 15 - 60 = 160 - 60 = 100$
j) $11 \cdot 329 - 11 \cdot 29 = 11\,(329 - 29) \cdot 11 = 11 \cdot 300 \cdot 11 = 3300 \cdot 11$
$= 36\,300$
k) $319 - 19 \cdot 15 = 300 \cdot 15 = 4500$
l) $5 \cdot (9 \cdot 3) = 5 \cdot 9 \cdot 5 \cdot 3 = 45 \cdot 15 = 675$
m) $85 - 3 \cdot 30 = 85 - 90 = 90 - 85 = 5$
n) $-7 \cdot (-14) + (-8 - 9) = 98 + 17 = 115$

Kapitel 9

Anhang

Check up – Lösungen

S. 35 – 1 Rationale Zahlen

1 a) –4
b) $\frac{1}{8}$
c) –6,2
d) 56
e) –4
f) 6,6
g) 4,8
h) 1
i) –1

2

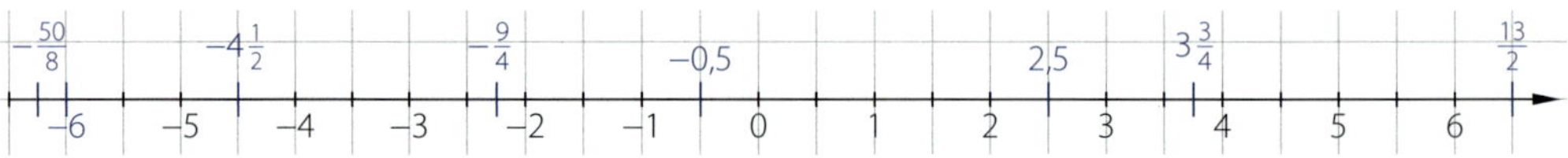

3 a) 278 – 390 = –112
(auf Punkt-vor-Strich achten!)
b) 5 · (–2) + 15,6 = –10 + 15,6 = 5,6
c) 0,7 · 1,1 = 0,77

4 a) (87 + (–99)) · (–17 + 7) = (–12) · (–10) = 120
b) $-\frac{1}{2} \cdot 14 + \left(12 + \frac{1}{3} \cdot 9\right) = -7 + 12 + 3 = 8$

5 a) Der Term ist ein Produkt. Der erste Faktor ist 35. Der zweite Faktor ist die Summe von 17 und 85.
b) Der Term ist eine Summe. Der erste Summand ist das Produkt von 29 und 8. Der zweite Summand ist das Produkt von 39 und (–5).

6 Die Terme B und D geben den Flächeninhalt richtig wieder. Sie sind gleichbedeutend: (B) 3,5 · 2 + 2 · 1,5 = 3,5 · 2 + 1,5 · 2 = (3,5 + 1,5) · 2 (D)

7 a) 493 – 39 + 19 – 73 = 420 – 20 = 400
b) 577 – 26 – 174 – 77 = 500 – 200 = 300
c) 222 – 128 + 28 + 3 = 222 – 100 + 3 = 125
oder
222 – 128 + 28 + 3 = 250 – 125 = 125
d) 689 – (567 – 11) = 689 – 567 + 11
(Klammer auflösen, weil +11 gut zu 689 passt)
= 700 – 567 = 133
e) 829 + (29 – 129) = 829 – 100 = 729
f) –(85 + 17) + (17 – 145)
= –85 – 17 + 17 – 145
(–17 und +17 heben sich gegenseitig auf)
= –85 – 145 = –230

8 a) (56 – 46) · 368 = 3680
b) 101 · 2356 – 1 · 2356 = 2356 · (101 – 1) = 235600
c) 68 · (68 + 32) = 6800

9 Die Figuren haben eine Höhe von 7 cm. Das T ist 5 cm breit, das E ist 3,2 cm breit.

a) Rote Fläche des T:

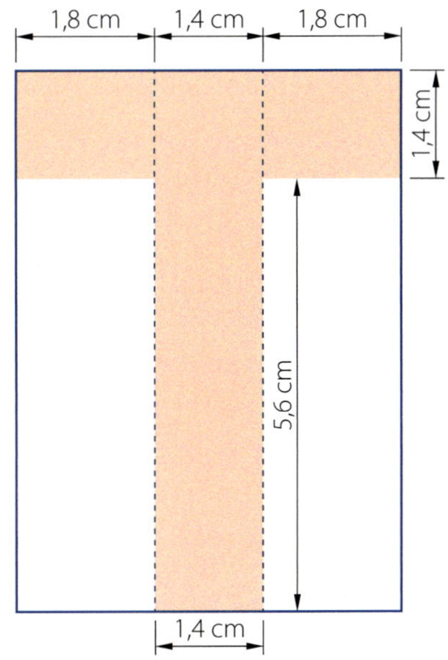

Statt $2 \cdot 1{,}8 + 2 \cdot 1{,}4 + 2 \cdot 1{,}8 \ldots$ zu schreiben, kannst du die 2, die bei allen Rechtecken der roten Seitenfläche vorkommt, ausklammern. Das ergibt:
$2 \cdot (1{,}8 + 1{,}4 + 1{,}8 + 1{,}4 + 1{,}8 + 5{,}6 + 1{,}4 + 5{,}6 + 1{,}8 + 1{,}4)$

Der Term in der Klammer beschreibt den Umfang der vorderen Fläche des T. Dieser Umfang wird mit 2 multipliziert. Einfacher berechnest du diesen Umfang, wenn du bedenkst, dass in der Abbildung die gestrichelten blauen Linien nach außen versetzt werden können, der Umfang ist also gleich dem Umfang des blauen Rechtecks.

$2 \cdot (7 + 5 + 7 + 5)$
$= 2 \cdot 2 \cdot (7 + 5)$
$= 4 \cdot 12 = 48$, also $48\,cm^2$

Oberfläche des T: Zur Roten Fläche mit 48 (cm^2) kommen nun die Vorder- und Hinterseite hinzu, welche natürlich gleich groß sind:
$O = 48 + 2 \cdot (1{,}4 \cdot 5{,}6 + 1{,}4 \cdot 5)$
$= 48 + 2 \cdot 1{,}4 \cdot (5{,}6 + 5)$
$= 48 + 2{,}8 \cdot 10{,}6 = 48 + 28 + 1{,}68 = 77{,}68$
Die Oberfläche des T ist $77{,}68\,cm^2$ groß.

b) Rote Fläche des E:

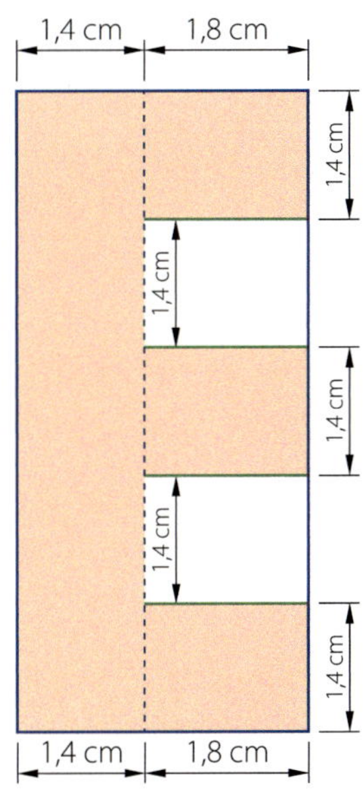

Auch hier werden beim Umfang die gestrichelten blauen Linien an den Rand versetzt, so dass man wieder ein Rechteck mit $U = 2 \cdot (7 + 3{,}2)$ erhält. Hinzu kommen noch die 4 Strecken (grün) der Länge 1,8 cm.

$2 \cdot (2 \cdot (7 + 3{,}2) + 4 \cdot 1{,}8)$
$= 2 \cdot (2 \cdot 10{,}2 + 7{,}2)$
$= 2 \cdot (20{,}4 + 7{,}2)$
$= 2 \cdot 27{,}6 = 55{,}2$ also $55{,}2\,cm^2$

Oberfläche:
$O = 55{,}2 + 2 \cdot (7 \cdot 1{,}4 + 3 \cdot (1{,}4 \cdot 1{,}8))$
$= 55{,}2 + 2 \cdot (9{,}8 + 3 \cdot 2{,}52)$
$= 55{,}2 + 2 \cdot (9{,}8 + 7{,}56)$
$= 55{,}2 + 2 \cdot 17{,}36$
$= 55{,}2 + 34{,}72 = 89{,}92$
Die Oberfläche des T ist $89{,}92\,cm^2$ groß.

Auch folgender Rechenweg mit nochmaliger Anwendung des Distributivgesetzes ist richtig:

$O = 55{,}2 + 2 \cdot (7 \cdot 1{,}4 + 3 \cdot (1{,}4 \cdot 1{,}8))$
$= 55{,}2 + 2 \cdot 1{,}4 \cdot (7 + 3 \cdot 1{,}8)$
$= 55{,}2 + 2{,}8 \cdot (7 + 5{,}4)$
$= 55{,}2 + 2{,}8 \cdot 12{,}4$
$= 55{,}2 + 34{,}72 = 89{,}92$

Bei diesem Rechenweg muss allerdings das Produkt $2{,}8 \cdot 12{,}4$ schriftlich berechnet werden.

S. 67 – 2 Zuordnungen

1 a) … zu der Zeit t in Minuten ($0 \le t \le 60$), Proportionalitätsfaktor: noch nicht bestimmbar
b) … zur Wasserhöhe h,
Proportionalitätsfaktor: Grundflächeninhalt des Aquariums
c) … zu dem Gesamtpreis der Brötchen, Proportionalitätsfaktor:
Preis je Brötchen
d) … zu der Menge, getankt wurde, Proportionalitätsfaktor: Literpreis

2 a) Die Zuordnung der Größen soll wohl proportional sein. Mögliche Verbesserungsvorschläge, um Proportionalität zu erreichen:

x	7	3,5	9	−21	10,5
y	11	5,5	17	−32	16,5

(9 | 17) ersetzen durch $\left(9 \mid 14\frac{1}{7}\right)$ oder $\left(10\frac{9}{11} \mid 17\right)$; (−21 | −32) durch (−21 | −33).

b) Die Zuordnung der Größen soll wohl antiproportional sein. Mögliche Verbesserungsvorschläge, um Antiproportionalität zu erreichen:

x	2	−7,3	6	14,6	73
y	7,3	−2	$\frac{73}{30}$	1,5	20

(14,6 | 1,5) ersetzen durch (14,6 | 1); (73 | 20) durch (73 | 0,2) oder auch (0,73 | 20).

3 Errechnest du den Preis für ein Kilogramm bei den verschiedenen Packungsgrößen, so ergeben sich folgende Werte: 2,58 €, etwa 2,47 €, 2,49 € bzw. etwa 2,56 €. Die günstigste Packungsgröße enthält also 2,3 kg.

4 k ist der Proportionalitätsfaktor bei Proportionalität und a der Wert des Produkts bei Antiproportionalität:

$k_{schwarz} = \frac{2}{5} = 0{,}4$ $\quad a_{grün} = 8$

$k_{rot} = \frac{5}{4} = 1{,}25$ $\quad a_{blau} = 2$

$a_{orange} = 0{,}5$

5 a) Proportional.

	Zahl	Preis (€)
Romina	23	5,52
	1	0,24
Maike	7	1,68
Julia	8	1,92
Naomi	4	0,96
Franziska	4	0,96

b) Weder proportional noch antiproportional. Die Fläche wird viermal so groß: $A = 80\,cm^2$

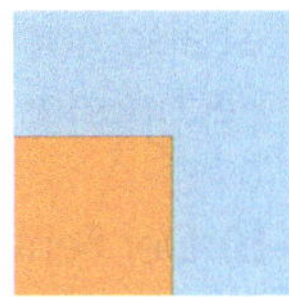

c) Antiproportional:
Bei halb so dicken Büchern werden doppelt so viele gebraucht, um die gleiche Höhe zu stapeln.
60 Englischbücher sind so dick wie 65 Mathematikbücher.

	Dicke (cm)	Benötigte Anzahl	
	1,2	65	
: 1,2	1	78	· 1,2
· 1,3	1,3	60	: 1,3

6 a) $1{,}459\,€ \cdot 50 = 72{,}95\,€$
b) $1{,}459\,€ \cdot 38{,}13 = 55{,}63167\,€ \approx 55{,}63\,€$
c) $22{,}03 : 1{,}459 = 22\,030 : 1459 \approx 15{,}09938$ Es waren etwa 15 l.
d) Es werden $200 \cdot 50\,l = 10\,000\,l$ verkauft. $10\,000 \cdot 0{,}009\,€ = 90\,€$.

S. 89 – 3 Rechnen mit Prozenten

1 a) Die Hose kostet nur noch 36 €, denn es gilt: $0{,}75 \cdot 48\,€ = 36\,€$.
b) Die prozentuale Zunahme beträgt $58\frac{1}{3}\,\%$, denn es ist $\frac{21}{36} = 0{,}58\overline{3} = 58\frac{1}{3}\,\%$.
c) An der Schule unterrichten 80 Lehrkräfte, denn es gilt:

72 Lehrkräfte	90 %
8 Lehrkräfte	10 %
80 Lehrkräfte	100 %

2 a) 24 €
b) 0,145 kg = 145 g
c) 90 m
d) 3,6 s

3 a) 25 %
b) $3\frac{1}{3}\,\%$
c) 12,5 %
d) 25 %

S. 135 – 5 Zufall erforschen

1 a) In der zweiten Zeile stehen die Wahrscheinlichkeiten (ihre symmetrische Anordnung weist darauf hin). In der dritten Zeile stehen die relativen Häufigkeiten.

b)

1	2	3	4	5	6
10 %	10 %	30 %	30 %	10 %	10 %
8,5 %	12 %	34 %	27 %	9,8 %	8,7 %

c) Die Drei wird ca. $0{,}3 \cdot 2000 = 600$-mal fallen.

2

Jahr	1. Jahr	2. Jahr	3. Jahr	4. Jahr	5. Jahr	6. Jahr
Tatsächliche Sonnenscheindauer	221 h	178 h	182 h	302 h	268 h	157 h
Mögliche Sonnenscheindauer	521 h	521 h	521 h	521 h	521 h	521 h
Summierte tatsächliche Sonnenscheindauer	221 h	399 h	581 h	883 h	1151 h	1308 h
Summierte mögliche Sonnenscheindauer	521 h	1042 h	1563 h	2084 h	2605 h	3126 h
Relative Sonnenscheinhäufigkeit	$\frac{221}{521} \approx 0{,}42$	$\frac{399}{1042} \approx 0{,}38$	$\frac{581}{1563} \approx 0{,}37$	$\frac{883}{2084} \approx 0{,}42$	$\frac{1151}{2605} \approx 0{,}44$	$\frac{1308}{3126} \approx 0{,}42$
in Prozent	42 %	38 %	37 %	42 %	44 %	42 %

Die Wahrscheinlichkeit, mit der im Juli auf Sylt die Sonne scheint, kann auf etwa 42 % geschätzt werden.

3 a) $\frac{1}{4}$ (Das Tetraeder hat vier Ecken.)

b) $\frac{3}{6} = 0{,}5$ (Das Hexaeder hat sechs Ecken.)

c) Das Oktaeder hat 8 Ecken. 2, 3, 5 und 7 sind die Primzahlen bis zur 8. Es ergibt sich $\frac{4}{8} = \frac{1}{2}$ als Wahrscheinlichkeit.

d) $\frac{4}{12} = \frac{1}{3}$

e) $\frac{7}{20}$

4 a) p(3 oder 4) = 1 − p(1 oder 2) = 1 − 0,625 = 0,375
b) p(1 oder 3 oder 4) = 1 − p(2) = 1 − 0,5 = 0,5
c) beispielsweise:

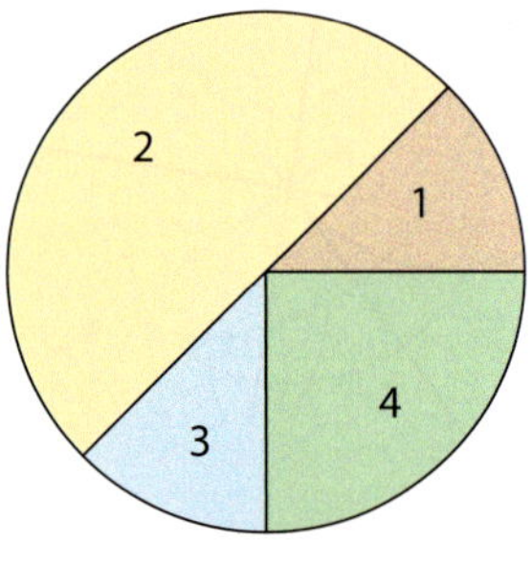

5 a) $p(\text{grün}) = \frac{2}{13}$

b) $p(\text{grün oder blau}) = p(\text{grün}) + p(\text{blau}) = \frac{2}{13} + \frac{7}{13} = \frac{9}{13}$

c) $p(\text{nicht blau}) = 1 - p(\text{blau}) = 1 - \frac{7}{13} = \frac{6}{13}$

d) Wenn man zwei Kugeln einer anderen Farbe (nicht rot) hinzufügt, beträgt $p(\text{rot}) = \frac{3}{15} = \frac{1}{5}$.

S. 163 – 6 Winkel untersuchen

1 a)

$\gamma = 180° - \alpha - \beta = 99{,}3°$	(Nebenwinkel)
$\delta = \alpha = 30{,}7°$	(Scheitelwinkel)
$\varepsilon = \beta = 50°$	(Scheitelwinkel)
$\eta = \gamma = 99{,}3°$	(Scheitelwinkel)

b)

$\beta = \varepsilon = 68°$	(Scheitelwinkel)
$\alpha = 90° - \beta = 22°$	($\alpha + \beta = 90°$)
$\gamma = 180° - (\alpha + \beta) = 90°$	(Nebenwinkel)
$\delta = \alpha = 22°$	(Scheitelwinkel)
$\eta = \gamma = 90°$	(Scheitelwinkel)

c)

$\beta = \varepsilon = \alpha$	(Scheitelwinkel)
$\delta = \alpha$	(Scheitelwinkel)
$\eta = 2\delta = 2\alpha$	(Scheitelwinkel)
$\gamma = 2\alpha$	(Scheitelwinkel)

Also gilt: $\alpha + \beta + \gamma = 4\alpha$ Da die drei Winkel Nebenwinkel sind, die sich zu 180° ergänzen, gilt $4\alpha = 180°$.
Also gilt $\alpha = 45°$ und damit $\beta = 45°$, $\gamma = 90°$, $\delta = 45°$, $\varepsilon = 45°$, $\eta = 90°$.

d) α kann nicht 50° sein, da $4 \cdot 50° = 200°$ ist. Die Winkel α und γ müssen aber zusammen kleiner als 180° sein, da sie mit β Nebenwinkel an einer Geraden sind.

2 a) $\varepsilon = 90°$ ($a \parallel b$)
$\delta = 70°$ (Wechselwinkel an den Parallelen a und b)
Das Viereck ist ein rechtwinkliges Trapez.

b) $\alpha = 120°$, $\beta = 60°$, $\gamma = 120°$ Das Viereck ist ein Parallelogramm.

3 a) $\gamma = 180° - 60° - 45° = 180° - (60° + 45°) = 75°$

b) $\beta + \gamma = 90°$ und damit $3\gamma = 90°$ Somit sind $\gamma = 30°$ und $\beta = 60°$.

c) $\gamma = 150° - 70° = 80°$ $\delta = 360° - \alpha - \beta - \gamma = 195°$

4

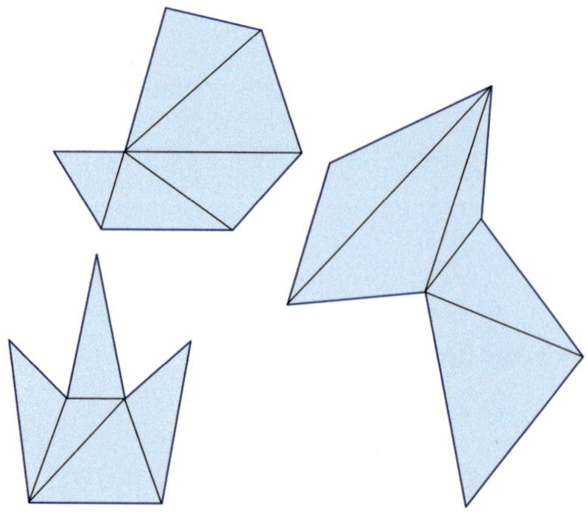

Du kannst jedes Siebeneck in fünf Dreiecke zerlegen, die sich nicht überlappen. Damit ist die Summe der Innenwinkel im Siebeneck immer $5 \cdot 180° = 900°$

5 a) $\alpha = 180° - 125° = 55°$ (Nebenwinkel)
$\beta = 47°$ (Wechselwinkel)
$\gamma = 180° - \alpha - \beta = 78°$ (Winkelsumme im Dreieck)

b) $\alpha = 80°$ (Stufenwinkel)
$\beta = 100°$ (Nebenwinkel)
$\gamma = 180° - (180° - 80° - 30°)$ (Winkelsumme im Dreieck, Nebenwinkel)
$= 80° + 30° = 110°$
$\delta = 360° - \alpha - \beta - \gamma = 70°$ (Winkelsumme im Viereck)

6 a)

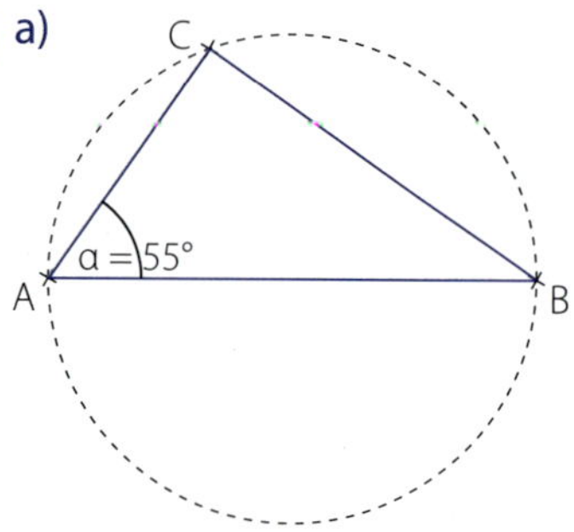

b)

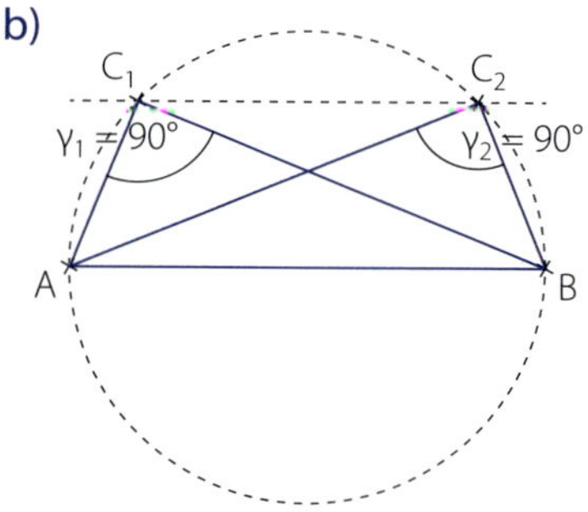

7

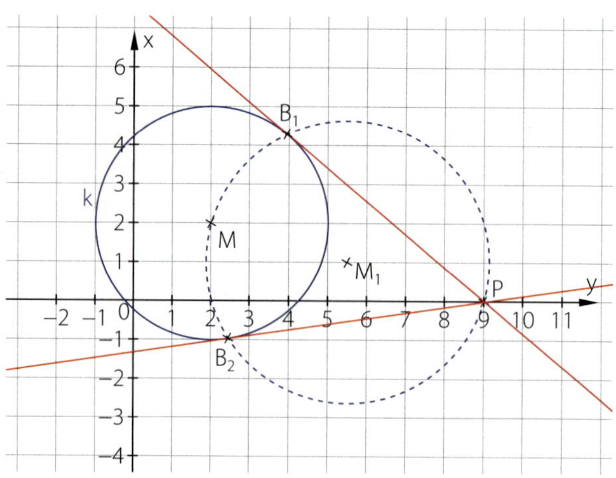

S. 199 – 7 Terme und Gleichungen

1 a) $3x - 12$ b) $2x - (x + 1)$ c) $x^2 + 4x$

2 a) Vom Elffachen einer Zahl wird 13 subtrahiert.
b) Der Vorgänger einer Zahl wird mit ihrem Nachfolger multipliziert.
c) Eine um 7 verminderte Zahl wird mit sich selbst multipliziert.
d) Zum Dreifachen des Quadrates einer Zahl wird das Doppelte dieser Zahl addiert.

3 a) $x + 3x + 7y - y = 4x + 6y$
b) $3u + 13u - u - 2uw + 3w = 15u - 2uw + 3w$
c) $5ab - 3b^2 + 2ab - 2b^2 = 5ab + 2ab - 3b^2 - 2b^2 = 7ab - 5b^2$
d) $28xy^2 + 34xy - 6xy^2 + 2xy = 28xy^2 - 6xy^2 + 34xy + 2xy = 22xy^2 + 36xy$
e) $2r^2 - 2rs - 3r^2 - rs = 2r^2 - 3r^2 - 2rs - rs = -r^2 - 3rs$
f) $a^2b - 3ab^2 - 2a^2b + 2a^3 = a^2b - 2a^2b - 3ab^2 + 2a^3 = -a^2b - 3ab^2 + 2a^3$

4 $2x \cdot 7x \cdot (9x - 1) - 2 \cdot 2x \cdot (7x - 5)$
$= 126x^3 - 14x^2 - 28x^2 + 20x = 126x^3 - 42x^2 + 20x$

5 a)
$$\begin{aligned} & 14x - 5 = 23 && \mid +5 \\ \Leftrightarrow\ & 14x = 28 && \mid :14 \\ \Leftrightarrow\ & x = 2 \end{aligned}$$

b)
$$\begin{aligned} & 8x - 15 = -3x + 7 && \mid +3x + 15 \\ \Leftrightarrow\ & 11x = 22 && \mid :11 \\ \Leftrightarrow\ & x = 2 \end{aligned}$$

c)
$$\begin{aligned} & 18 = 3(2 - 3x) \\ \Leftrightarrow\ & 18 = 6 - 9x && \mid -6 \\ \Leftrightarrow\ & 12 = -9x && \mid :(-9) \\ \Leftrightarrow\ & -\tfrac{12}{9} = x \\ \Leftrightarrow\ & x = -\tfrac{4}{3} \end{aligned}$$

d)
$$\begin{aligned} & 14x + 5 - 5x = 17 + 7x - 10 \\ \Leftrightarrow\ & 9x + 5 = 7 + 7x && \mid -5 - 7x \\ \Leftrightarrow\ & 2x = 2 && \mid :2 \\ \Leftrightarrow\ & x = 1 \end{aligned}$$

e)
$$\begin{aligned} & 2(3x - 1) + 4 = 5x + 1 \\ \Leftrightarrow\ & 6x - 2 + 4 = 5x + 1 \\ \Leftrightarrow\ & 6x + 2 = 5x + 1 && \mid -5x - 2 \\ \Leftrightarrow\ & x = -1 \end{aligned}$$

f)
$$\begin{aligned} & 2x(x - 4) + 5 = 3 + x(2x - 7) \\ \Leftrightarrow\ & 2x^2 - 8x + 5 = 3 + 2x^2 - 7x && \mid -2x^2 \\ \Leftrightarrow\ & -8x + 5 = 3 - 7x && \mid +7x - 5 \\ \Leftrightarrow\ & -x = -2 && \mid :(-1) \\ \Leftrightarrow\ & x = 2 \end{aligned}$$

Wissen kompakt

Zahlen

Brüche

Erweitern bedeutet, Zähler und Nenner des Bruches mit derselben Zahl zu **multiplizieren.**

$\frac{3}{10} = \frac{3 \cdot 4}{10 \cdot 4} = \frac{12}{40}$

Kürzen bedeutet, Zähler und Nenner des Bruches durch dieselbe Zahl zu **dividieren.**

$\frac{16}{24} = \frac{16 : 8}{24 : 8} = \frac{2}{3}$; Kurzschreibweise $\frac{\cancel{16}^{2}}{\cancel{24}_{3}} = \frac{2}{3}$

Weder beim Kürzen noch beim Erweitern ändert sich der Wert des Bruches.

Addition und Subtraktion von Brüchen

1. Brüche ggf. gleichnamig machen.
2. Zähler addieren/subtrahieren – Nenner bleibt.

$\frac{3}{4} + \frac{7}{4} = \frac{3+7}{4} = \frac{10}{4} = \frac{5}{2}$

$\frac{7}{10} - \frac{2}{15} = \frac{7 \cdot 3}{10 \cdot 3} - \frac{2 \cdot 2}{15 \cdot 2} = \frac{21}{30} - \frac{4}{30}$

$= \frac{21-4}{30} = \frac{17}{30}$

Multiplikation und Division von Brüchen

Multiplikation mit einer ganzen Zahl:
Zahl mal Zähler – Nenner bleibt gleich $5 \cdot \frac{3}{4} = \frac{5 \cdot 3}{4} = \frac{15}{4}$

Multiplikation mit einem Bruch:
Zähler mal Zähler – Nenner mal Nenner $\frac{7}{6} \cdot \frac{5}{4} = \frac{7 \cdot 5}{6 \cdot 4} = \frac{35}{24}$

Division durch eine ganze Zahl:
Zähler bleibt gleich – Nenner mal Zahl $\frac{1}{5} : 3 = \frac{1}{5 \cdot 3} = \frac{1}{15}$

Division durch einen Bruch:
Multiplikation mit dem Kehrwert $\frac{2}{3} : \frac{5}{4} = \frac{2}{3} \cdot \frac{4}{5} = \frac{8}{15}$

Prozent

Brüche mit Nenner 100 können in der Prozentschreibweise angegeben werden.

$0{,}11 = \frac{11}{100} = 11\,\%$; $0{,}125 = \frac{12{,}5}{100} = 12{,}5\,\%$

$1{,}7 = \frac{170}{100} = 170\,\%$; $0{,}85 = \frac{85}{100} = 85\,\%$

Umwandlung in Prozentschreibweise

Variante 1: Wandle durch Division in eine Dezimalzahl um und lies auf Hunderstel ab.

$5\,\%$ von $130\,€ = \frac{5}{100} \cdot 130\,€ = 6{,}50\,€$

Variante 2: Kürze bzw. erweitere den Bruch wenn möglich so, dass sein Nenner 100 ist.

$\frac{21}{250} = 0{,}084 = 8{,}4\,\%$ bzw.

$\frac{21}{250} = \frac{84}{1000} = \frac{8{,}4}{100} = 8{,}4\,\%$

Teilbarkeit

Eine Zahl, die eine vorgegebene Zahl ohne Rest teilt, heißt **Teiler** dieser Zahl.

$21 : 7 = 3$ 7 ist Teiler von 21.

Alle Teiler einer Zahl fasst man zu einer Menge, der **Teilermenge**, zusammen.

$T_{30} = \{1; 2; 3; 5; 6; 10; 15; 30\}$

Eine Zahl, die genau zwei Teiler hat, heißt **Primzahl**.

$T_7 = \{1; 7\}$ 7 ist eine Primzahl.

Teilbarkeitsregeln

Wenn zwei Zahlen durch dieselbe Zahl c teilbar sind, dann ist auch deren Summe durch c teilbar.

$160 : 8 = 20$ $24 : 8 = 3$
Summe: $160 + 24 = 184$ ist durch 8 teilbar.

Eine Zahl ist durch
- zwei teilbar, wenn sie auf 0, 2, 4, 6 oder 8 endet. — 2**6** : 2 = 13 5**8** : 2 = 29
- drei teilbar, wenn ihre Quersumme durch drei teilbar ist. — Quersumme von 342: $3 + 4 + 2 = 9$ (durch 3 teilbar); $342 : 3 = 114$
- fünf teilbar, wenn sie auf 0 oder 5 endet. — 11**0** : 5 = 22 78**5** : 5 = 157
- zehn teilbar, wenn sie auf 0 endet. — 91**0** : 10 = 91

Mit der **Primfaktorzerlegung** lässt sich jede zusammengesetzte Zahl als Produkt von **Primzahlen** schreiben. Gleiche Primzahlen können zu **Primzahlpotenzen** zusammengefasst werden.

$$\begin{aligned} 945 &= 3 \cdot 315 \\ &= 3 \cdot 3 \cdot 105 \\ &= 3 \cdot 3 \cdot 3 \cdot 35 \\ &= 3 \cdot 3 \cdot 3 \cdot 5 \cdot 7 \\ &= 3^3 \cdot 5 \cdot 7 \end{aligned}$$

Messen

Länge:

1 km =	1000 m =	10000 dm =	100 000 cm =	1 000 000 mm
	1 m =	10 dm =	100 cm =	1000 mm
		1 dm =	10 cm =	100 mm
			1 cm =	10 mm

km —1000— m —10— dm —10— cm —10— mm

Fläche:

$1\,km^2 = 100\,ha = 10\,000\,a = 1\,000\,000\,m^2$
$1\,ha = 100\,a = 10\,000\,m^2$
$1\,a = 100\,m^2$
$1\,m^2 = 100\,dm^2 = 10\,000\,cm^2 = 1\,000\,000\,mm^2$
$1\,dm^2 = 100\,cm^2 = 10\,000\,mm^2$
$1\,cm^2 = 100\,mm^2$

km^2 —100— ha —100— a —100— m^2 —100— dm^2 —100— cm^2 —100— mm^2

Info
$1\,l = 1\,dm^3 = 1000\,ml$
$1\,hl = 100\,l$
$1\,ml = 0{,}001\,l = \frac{1}{1000}\,l$

Volumen:

$$1\,m^3 = 1000\,dm^3 = 1\,000\,000\,cm^3 = 1\,000\,000\,000\,mm^3$$
$$1\,dm^3 = 1000\,cm^3 = 1\,000\,000\,mm^3$$
$$1\,cm^3 = 1000\,mm^3$$

1000 1000 1000

Oberflächeninhalt und Volumen von Quader und Würfel
Der **Oberflächeninhalt** eines Körpers lässt sich einfach berechnen, solange der Körper in ein Netz zerlegt werden kann. Der Oberflächeninhalt ist dann die Summe der Inhalte der Begrenzungsflächen.

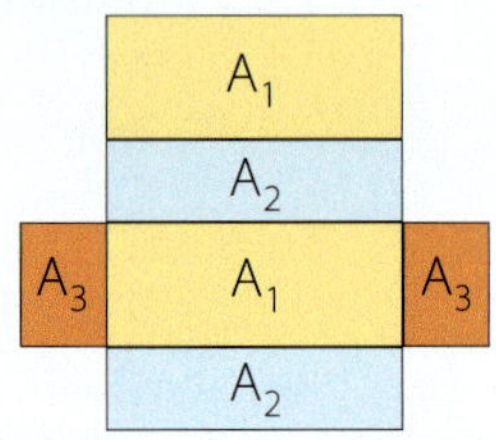

Oberflächeninhalt eines **Würfels**
$O_W = 6 \cdot A_W = 6a^2$

Oberflächeninhalt eines **Quaders**
$O_Q = 2 \cdot A_1 + 2 \cdot A_2 + 2 \cdot A_3 = 2 \cdot (A_1 + A_2 + A_3)$

Das Volumen V_Q eines **Quaders** mit der Länge a, der Breite b und der Höhe h wird mit folgender Formel berechnet:

$$V_Q = \text{Länge} \cdot \text{Breite} \cdot \text{Höhe}$$
$$V_Q = a \cdot b \cdot h$$

Der **Würfel** ist ein Sonderfall des Quaders. Sein Volumen V_W hängt nur von der Kantenlänge a ab:

$$V_W = a \cdot a \cdot a = a^3$$

Raum und Ebene

Körper und ihre Netze

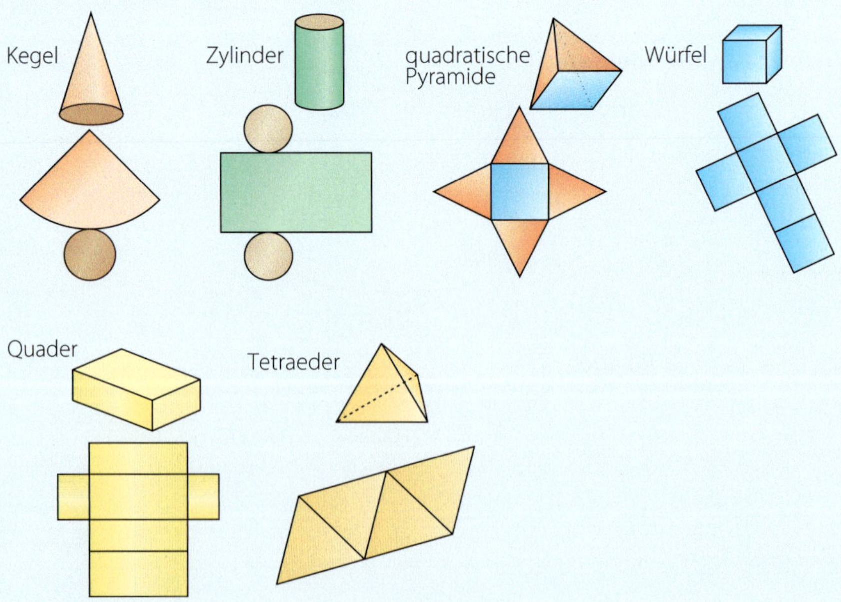

Einen Winkel von 90°, bei dem beide Schenkel zueinander senkrecht sind, nennt man **rechten Winkel**, einen Winkel von 180° bezeichnet man als **gestreckten Winkel**. Ein Winkel von 360° heißt **Vollwinkel**, ein Winkel von 0° heißt **Nullwinkel**.

Ein Winkel wie b, dessen Größe zwischen 0° und 90° liegt, heißt **spitzer Winkel**.

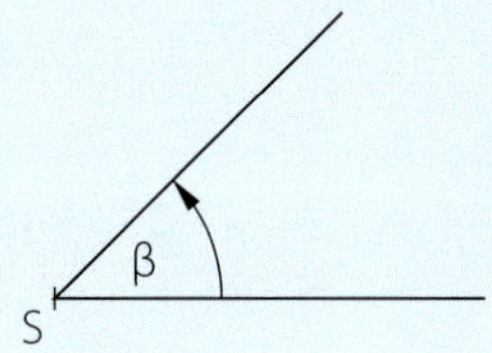

Die Größe eines **stumpfen Winkels** wie α liegt zwischen 90° und 180°.

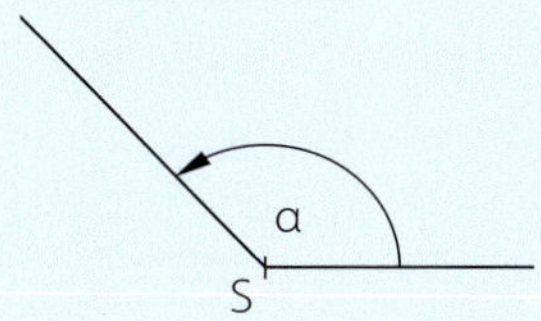

Die Größe eines **überstumpfen Winkels** wie δ liegt zwischen 180° und 360°.

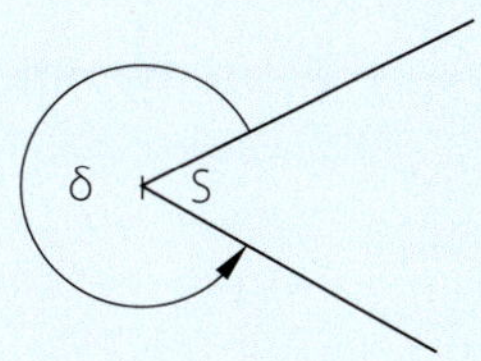

Daten und Zufall

Das **arithmetische Mittel** einer Anzahl von Werten wird berechnet, indem ihre Summe durch die Anzahl der Werte dividiert wird. Das arithmetische Mittel wird auch als Mittelwert oder Durchschnittswert bezeichnet. Sortiert man Werte der Größe nach, so wird der Wert in der Mitte als **Median** bezeichnet.
Bei einer geraden Anzahl von Werten ist der Median das arithmetische Mittel der beiden in der Mitte stehenden Werte.

$\frac{\text{Summe aller Werte}}{\text{Anzahl der Werte}} = \text{arithmetisches Mittel}$

Mittelwert von 10, 12, 20, 30 und 48:

$\frac{10 + 12 + 20 + 30 + 48}{5} = \frac{120}{5} = 24$

Der Median von 10, 12, 20, 30 und 48 ist 20.

Der Median von 3, 5, 11 und 100 ist $\frac{5 + 11}{2} = 8$.

Geometrie

Flächeninhalt

Quadrat	Rechteck	rechtwinkliges Dreieck
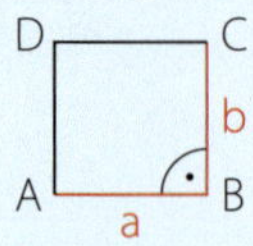	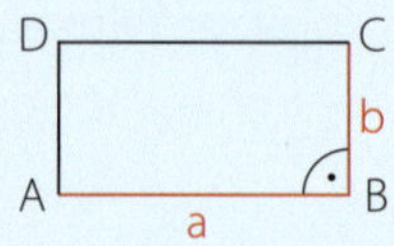	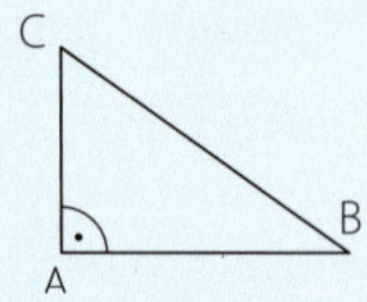
Flächeninhalt $A_Q = a^2$ Umfang $U_Q = 4 \cdot a$	Flächeninhalt $A_R = a \cdot b$ Umfang $U_R = 2 \cdot a + 2 \cdot b$	Beim rechtwinkligen Dreieck mit $\sphericalangle$ (b; a) = 90°gilt: Flächeninhalt: $A_D = (a \cdot b) : 2$ Umfang: $U_D = a + b + c$

Symmetrie

Achsensymmetrie
Zu jedem Punkt P gibt es einen Bildpunkt P' auf der anderen Seite der Symmetrieachse g. P' und P haben den gleichen Abstand von g.
Die Strecke $\overline{PP'}$ steht senkrecht auf g.

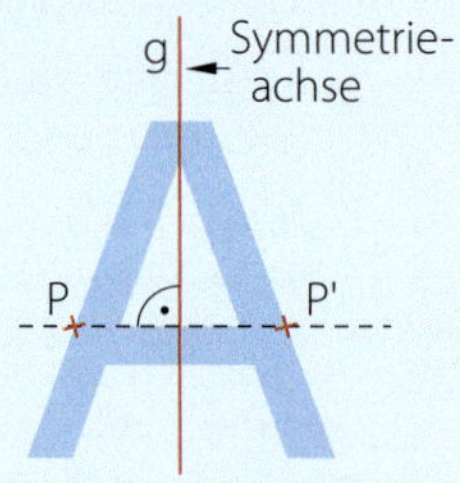

Drehsymmetrie
Bei einer Drehung liegen ein Punkt P und sein Bildpunkt P' auf einer Kreislinie um das Drehzentrum Z. P und P' haben den gleichen Abstand zu Z.

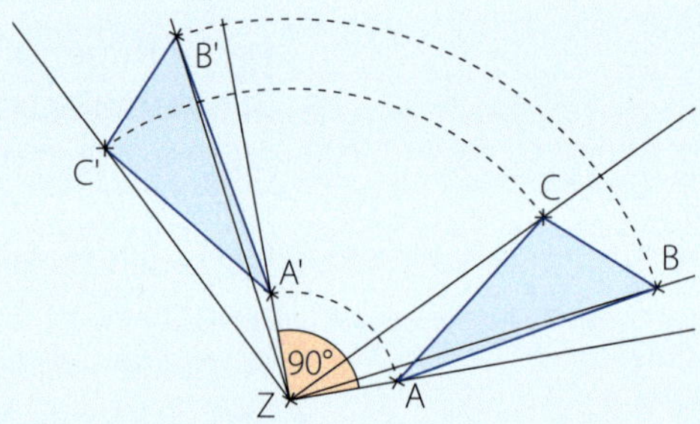

Strecke $\overline{EF}$ und Gerade EF
Eine **Strecke** ist die geradlinige Verbindung zweier Punkt. Die Streckenlinie $\overline{EF}$ können wir messen.
Die **Gerade** hat keinen Anfang und kein Ende. Sie hat deshalb keine Länge.

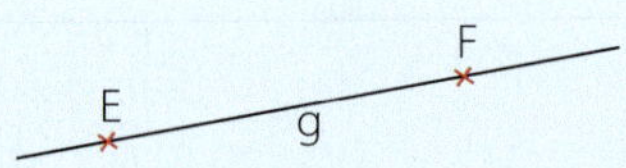

Parallele und senkrechte Geraden
g || h und g ⊥ l, h ⊥ l
Die Gerade g ist parallel zur Geraden h. Die Geraden g und h haben überall den gleichen Abstand voneinander. Sie haben keinen Schnittpunkt.
Die Gerade l ist senkrecht zu den Geraden g und h. Die Geraden bilden jeweils einen rechten Winkel.
Die Geraden g und l sowie h und l schneiden sich.

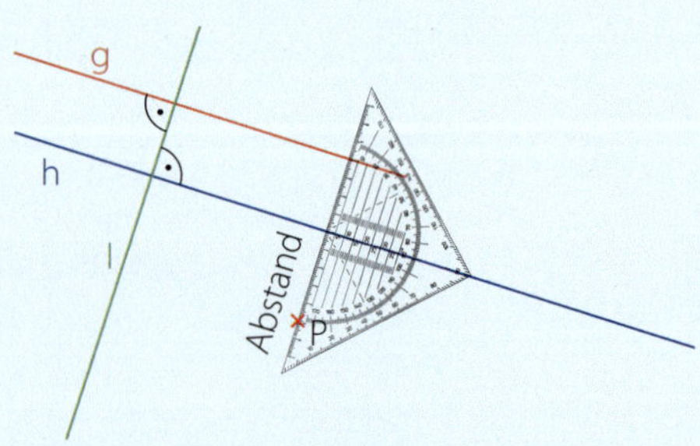

Koordinatensystem

In einem Koordinatensystem gibt man Punkte mit ihren Koordinaten an.

P(3|2)
x-Wert y-Wert
Koordinaten von P

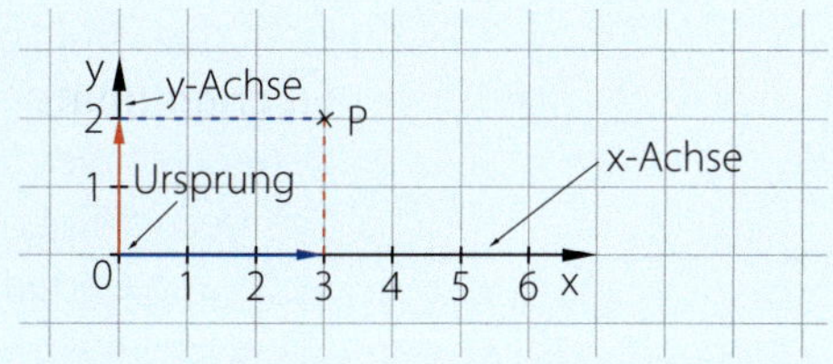

Mittelsenkrechte

Zu jeder Strecke $\overline{AB}$ gibt es genau eine Gerade, die senkrecht zur Strecke durch ihren Mittelpunkt verläuft. Diese Gerade heißt **Mittelsenkrechte** (m) von $\overline{AB}$.

So konstruierst du eine Mittelsenkrechte mit dem Zirkel:

1. Zeichne um die Endpunkte A und B der Strecke $\overline{AB}$ je einen Kreis mit gleichem Radius. Der Radius muss mindestens so groß sein, dass sich die beiden Kreise in zwei Punkten P und Q schneiden.
2. Zeichne eine Gerade durch P und Q. Diese Gerade PQ ist die gesuchte Mittelsenkrecht m.

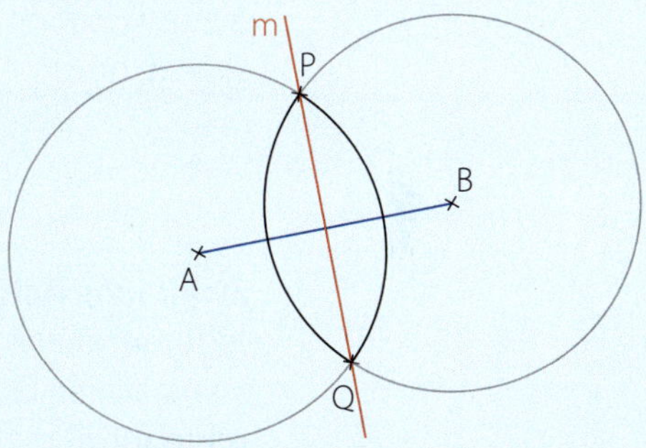

Winkelhalbierende

Zu jedem Winkel α gibt es genau eine Gerade, die durch den Scheitelpunkt des Winkels verläuft und den Winkel in zwei gleich große Teile teilt. Diese Gerade heißt **Winkelhalbierende** (w) von α.

So konstruierst du eine Winkelhalbierende mit dem Zirkel:

1. Zeichne einen Kreisbogen um den Scheitelpunkt S. Er muss die beiden Schenkel in zwei Punkten A und B schneiden.
2. Zeichne um A und B jeweils einen Kreisbogen mit gleichem Radius. Die Kreisbögen müssen sich in einem Punkt P schneiden.
3. Zeichne die Gerade durch S und P. Diese Gerade ist die gesuchte Winkelhalbierende S.

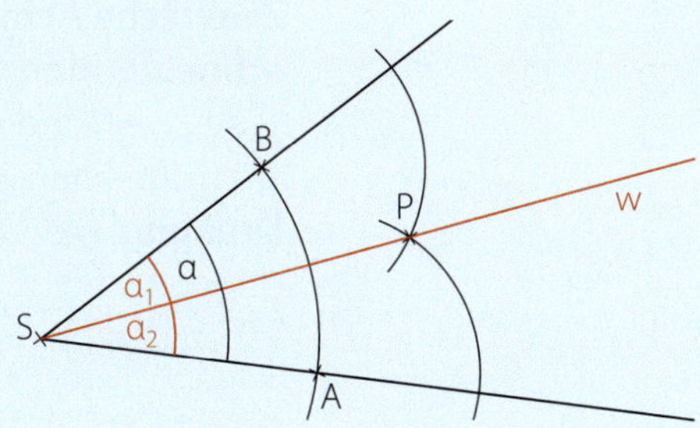

Für die entstehenden Winkel gilt: $\alpha_1 = \alpha_2 = \frac{\alpha}{2}$.

Lot errichten

Liegt der Punkt S auf der Geraden, kann er als Scheitelpunkt eines gestreckten Winkels (180°) betrachtet werden.
Das gesuchte Lot ist dann die Winkelhalbierende und kann genauso wie oben konstruiert werden.

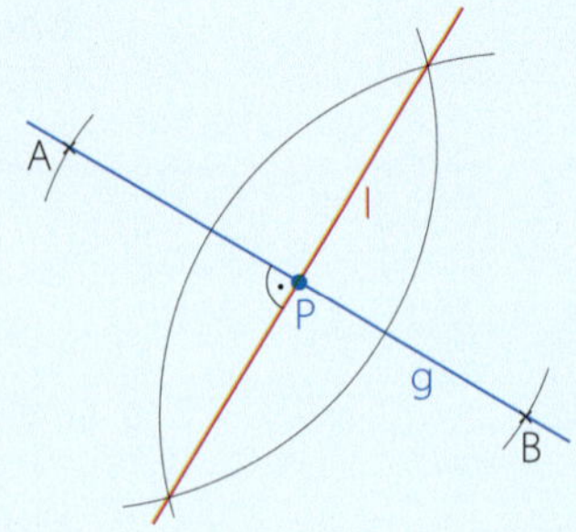

Lot fällen

Liegt der Punkt P außerhalb der Geraden, findet man über eine beliebige, ausreichend große Kreislinie zwei Punkte A und B auf g, die zu P den gleichen Abstand haben. Dann konstruiert man die Mittelsenkrechte zu A und B, die durch P geht und das Lot auf die Gerade darstellt. Die Lotgerade ist die Verbindung von P und P'

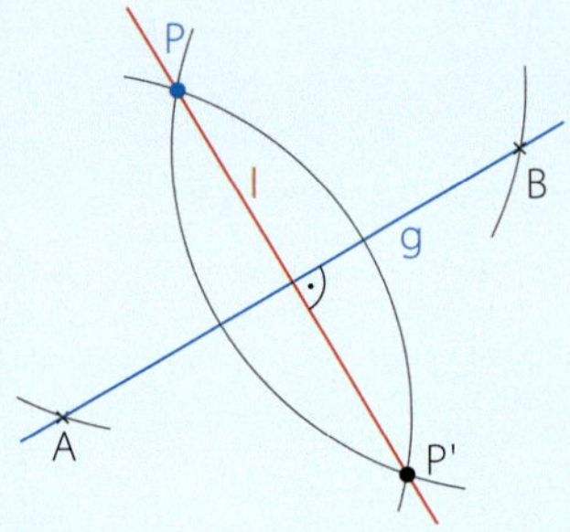

Zweifache Achsenspiegelung an zwei parallelen Geraden

Jede zweifache Achsenspiegelung an parallelen Geraden ist eine **Verschiebung**.
Der Verschiebungspfeil verläuft orthogonal zu den Spiegelachsen und seine Länge entspricht dem doppelten Abstand der beiden Spiegelachsen.

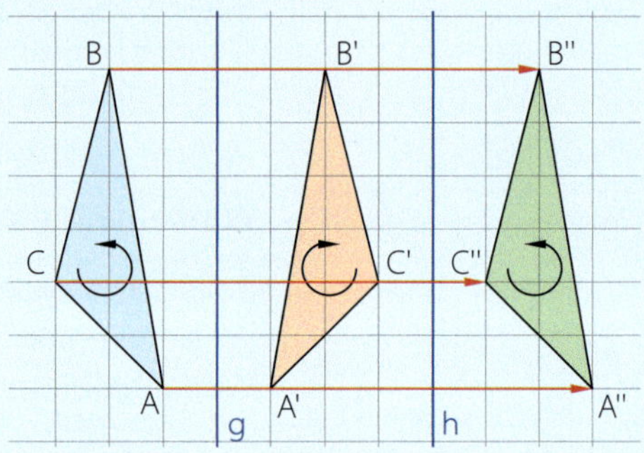

Zweifache Achsenspiegelung an sich schneidenden Geraden

Jede zweifache Achsenspiegelung an sich schneidenden Parallelen ist eine **Drehung**. Der Drehwinkel ist dabei doppelt so groß wie der Winkel zwischen den beiden Spiegelachsen.

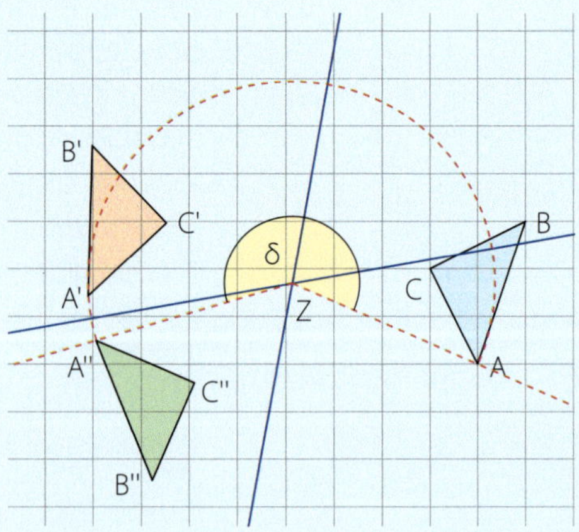

Kongruenzabbildungen und ihre Eigenschaften

Die einfachen Achsenspiegelungen und die zweifachen Achsenspiegelungen (Drehungen, Punktspiegelungen und Parallelverschiebungen) werden als **Kongruenzabbildungen** bezeichnet, da bei ihnen Bildfigur und Figur immer deckungsgleich sind.

Zeichenerklärung

$=$; $\neq$	ist gleich; ist ungleich
$\approx$	ungefähr, rund, angenähert
$<$; $>$	ist kleiner als; ist größer als
$\leq$; $\geq$	ist kleiner oder gleich; ist größer oder gleich
$\widehat{=}$	entspricht
$\lvert a \rvert$	Betrag der Zahl a
$\{4; 11; 34\}$	Menge mit den Elementen 4; 11; 34
$\mathbb{N}$	Menge der natürlichen Zahlen $\{0; 1; 2; 3; 4; \ldots\}$
$\mathbb{Z}$	Menge der ganzen Zahlen $\{\ldots; -4; -3; -2; -1; 0; 1; 2; 3; 4; \ldots\}$
AB	Gerade durch die Punkte A und B
	(Geraden werden auch mit Kleinbuchstaben bezeichnet, z. B. g oder h)
$\overline{AB}$	Strecke von A nach B
$\lvert\overline{AB}\rvert$	Länge der Strecke von A nach B
$g \parallel h$	g ist parallel zu h
$g \perp h$	g ist senkrecht bzw. orthogonal zu h
⊾	rechter Winkel

Register

A

Abnahme 81, 90
Abschätzung der Lösung 184, 200
absolute Häufigkeit 136
Achsenspiegelung
  mit dem Zirkel 101
  mit dem Geodreieck 101
  Grundkonstruktionen 102
  zweifache, an zwei parallelen Geraden 108, 116
  zweifache, an sich schneidenden Geraden 109, 116
allgemeingültig 185, 200
antiproportional 47, 68
antipropotionale Zuordnung 48, 68
äquivalente Gleichungen 190, 200
Äquivalenzumformungen 190, 200
Assoziativgesetz 27, 28, 36
Auflösen von Klammern 29, 36
Ausgang 121, 136
Ausklammern 176, 200
Ausmultiplizieren 176, 200
äquivalente Terme 175

B

Basis 149, 164
Basiswinkel 149
Betrag 11

D

Distributivgesetz 28, 36
Drehung 109
Drehwinkel 109
Drehzentrum 109
Dreisatzverfahren 59, 68
Dynamische Geometrie-Software 206 – 210

E

eindeutig lösbar 185, 200
Empirisches Gesetz der großen Zahlen 122, 136
Ereignis 128, 136
Ergebnis 121, 136

F

Fixgerade 102
Fixpunkt 102
Fixpunktgerade 102

G

ganze Zahlen 11, 36
Gegenereignis 128, 136
gleichschenklig 149, 164
gleichseitig 149, 164
gleichwertig 176, 200
Graph 40, 41, 68
Grundmenge 190
Grundwert 72, 73, 90

H

Hyperbel 49, 68

J

Jahreszinsen 73, 90

K

Kapital 73, 90
Klammerregeln 200
Kommutativgesetz 12, 36
kongruent 94, 95, 109, 116
Kongruenzabbildung 109, 116
Konstruktionsbeschreibung 101, 129, 136
Koordinatensystem 10, 11, 38

L

Laplace-Experiment 129, 136
Lösungsmenge 185
Lösung
  durch systematisches Probieren 284
  durch Rückwärtsrechnen 185
Lot errichten 103, 116
Lot fällen 103, 116

M

Maßstab 46
Mittelsenkrechte 102, 116

N
natürliche Zahlen 11, 36
Nebenwinkel 139, 164
negatives Wachstum 81, 90

P
Parallelverschiebung 108, 116
positives Wachstum 81, 90
produktgleich 48, 68
Promille 75
Proportionale Zuordnung 40, 41, 68
Proportionalität 38, 39, 68
Proportionalitätsfaktor 40, 68
Prozentrechnung 72, 73, 90
Prozentsatz 72, 90
Prozentwert 72, 90

Q
quotientengleich 40, 68

R
rationale Zahlen 11, 36, 211–216
Reihenfolge beim Berechnen von Termen 13, 36
relative Häufigkeit 121, 122, 136
Rückwärtsrechnen 185, 200

S
Satz des Thales 156
Scheitelwinkel 139, 164
Stufenwinkel 140, 164
Summanden zusammenfassen 176, 200
Summenregel 127, 136
systematisches Probieren 184, 200
Symmetrieachse 102

T
Tabellenkalkulation 86
Taschenrechner 205, 206
Term 167, 200
Thaleskreis 157

U
Umkehrung des Satzes 157
Umlaufsinn 108
unerfüllbar 185, 200

V
Variable 167, 200
Verkettung 108
Verschiebung 108
Vorrangregeln bei Termen 20, 36
Vorzeichenregeln für die Multiplikation und Division 12, 36

W
Wachstumsfaktor 81, 90
Wachstumsfaktor 81, 90
Wahrscheinlichkeit 122, 128, 129, 136
Wechselwinkel 140, 164
Winkelhalbierende 102, 116

Z
Zahlenmengen 11, 36
Zinseszinsformel 87
Zinsrechnung 73, 90
Zinssatz 73, 90
Zufallsexperiment 121, 136
Zunahme 81, 90

Bildverzeichnis

Cover: Stockphoto/Martin Wahlborg | 7 shutterstock/BESTWEB | 8/1–2 Claudia Uhl, Bopfingen | 9 Monica Hettrich, Stuttgart | 16/1 shutterstock/altafulla | 16/2 shutterstock/Marisa Estivill | 17 Fotolia/Alex Koch | 18 bpk/Kupferstichkabinett, SMB/Jörg P. Anders | 27 shutterstock/Vladislav Kireychev | 30 shutterstock/racorn | 37 shutterstock/Tom Wang | 38/1–3 Ostendorf, Werner | 42 shutterstock/ergonomal | 43 Corbis/the food passionates/Douglas Johns | 44 Fotolia/Aleksey Stemmer | 45 shutterstock/Naypong | 46 Fotolia/Vitalii Raichenko | 47/1 Fotolia/motorradcbr | 47/2 Fotolia/77SG | 47/3 shutterstock/Aaron Amat | 50 shutterstock/Meiqianbao | 51 shutterstock/Elena Rudakova | 52 shutterstock/Monkey Business Images | 54 shutterstock/Hodag Media | 55 shutterstock/ekler | 56/1 Fotolia/Frédéric Prochasson | 56/2 shutterstock/AR Pictures | 57 shutterstock/kravka | 58 Fotolia/sil007 | 59 shutterstock/beeboys | 60 shutterstock/dibrova | 61 shutterstock/Vadim Ratnikov | 63 Raum, B. Neuenhagen | 65 iStockphoto/Stephen Strathdee | 69 shutterstock/Andrei Zarubaika | 70 Fotolia/Sven Grundmann | 75 shutterstock/Maridav | 76 shutterstock/Ammit Jack | 77 shutterstock/Dontree | 79 Fotolia/ArVis | 80 Fotolia/okalinichenko | 81 shutterstock/Katherine Welles | 82 shutterstock/linerpics | 86 shutterstock/junpinzon | 87/1 shutterstock/Eugenio Marongiu | 87/2 Fotolia/smallredgirl | 88 shutterstock/Rob Hainer | 91 Norbert Christmann, Kaiserslautern | 92/1 shutterstock/Anton_Ivanov | 92/2 shutterstock/image4stock | 92/3 shutterstock/Seleznev Oleg | 93/1-3 Norbert Christmann, Kaiserslautern | 93/4 Knoff. H., Berlin | 93/5 shutterstock/Ldesign | 93/6 Laszlo Moholy Nagy/VG Bild-Kunst, Bonn 2014/Glow Images | 94 Knoff. H., Berlin | 97/1–3 Norbert Christmann, Kaiserslautern | 98 Victor Vasarely/VG Bild-Kunst, Bonn 2014 | 100 Jochen Dörr, Speyer | 103 Fotolia/Steve Young | 108 Jochen Dörr, Speyer | 114 Jochen Dörr, Speyer | 117 shutterstock/Andre Bonn | 118/1 Gerlinde Keller, München | 118/2 shutterstock/Masson | 119 shutterstock/BlueSkyImage | 120 Fotolia/Marco2811 | 123/1 Schwehr, Siegfried | 123/2 BildArt Volker Döring | 125/1 Martin Frech, medienfrech.de | 125/2 BildArt Volker Döring | 126 mauritius images/imagebroker | 129 Gerlinde Keller, München | 132 Rüdiger Bubbel, Hannover | 133 Fotolia/DaMonk | 134 BildArt Volker Döring | 137 PantherMedia/William Perry | 138/1 shutterstock/linerpics | 138/2 Stadt Karlsruhe, Liegenschaftsamt 2014, 1762 | 138/3 Cornelsen Schulverlage GmbH | 138/4 Fotolia/nikonmike | 144 shutterstock/pedalist | 147 Knoff. H., Berlin | 148 OKAPIA/Klaus Rose | 152 shutterstock/michaeljung | 156 Gerlinde Keller, München | 165 shutterstock/MJTH | 166 Bibliographisches Institut GmbH | 168 shutterstock/szpeti | 172 Fotolia/Arsel | 174 shutterstock/alphaspirit | 178 shutterstock/Aquir | 180 shutterstock/Lisa S. | 187 laif/Tim Wegner | 191 shutterstock/Obak | 194 shutterstock/wavebreakmedia | 197 Andreas Herz, Kempten | 198 Fotolia/Cornelia Pithart | 201 shutterstock/Eduard Stelmakh | 202 picture-alliance/Globus Infografik | 203 picture-alliance/Globus Infografik | 204/1 Cornelsen Schulverlage GmbH | 204/2 Fotolia/Pavel Timofeev | 205 ClipDealer/Tobias Kaltenbach | 217 Fotolia/Shiffti

Die Screenshots auf den Seiten 84, 164, 170, 171 und 181 wurden mit Microsoft® Excel® erstellt.

Microsoft® Excel® ist ein eingetragenes Warenzeichen der Microsoft Corporation.

Der Screenshot auf S. 182 wurde mit dem TI-Nspire™ CX erstellt. Das Produkt ist eingetragenes Warenzeichen von Texas Instruments.